Paul Bogard

The End of Night

Searching for Natural Darkness
in an Age of Artificial Light

本当の夜をさがして

都市の明かりは私たちから何を奪ったのか

ポール・ボガード 著　上原直子 訳

白揚社

母と父に
そして、暗闇を頼みに生きるすべての生命に

光を手に暗闇を訪れても、明るさを知ることしかできない
暗さを知ろうとするなら、闇を進むことだ、漆黒の闇を
暗闇もまた花を咲かせ、歌を奏でる
光をまとわぬ足と翼だけが、闇の世界へといざなうのだ

——ウェンデル・ベリー

本当の夜をさがして　目次

目次

・本書は、*The End of Night: Searching for Natural Darkness in an Age of Artificial Light* by Paul Bogard（Little, Brown and Company 2013）の日本語版です。
・日本語版編集にあたり、小見出しといくつかの図版（目次の図、表1、図4、5、6）を追加しました。
・本文中に〔　〕で示されている部分は翻訳者による補足です。
・引用されている文章に既存の翻訳があり、それを転載した場合は、出典を巻末の原註に示しました。

はじめに

ところで、きみは「暗黒」ってものを経験したことがあるかね？[1]
――アイザック・アシモフ（1941）

ベガスで起きたことは、ベガスだけの秘密。[2]アメリカ人なら誰もが知る、この有名なキャッチフレーズも、光の汚染に関しては当てはまらない。ラスベガスで起きている出来事は、周囲の砂漠にまで影響をおよぼしているからだ。その証拠に、ベガスのあるネバダ州ばかりでなく、カリフォルニア、ユタ、アリゾナといった周辺各州の国立公園からも、地平線が明るく輝き、夜空が汚されているという報告がなされている。国立公園には、「将来の世代の享受のために」、その自然を「損なわない」で保存するという目的があるにもかかわらずだ。いま向かっているのは、そんな場所のひとつ、ネバダにあるグレートベースン国立公園。そこに暗闇がどれくらい残されているのか、僕は自分の目で確かめたいと思っていた。

アメリカ中で同じことが起こっている――地図から暗い地域が消えていく。NASAの衛星写真をもとに作成したコンピューター画像[3]を見ると、一九五〇年代から七〇年代、そして九〇年代にかけて、明るい部分が着実に広がっているのがわかる（図1）。二〇二五年の予想図では、中央部を流れるミシシッピ川以東のほぼ全域が、明るいことを示す黄色と赤に彩られ、最も人口が密集している地域には斑点のように白が散らばっている。川の西側も黒い部分が断片的に残っているだけで、それぞれを縁どるように文明が触手を伸ばしている。そんなアメリカに残された最も暗い地域のひとつがネバダ砂漠の東部であり、その中心に位置しているのがグレートベースン国立公園なのだ。そんなわけで僕はラスベガスを飛び出し、アメリカで一番暗いと思われる場所を目指した。

日が暮れ始めている。ひた走る車の外では、あらゆるものが変化しようとしていた。気温は下がり、動物や虫が活動を始め、夜咲きの花は再び息を吹き返す。昼間、砂漠の岩は太陽の光によって熱せられて膨張し、暖めた空気を上空に送ってきた。そうして生まれた上昇気流は、鷹を空高く舞い上がらせ、下降する飛行機を小刻みに揺らした。しかし夜になると、エネルギーの流れは一八〇度逆になる。気温が三〇～四〇度下がったいま、今度は砂漠の岩が冬の薪ストーブさながら周囲に熱を放っている。昼夜の自然なリズムに抱かれ、山という山は、眠っている人の胸が上下するように膨張と収縮を繰り返す。

東に見える山脈は、沈む夕日でバラ色に染まっている。一方、西側の山並みはすでにシルエットに変わって、山腹から長い暗幕をかけたように、闇が砂漠の表面を覆い隠している。僕たちはこの時間帯を「たそがれどき」と呼んでいるが、専門家は「薄明《はくめい》」という呼称を使っており、さらに明るい順から「市民薄明」、「航海薄明」、「天文薄明」の三段階に分けている。二〇世紀になって生まれたこの分類によると、「市民薄明」は車のヘッドライトが必要になる時間帯、「航海薄明」は航海に必要な星が見える時間帯、「天文薄明」は肉眼で見えるとされる最も暗い星がなんとか識別できる時間帯だという。個人的には、生物学者ロビン・ウォール・キマラーが「たそがれどき」を指すときに使う「長くて蒼い瞬間《ロング・ブルー・モーメント》」

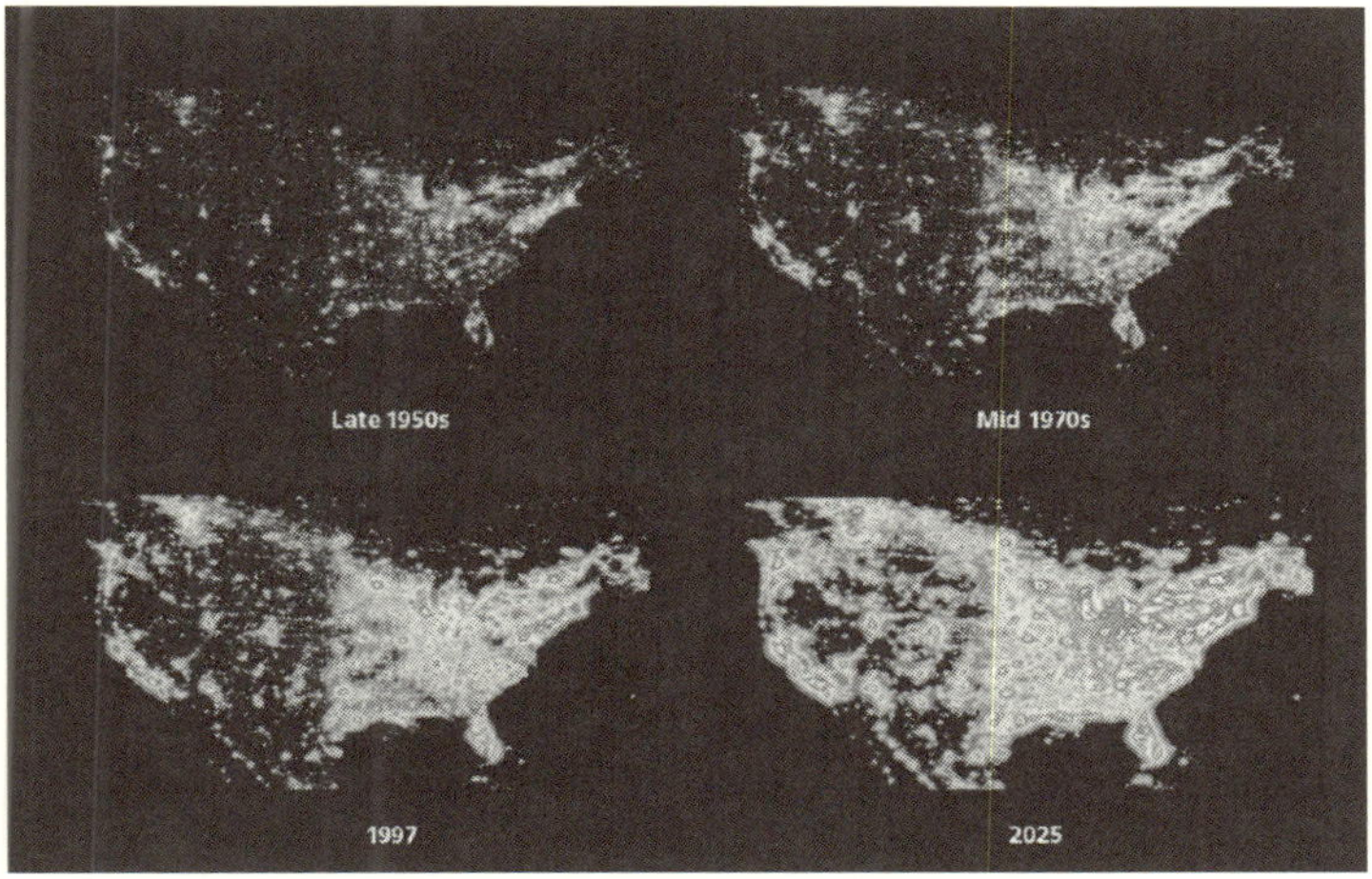

図1　アメリカにおける1950年代から90年代までの光害の広がりと、2025年の予想図。（P・チンザノ、F・ファルチ（パドヴァ大学）、C・D・エルヴィッジ（アメリカ海洋大気庁・国立地球物理データセンター）。ブラックウェル・サイエンス社の許可を得て、英国王立天文学会誌 *Monthly Notices of the Royal Astronomical Society* より複製）

という呼び名が好きだ。専門用語ではないけれども。

僕たちは、雪が「降る」のと同じように闇が「降りる」と考えがちだ。ところが実際には、暗闇は東から「昇り」、陸地や海を飲み込んでいく。夕暮れどきに東に向いて立ち、日没後の空を眺めた経験はあるだろうか？　そのとき地平線上に、まるで嵐を予感させる雲のように暗い帯が見えたなら、それが「地球影《ちきゅうえい》」だ。実のところ「夜」とは、地球自身の影にすっぽり包まれた状態のことである(4)。地球は自身の影に沈むように回転することで夜に突入し、この影を抜け出して太陽の光にさらされたとき、夜明けが始まる。

北東へ車を走らせるうちに、日の光はゆっくりと遠ざかっていく。次第に暗くなる空を見ながら、これから目にするはずのものに思いを馳せた。運転席側の窓からは、山並みのシルエットのすぐ向こうに、宵の明星（金星）が浮かんでいるのが見える。続いて、その夜最初の恒星がいくつか姿を現す。古今東西でおそらく最も有名な星群、北斗七星に属する星々だ。そのなかのひとつ、ひしゃくの柄の先端から二番目にミザールという星がある。ミザールが二重星であることは、古代の天文学者によって数千年前から知られていた。傍らでかすかに輝いているアルコルが、その相棒だ。昔は、この星を裸眼で見つけられるかが視力検査の役割を果たしたというが、いまの僕では検査に合格できないらしい。明るい町が近づいてきたからだ(5)。

この町の名前は重要ではない。少なくとも光害《ひかりがい》に関して言えば、ほかの何万という町と変わるところはないからだ。そうした町の一つひとつは、国全体を覆う光の汚染から見ればささやかな規模とはいえ、共通の問題を一揃い抱えている。

ひとつは、光がまったく遮蔽されていないこと。そのせいで、グレア〔まぶしい光〕がところかまわず放たれ、暗闇へと垂れ流される。隣家との境界には塀があるが、アメリカならどこへ行っても見られるように、この町でも、互いの家から出た光は境界をはるかに越えてさまよっている――この光景はまさに、ダークスカイ（暗い夜空）の保護に賛同する人たちが言う「光侵入」そのものだ。このような遮光型ではない照明から出た光は、隣家の庭や通りかかったドライバーの目に入り込むだけでなく、まっすぐ空へと伸びて無駄なエネルギー消費となる。昼間よりも明るい光を放っているのは、ガソリンスタンドだ。その光も同じように屋根《キャノピー》から漏れ出て、町の夜空から星を消し去る。「コブラヘッド」というドロップレンズ型の街路灯がすべての通りに設置され、寝室や居間、周辺の砂漠、そして星々をも照らしつけている。町はずれに近づくと、ところどころに「セキュリティーライト」が現れる。裏庭、納屋周辺、私道を覆うこの防犯用の白い光は、アメリカ中のどの町でもおなじみのものだろう。そしてきわめつけは、野外広告の照明だ。広告板を下から照らした光は、そのまま一直線に宙を貫いていく。

町を出ると、闇が再び車を包み込む。さっきまで明かりのともった世界を照らしていたヘッドライトは、いまはただ行く手に横たわるものだけを浮かび上がらせる。道路の両側が崩落してしまった感覚。ハイウェイは一本の橋で、脇にそれると奈落の底に落下してしまうのかもしれない。フロントガラスにはいつのまにか虫が散らばって張りつき、ゴッホの描く星空を彷彿とさせる。道路の傍らで食事をしていたジャックウサギは、車が行き過ぎるあいだその長い耳をじっと立てている。まもなくハイウェイの反対側から一匹のコヨーテが躍り出た。その目は爛々《らんらん》と輝き、口からはツキのなかったウサギをぶら下げている。メンフクロウが路肩の標識から飛び立ち、少しのあいだ、道案内でもするように車を先導していたが、やがて身を転じて暗闇の中へと姿を消した。

***

僕が育ったミネアポリスの郊外にはゴルフ場があり、白い柵に挟まれた坂道がコースのまんなかを蛇行していた。一〇代の頃乗っていた古いボルボなら、この道を、ヘッドライトを消して駐車灯だけを点灯し、時速六〇キロ近くで走行することができた。現在所有している赤のステーションワゴンは、より高性能で安全性が高いため、運転手の意思に関係なくライトが作動する。今回僕が借りた最新型のレンタカーも同じだろうと思っていたら、なんとそうではなかった。衝動を抑えきれなくなった僕は、まっすぐなハイウェイを時速六〇キロどころかその三倍近いスピードで走っていたにもかかわらず、ヘッドライトのスイッチをオフにした。

その途端、目の前から道路が消え去った。胃がきゅっとして、地球の縁から放り出されるような感覚に襲われる。興奮を伴う恐怖感。いったいぜんたい、自分は何をしようとしているのだろう? たまらずライトをつけると、心臓が激しく鼓動しているのに気づいた。あたりに車は走っておらず、脇に広がる漆黒の海には一筋の人工の光も見つからない。僕は繰り返しライトを消し、そのたびに時間を長くした。まずは、ハイウェイをわずかに照らす駐車灯に目が慣れるまで。それから、星空が目前にせまり、後ろへ流れ過ぎていくのが見えるまで（スタートレックの宇宙船エンタープライズ号が、スピードを上げて宇宙空間に突入する場面を思い出す)。そして、車体が路面から浮き上がって、空に飲み込まれていくように感じるまで。

すべての光を消して、もっと長く暗闇の中を運転していたい誘惑にかられる。夜の砂漠を不敵にも時速一六〇キロで走行するスリルを知り、地球から宇宙空間へ放り出される気分を味わえるのは幸運なことだ。とはいえ、そんなことをしてまだ生きていられるのもやはり幸運に違いない。そう考えて僕は、速度を時速三〇キロまで落とすことにした。トローリング船程度ののんびりしたスピードだ。今度は駐車灯も消して、運転席の窓から頭を出してみる。暖かく乾いた空気が流れ、タイヤがアスファルトを転がっていく。そのとき僕は、自分が地平線の端から端へとアーチをかける天の川へ向かって、まっすぐ突き進んでいることに気づいた。グレートベースン砂漠の中央、国道九三号線のどまんなかで、車はまるで自分の意思であるかのように速度を落として止まった。車やトラックがやってきたとしても、よける時間は十分にあるだろう——もちろん、ほかのドライバーたちもライトを消して、この空のハイウェイを見上げていなければの話だが。

＊＊＊

「暗さを知ろうとするなら、闇を進むことだ」とは、アメリカの作家ウェンデル・ベリーの言葉だ。[6] しかし人工衛星から夜の地球を見ると、僕たちの暮らす大陸はさながら火事のように燃えている。街灯、駐車場、ガソリンスタンド、ショッピングセンター、スタジアム、オフィス街、そして家々の放つ光が集まって、世界中の陸地と水域の境界をくっきりと浮かび上がらせている（図2）。時には昼間の明るさを再現したイカ釣り漁船の漁火が、海上まで広がっていることもある。[7] これらの光がすべて役に立っているなら、まだ話はわかる。照明には、行く手を照らし、安心感を与え、夜景に彩りを添えるなど、たしかに好ましい面もあるからだ。だが現実には、そうした光の大部分は無駄に使われている。宇宙船や飛行機の窓、ホテルの一四階から撮った写真に再現される人工の光はみな、身近なものを照らすというささやかな任務を終えたあと、空に漏れ出てしまったものだ。一方で、僕たちが支払う代償はささやかではすまない。以前からわかっていたことでもあるし、最近新たに判明した問題もあるが、ともかく自然の夜の暗さは、人間の健康や自然界の安定のために、いつだってかけがえのないものだった。それを失ったことで、あらゆる生物が苦しんでいる。

光の氾濫する現代に生きていると、夜が本当の暗闇に包まれていた時代を思い描くのは難しい。しかし、それはさほど遠い過去ではない。二〇世紀に入ってもしばらくは、さまざまな形の火——たいまつ、ろうそく、そして薄暗くて頼りない異臭のするランプ——が屋外の光源として使われていたからだ。こうした道具は、油分の多い魚や鳥を串刺しにして燃やしたり、爪先に蛍をくっつけて明かりとした時代に比べれば進歩していたとはいえ、それでもまだずいぶん頼りない。[8] 一〇〇本のろうそくをともしても、ようやく七五ワットの白熱電球一個分の明るさにしかならないのだ。歴史学者のロジャー・イーカーチによると、近代以前の人々は、ろうそくは「闇を見る道具」だと皮肉まじりに語っていたらしい。また、フランスには「ろうそくの光のもとではヤギも淑女に見える」ということわざがあるともいう。旅人たちは、月明かりが夜の航海における最も安全な導き手だと信じており、月の満ち欠けには現代人よりもずっと気を配っていた。一七世紀末までには、ヨーロッパの多くの都市で何らかの簡単な公共照明が生

図2 2000年頃の夜の地球。（C・メイヒュー、R・シモン（NASA・ゴダード宇宙飛行センター）、アメリカ海洋大気庁・国立地球物理データセンター、防衛気象衛星計画によるデジタルアーカイブ）

まれたものの、現在当たり前のように目にする電灯システムが登場するのは、一九世紀の終わりを待たなければならなかった。そしてそれ以降、夜の暗闇は着実に失われていった。

北アメリカやヨーロッパほど明るく輝く大陸はない。欧米人のおよそ三分の二は、もはや本当の夜――つまり本当の暗闇――を経験したことがなく、そのほぼ全員が光害にさらされた地域に住んでいると考えられている。作家のヘンリー・ベストンは自著『ケープコッドの海辺に暮らして』[9]（１９２８）の中で、「明かりを使うことで、更なる明かりを使うことで、ぼくたちは夜の神聖さと美しさを森と海に追い返してしまった」と警告している。当時アメリカに住んでいた一億二千万人のほとんどは、これを大げさな表現に感じただろう。なぜなら、彼らの大多数は農村地域に暮らし、電気のない生活を送っていたからだ。しかしベストンの予言は、それから一〇年もたたないうちに現実味を帯びる。一九三五年、ルーズベルト大統領が農村電化事業団の設立にゴーサインを出すと、アメリカにおける夜の勢力図に疑う余地のない変化が現れた。五〇年代半ばには、都市部、郊外、農村の別なく、ほぼ全地域の人々が電灯を利用するようになる。以来半世紀、アメリカの人口が三億人を突破するなか、電灯照明は衰えることなく着々と、ほとんど意識されずに広がっていった。三〇年代、五〇年代、もしくは七〇年代の暗闇から、時空を越えて現代の夜の闇へとやってきたなら、人工の光が劇的に増えたことに驚かない人はまずいないだろう。とはいえ、その増加のしかたは段階的なものだったので、いまの夜の暗さも昔とそう変わらないと、現代人は考えてしまいがちだ。

「増え続ける光害が空を汚していくさま」を目の当たりにしてきたアマチュア天文家のジョン・ボートルは、こうした状況を踏まえ、夜空の明度を段階的に表すための光害基準である「ボートル・スケール」を二〇〇一年に考案した[10]。それによると空の明るさは九段階に分けられ、最も明るい空がクラス9、最も暗い空がクラス1に分類される（表1）。ボートルはこの基準が、「気づきを与え、星空の観察をする人に役立つ」ことを望んだが、一方でこれを発表することで、驚き、怯える人が出るのも承知していたという。ボートルの分類は、見ようによってはとても微妙で、矛盾すら感じるかもしれない。だが暗さの度合いや、失ったものとまだ残っているもの、取り戻せるかもしれないものについて話をするとき、僕たちの言葉の意味をより明確にする助けとなってくれるはずだ。

明るい方のボートル・スケールは、大半の読者にとっておなじみのものだ。クラス9は「都心部の空」、クラス7は「郊外と都市部の境」、クラス5は「郊外の空」――僕たちの多くが標準的と感じる、いわゆる「暗い」空である。しかしボートル・スケールには、失われつつあるものも含まれている。実際、欧米人の大多数、とりわけ若い世代はめったにそれを体験したことがなく、おそらく想像すらでき

9	都心部の空（Inner-city sky）
8	都市部の空（City sky）
7	郊外と都市部の境（Suburban/urban transition）
6	明るい郊外の空（Bright suburban sky）
5	郊外の空（Suburban sky）
4	田舎と郊外の境（Rural/suburban transition）
3	田舎の空（Rural sky）
2	真に空が暗い典型的な土地（Typical truly dark site）
1	光害が一切ない素晴らしい土地（Excellent dark-sky site）

表1　ボートル・スケールの各クラスとその名称。

ないはずだ。クラス3に分類されるのは「田舎の空」で、「いくつかの光害が地平線に現れる」程度、クラス2は「真に空が暗い典型的な土地」、そしてクラス1は「天の川が明確な影を投げかける」ほどの暗い空だという。アラスカ州を除くアメリカ本土に、そんな暗闇がいまでも存在するのかと訝《いぶか》しがる人も多いだろう。オレゴン州東部やユタ州南部の砂漠、ネブラスカ州の大草原、テキサス州のメキシコとの国境付近には、そのような暗闇がまだ残っているらしい。それでもボートル・スケールが、人類史の大半では一般的だったのに、現代の西洋社会では非現実的になってしまった暗闇に言及していることは否定できない[11]。

ボートル・スケールを知ったそのときから、僕は夜について学び始めた[12]。それと同時に、少年時代に初めて本物の暗闇を体験したミネソタ州北部の湖のように、かつて訪れ、暮らし、愛した場所に思いを巡らせるようになった。気になったのは、ボートル・スケールのクラス1に該当する場所が、まだ国内に残っているかどうかだった。はたしてアメリカ本土の四八州には、まだ自然の闇が残されているのだろうか？　言い換えれば、こういうことだ——この国ではすべての場所が光に汚されてしまったのだろうか？

僕はその答えを見つけようと心に決めた。一番明るい夜から一番暗い夜へ、おなじみの公共照明で華やかに照らされた都市から、クラス1の暗さがまだ残っているかもしれない土地へと、旅をする決意をしたのだ。旅の道中では、夜がどのように変貌を遂げたのか、それがどんな意味をもつのか、僕たちに何ができるのか、そもそも何か行動すべきなのかといった疑問について考え、記録していくつもりだ。とくに理解を深めたいのは、人工照明が否定しようのないほど素晴らしく、美しくさえありながらも、依然として多くの代償と懸念をもたらす危険性をはらんでいることだ。旅の出発地には、NASAの衛星写真で世界一明るい光を放っているラスベガスや、光の都パリがふさわしいだろう。それからスペインを訪れて『霊魂の暗夜』を体験し、マサチューセッツ州にあるウォールデン池を訪ね、『森の生活ウォールデン』の著者ソローを偲びたい。暗闇の価値を押し広め、光害がもたらす脅威への関心を高めようと日々努力を続けている科学者、医師、活動家、作家たちにも会いに行く予定だ。夜間の人工灯とがん発生率を初めて結びつけた疫学者、光害規制を求める世界初の「ダークスカイ」団体を設立した元天文学者、未知なるものの必要性を説く聖職者、夜に渡りを行う鳥をさまざまな都市で数え切れないほど救ってきた活動家――このような人たちを通じて、本書の物語を進めていきたいと思う。

＊＊＊

最初の一歩は、国立公園局でナイトスカイ・チーム〔夜空の保護や啓蒙活動を行う部署〕を発足させたチャド・ムーアと連絡を取ることだった。ムーアは、アメリカの国立公園における夜の暗さの変化を、一〇年以上にわたって記録し続けてきた人物だ。この旅で何を見つけ出すことができるか、彼の意見が聞きたかった。

「そうだな、まずボートル・スケールについてだが、もしクラス9からクラス1に下る斜面があったとしても、それは滑らかな坂じゃない……でこぼこのある坂だ」。ムーアの説明によると、ボートル・スケールではクラス9と5の違い、クラス5と2の違いは誰の目にも明らかだが、9と8、2と1の差はなかなか区別がつかないという。「境界が曖昧なので、解釈の違いを起こしやすいのかもしれない。観測者が不機嫌なときは5になって、楽観的なときは3になる……本当は4だったとしてもね」、彼はそう言って笑った。

なるほど、じゃあお次の質問。アメリカにはまだクラス1に相当する場所が残されているのか？

「世界のほかの地域と比べたら、この国にはそんな場所も機会も少ないだろう」というのがムーアの答えだ。「ただ私は、かつてそれを見たことがあると信じてる。クラス1の空を、ほんの一瞬。でも、それにはちょっと手間がかかる。だったらいっそ、オーストラリア行きの航空券を買って、アリススプリングスをドライブした方が簡単だ。ここアメリカで場所もタイミングもどんぴしゃの場面に出会うには、どうしても時間がかかるから」

夜の地球をとらえた衛星写真には、二つの世界が写っている——明るく輝く先進国や新興国と、暗闇に覆われた貧困地域や無人地帯。ムーアの言うことには一理ある。どこか遠い異国を訪ねた方が楽には違いないのだろう。でも僕はもっと身近な夜を知りたかった。日々の暮らしのなかで経験できる暗闇が知りたかった。

僕は、北アメリカと西ヨーロッパを中心にこの旅を進めようと決意した。第一の理由は、これらの地域こそが、世界を席巻した人工灯が生まれ、なお発展を続けている場所だからだ。現在の先進国の夜を形づくっているのは、光と闇に対する欧米人の思想であり、テクノロジーなのである。第二の理由は、飛行機に乗ってオーストラリアへ行き、アリススプリングスをドライブするアメリカ人はめったにいないが、自分が暮らし、働き、愛する地域の夜なら、誰もが経験できるということだ。

そう、たいていの人は望みさえすれば、もっと近い場所で本当の暗闇を体験できるはずなのだ。ネバダ州東部の人里離れたハイウェイで、僕が体験した暗闇のように。

⁂

「わたしたちの太陽は数千億個の星からなる円盤型の中の一個の星である」と天文学者のチェット・レイモは書いている。「円盤型」というのは僕たちのいる天の川銀河で、この真っ暗なネバダ砂漠の上空に立体的な弧を描いているのは、銀河系の内側から僕たちが見ている渦巻き状の外腕部だ。レイモはこう続ける。

わたしはよく、教室の床に回転花火の形の板を置き、その上に一箱分の塩をぶちまけて、天の河銀河の模型をつくったものだ。この実地教育は効果的ではあるが、残念なことに縮尺がまちがっている。仮に塩一粒が厳密に、典型的な恒星一つを表わしているとするなら、個々の塩粒は、おたがいに何千フィートも隔たっていなければならない。数の上でも寸法の上でも厳密な銀河の模型をつくるつもりなら、一万箱の塩を必要とし、しかもそれが地球断面よりも広い円盤の上にばらまかれて

いなければならないのだ。(13)

つまり、夜空に輝くすべての星、人間の肉眼で見えるあらゆる星は、僕たちの銀河系の一部であり、「数千億個の星」のひとつなのだ。天の川銀河の外には、無数の銀河が存在する——最近の推定では五千億個とも言われている。(14) ちょっと考えただけでも圧倒されるスケールだ。実際、宇宙にまつわる距離や数は途方もなく、それを理解しようとすると頭が混乱してしまうほどだ。僕たちが見上げる夜空は、想像を絶するほど大きな、光り輝く庭のほんの一画にすぎない。

それでも人類は想像することをやめなかった。北アメリカをはじめ、オーストラリアやペルーなどの古代文明は、さまざまな星座を考え出した。個々の星をつなげたものばかりではない。たなびく煙のような天の川の中に見える、ガスと塵からできた黒い影にも名前をつけていた。天の川の正体は、煙、蒸気、もしくはミルクだと、長いあいだ考えられていた。(15) その輝きが、無数の星の集まりが放つ光だとわかるのは、一六〇九年にガリレオ・ガリレイが望遠鏡で観測してからのことだ。

そうした数え切れない星のなかに、それが形づくる星座や星団や色彩のなかに、そして塵や氷粒が燃えて輝く流星群のなかに、僕たちは変わらぬ美しさを見出してきた。その美しさがあるからこそ、宇宙の圧倒的な大きさに対する恐怖は薄れ、地球という星のたぐいまれな美がさらに輝きを増すように思えるのだ。夜空が広大すぎて、どう考えてよいかわからなくなるというなら、僕らは地上でその意味をさがそう。そのほかに道はないと、夜空ははっきりと教えてくれているのだから。

さあ、いざ暗闇へ。

9　星月夜から街灯へ

夜は昼よりもたくさんの色であふれている。
――フィンセント・ファン・ゴッホ（１８８８）

世界一明るい光線が、漆黒のピラミッドの頂上から放たれている。ピラミッドの正体はラスベガスにあるルクソールホテル。高さ一八〇センチ、幅九〇センチの強力なキセノンランプ三九個が光源で、ランプの光が鏡に反射すると、夜の世界地図に画鋲でマーキングしたように、地上で最も明るい街が照らし出される。ニューヨーク、ロンドン、パリ、東京、マドリード、中国の諸都市……面積も人口も上回るこれらの地域が集まれば、アメリカ南西部の砂漠の一都市よりもたくさんの光を空に送り込めるだろう。しかしそれはあくまでも「集まれば」の話で、ラスベガス・ストリップ〔ホテルやカジノが居並ぶ大通り〕よりも明るい商業地が世界に存在すると思うこと自体、ばからしく感じてしまう。(1)

ラスベガス・ブールバードとベラージオ・ドライブの角に立つと、人工光の波がどっと押し寄せてくる。街の何千という企業や、その何十倍もの住居が吐き出す光の集積。街路に五万基ほど立つ高圧ナトリウム灯のオレンジ色が、全身を包み込む。どの光も、つい一時間前に飛行機の窓から見えていたものばかりだ。ラスベガス・ストリップは、空港から車をほんの少し走らせたところにある。その南端で待ちかまえているのが、ルクソールの光のビームだ。来訪者は瞬く間に光に飲み込まれていく。きらきらと明滅し、表情を変えていくネオンサイン。一〇〇〇万個もの電球の光を浴びて、カジノがそびえ立つ。デジタルスクリーンやLED看板が、いたるところで上げる叫び声――ショーはいかが？　空き部屋あり！　スロットマシンで大当たり！

赤、紫、緑、青……色とりどりの光に照らされて輸入物のヤシの木が立ち並び、その後ろにはエッフェル塔が姿を現す。とはいってもサイズは本物の半分、正確なレプリカだ。この塔は、パリス・ラスベガス・カジノリゾートのシンボルで、土台からてっぺんまで金色のライトに覆い尽くされている。車のヘッドライトが上下に揺れながら絶えまなく流れ、テールランプの真っ赤な光がそのあとに続く。深紅の広告トラックからは、白いビキニの金髪娘が「セクシーボディーがあなたのもとへ」と微笑みかける。ほとんどの光が、何かを売りつけるために存在する。お決まりの音楽を垂れ流し、天然の砂漠を締め出したラスベガス・ストリップは、巨大な屋外ショッピングモールのようだ。看板や建物によって明るさの違いはあるにせよ、光で飾られているのはみな同じだ。足元の地面、身にまとった衣服、剥き出しの手、腕、顔――光に覆われていない部分はどこにもない。空気ですら光に満ちていて、その中を歩いていると、匂いのない透明な霧をかき分けているかのようだ。二一世紀初めの十数年を生きる僕たちは、人類史上かつてない明るさを経験し、しかも世界は年ごとに明るくなっていく。その状況を的確に表している都市があるとすれば、それがラスベガスだ。

だからこそ、ここで星を見てみたい気持ちになった。僕は、ラスベガス天文学会（星好きな連中はこんな場所にもいるらしい）の会長ロブ・ランバートと、ベラージオホテル正面の有名な噴水の前で落ち合う約束をしていた。「トラックの荷台に望遠鏡を積んであるので、持って行きましょう」。彼は事前にそう言ってくれていたが、この街で星を見られるかは大いに疑問だ。ラスベガス・ストリップほど、ボートル・スケールのクラス9[2]（「空全体が天頂まで明々と照らされている」）にふさわしい場所はないからだ。とはいえ、試してみる価値はあるかもしれない。

ベラージオホテルへ向かってぶらりと歩く。そのカジノホテルは、噴水装置を設置した巨大な池の向こうにそびえ、羽を広げた鳥のような姿を水面に映し出している。やがてランバートが到着し、僕たちは人気の観光スポットを待ち合わせ場所として選んだことに冗談を言い合った。いまからここで天体観測を始めたら、きっと何百人もの観光客が興味を示すでしょうね——彼らのお目当ては、コメディアン、手品師、ミュージシャンで、僕たちが見に来た「星」とは違う「スター」ばかりだけれど。

「みんな、ラスベガスが星を見る場所だとは思っていません」とランバートは言う。「それでも私たちは、広く働きかけをしています。『ラスベガスで最高の星空《スター》はストリップからは見えない[3]』というのがわれわれのスローガンなんです。うちの会員は一〇〇人ぽっちだけれども、観望会を開くと七五名から五五〇名の参加者が集まってきますよ」

ランバートはレーザーポインターを取り出して、鋭い緑色の光線を夜空のオリオン座へ——というよりも、オリオン座を代表する二つの明るい星に向けた。「この、下の方にあるのがリゲル。左上に見えるのが、ベテルギウスです」。レーザー光が左下へと移動する。「それから、これがシリウス。夜空で最も明るい星」。僕は最初、今夜ひとつでも星が見られたことに驚いた。ラスベガス・ストリップを訪れたのは初めてだったが、光で完全に汚されている空を想像していたからだ。「それもそうかもしれません」とランバートは答える。「本来肉眼で見えるはずの星を一〇〇としたとき、今夜見えている星は、そのうちのせいぜい一、二個なのです。そう考えれば、おのずと失ったものに気づくでしょう」

背後の噴水から、雷鳴のような轟きとともに水が高く噴き上げられる。それを合図に、音楽がシンバルを伴った奇妙なイタリアのカーニバル調に変わる。周囲で誰かが叫ぶ。「歌い出したい気分！」。声の主を見ようとしたとき、観衆のなかでランバートと僕の二人だけが、噴水ショーに背を向けていたことに気づいた。「頭上に冬の天の川があるはずです」とランバートは空を見上げたまま言う。「まあ、見えないんですけどね……[4]」

僕たちは、ストリップ沿いをルクソールホテルまで歩くことにした。ランバートは南へと歩を進めながら、自分が天文学の世界に入ったのは五〇歳を過ぎてからだ、と教えてくれる。職場の同僚たちが「天体観望会」についてしゃべっているのを聞いて、それは何だろうと思ったのがきっかけだという。気がつけばランバートはその会に出席して、友だちの望遠鏡を覗きながら、参加者たちに星の解説をしていたそうだ。「ほかの観測者に助けを求められた友人が、『僕の望遠鏡は任せたから、みんなにM13の説明をしておいてくれ』と私に頼んだんです。『わかったよ。で、M13ってなんだい？』って聞くと、彼は手短に、M13はヘラクレス座にある球状星団で、地球からの距離は二万五〇〇〇光年、約七五万個の星からできている、と教えてくれました。それからの九〇分間、私はM13についての全知識を、参加者に披露し続けましたよ。あれは愉快な経験でした」

僕たちは歩き続け、安っぽいエレキギターを掻き鳴らす男の前を通り過ぎると、お次はキース・ムーンのそっくりさんが叩く抜群のドラムとすれ違う。歩道には、ヌードのトレーディングカードが何枚も散らばっている。どこのブロックでも、誰かがマイクに向かって一心不乱に声を張り上げている。肩を揺らして行き過ぎる賑やかな人々。きっとパーティーにでも向かっているのだろう。その半分は携帯電話の画面に釘づけになり、残りはＬＥＤ（発光ダイオード）[5]が瞬く広告板に目をしばたたかせている。僕は、都市開発業者がこうしたネオンサインを「虫寄せライト」と呼ぶゆえんを思い出した——その明るさに吸い寄せられるようにして、人々が集まってくるからだ。

ランバートに、夜空を観測する醍醐味について尋ねてみた。「みんなにぜひ伝えたいのは、私たちが見ているのは『いま起こっている』出来事だということです。天地創造をどう考えるかはさておいて、星は次々と生まれ、惑星も次々と生まれている。すべては続いているんです。たとえば、われわれが今月の課題にしているハッブル変光星雲も常に変化を続けていて、来年見るときには今年と違うことがわかるでしょう。あなたが見ているものは、あなたの頭上でいま起こっていることなんですよ」

しかし、ラスベガスや先進国の繁華街では話が違う。夜空が放つ光は、本来ならば人間が創造したどんなものよりも明るいはずだ。それなのに月明かり以外は遠すぎて、見えるにしても頼りないものでしかない。そして人間が作り出した光は、それを押しのけるように夜空に煌々《こうこう》と輝いている。ラスベガス・ストリップのように強烈に照らされた区域をもつ都市は少ないが、ラスベガスを輝かせているのは、なにもストリップだけではない。どの都市にも郊外にも言えることだが、ここでも夜の印象を激変させているのは、実にさまざまな光源から出た光の集積なのだ。

近年、「アースアワー」という活動が広がっている。世界中の各都市で、同じ日の同じ時刻に一時間だけ電気を消して、エネルギー消費への関心を高めようとするイベントだ[6]。ランバートはちょうどアースアワーが始まる時刻に国道九五号線を走っていて、自分の目に映ったものに愕然としたという。「九五号線には少し高台になったところがあって、私は街を見下ろしながら運転をしていました。ところがラスベガス・ストリップの照明が消えても、街灯の数が多すぎて、空の状態にはなんら影響をおよぼしていません。ホテルの明かりが消えて、ストリップが暗くなったことははっきりわかるのに、空の暗さは変わらないのです」

世界中の都市で、群を抜いて目立つ夜間の光源は、街灯と駐車場だ（使用中ならばスポーツ競技場も）。街灯は、一本一本を見ればたいして明るくなくても、集まればかなりの存在感を示す。アメリカ国内だけでも、約六〇〇〇万基のコブラヘッドが一晩中、そして毎晩輝くのだ。そのほとんどはいまだにドロップレンズ型の高圧ナトリウム灯で、特徴的なオレンジ色の光をぎらつかせている。駐車場には主に、強烈な白い光を発するメタルハライドランプが使われる（ショッピングセンター、レストラン、ホテル、スタジアム、工業地帯なども同様だ）。この二大光源をベースに、カーディーラー、ガソリンスタンド、コンビニ、ゴルフ練習場、スポーツ練習場、広告板、住宅地の明かりをミックスすれば、どんな街の明るさのレシピだって再現できる。

通常、明るい光はさらに明るい光を誘発する。こちらのガソリンスタンドは、あちらのガソリンスタンドに負けまいとするからだ。真っ暗な部屋にライトがひとつともっていたとする。その状態で、近くにある別の明かりをつけると、最初のライトはどのように見えるだろう？　暗い部屋の中で目立っていたライトは存在感を失い、周囲の明かりを凌ぐには、いま以上の明るさが必要になるはずだ。街灯の数がもっと少なく、光も弱かったなら、カジノの照明はより華やかに見えただろう――これが、ラスベガスの皮肉な現実だ。

それでも、圧倒的な光はやはり強い印象を残す。たとえば、ろうそく四〇〇億本以上の明るさに匹敵するルクソールの光のビームには、誰もが感嘆せずにいられないだろう。一六八八年にフランス国王は、自己の権力を誇示するため、ベルサイユの庭園を光で飾ることにした。あらん限りの栄光に輝いていた「太陽王」ルイ一四世に用意できたのは、二万四〇〇〇本のろうそくだけだったという。たしかにそれはとてもたくさんのろうそくで、ベルサイユは美しかったに違いない。では、それ以上に明るいルクソールの光線も「美しい」と言えるのだろうか。少なくとも僕は、その形容詞をすんなり当てはめることはできないと思っている。とはいえ、カジノの照明の強烈さは否定のしようがなく、つい目を奪われてしまう。そのとき、白い柱のような光線の中に、紙吹雪のようにきらきら輝くものを見た（図3）。

「コウモリと鳥ですよ」、ランバートが教えてくれた。「あれは彼らのビュッフェ式ディナーなんです」

なるほど、光にたかる虫や蛾が食べ放題のビュッフェか。うまいことを言う。数十羽の鳥やコウモリが、砂漠の洞窟や止まり木から引き寄せられ、盛んに急降下したり、羽をばたつかせたりしている。鳥たちにとってはなんとも好都合だと思いきや、実はそうでもないらしい。虫や蛾に与えるダメージもそうだが、ルクソールの光線は人魚の歌声のように、自然の食性に従っていたコウモリや鳥をも惑わせる。鳥たちはカジノまで移動するのに体力を使い果たし、自分のねぐらに戻る頃には、ひな鳥に与える食べ物すら残っていない状態なのだ。

この光景は、エレン・メロイのエッセイ『ラスベガスの動植物相』(7)の結びの描写を思い出させる。ミラージュというホテルの外で「火山噴火ショー」を見ていたメロイは、次のような場面に遭遇する。

「どこからともなく、一羽の狂乱した雌のマガモが飛んできた。お腹の下が、溶けた金のように、燃える炎の舌に照らされている。マガモは死に物狂いで、火山を囲む堀へ降りようとしている……しかし観衆と光と炎のジャングルに降り立つことができず、少し先のシーザーズ・パレスへ方向転換した。突如ズズズっとノイズが響き、閃光が散ったが、それはまわりのネオンにかき消された。ラスベガス・ストリップに建ち並ぶ高層ビルの、二〇メートルの隙間を走る伝送路網のなかで、マガモは炎に包まれた」

あまりにも明るく、あまりにも新しい——進化の観点から考えれば、いまのラスベガスの出現は唐突にすぎた。ルクソールの光のビームがお目見えしたのは一九九三年で、大きさも明るさも最大級のカジノの何軒かは、それ以降に建設されている。この街の最も古い住人は、カジノの看板に初めて電飾が施された四〇年代半ばよりも前に生まれた。人間の寿命にも満たない期間に、ほぼ完全に暗闇だった地域が、世界で一番明るい場所になったのだ。一九四〇年に八〇〇〇人だった人口は、一九六〇年には六万人に跳ね上がり、現在は二〇〇万人を超えている。有名な「Welcome to Las Vegas（ラスベガスへようこそ）」の看板ができたのは、ようやく一九五九年になってからだ。メロイのマガモや、ルクソールの光線に吸い寄せられる鳥やコウモリが、こうした急速な変化にどう対処できたというのだろう？「適応」の問題に関して言えば、動物たちには時間がなさすぎたのである。

広がりゆく人工の光

ヨーロッパでは、早くも一九世紀の半ばには、一部の都市の街角で電灯照明の実地試験が行われるよ

図３　ルクソールホテル＆カジノの光のビームに集まる虫を追う鳥やコウモリ。長時間露光で撮影。（Tracy Byrnes）

うになった。パリス・ラスベガスの前を歩く僕の脳裏をよぎったのは、パリのコンコルド広場でのアーク灯の点灯実演を描いた、一八四四年のスケッチだ。[8] そのスケッチでは、画面の下半分を列車のヘッドライトのような光が切り裂いている（図4）。それがなければジャングルのように暗い夜だったはずだ。まばゆい光は、広場の噴水、そして夜会服やスーツを身に着けた群衆を照らしつけ、なかには傘をしっかり握って光から身を守ろうとする者もいる。アーク灯は、「太陽」という言葉と並べてもまったくひけをとらない、初めてのタイプの照明だった（当時の人々がそうしたものに慣れていなかったからだけではない。イギリスのクライストチャーチにある電力博物館で、小さなアーク灯が輝くのを見た瞬間、僕はとっさにアーク溶接用のマスクが欲しくなった。あの光は間違いなく人の目に害を与えるだろう）。

図4　コンコルド広場でのアーク灯点灯実演。

一八七〇年になると、ヨーロッパのいくつかの首都の大通りに実際にアーク灯が設置されるようになったが、その光は非常に強力だったので、街路灯の背を高くする必要があったという。[9] アーク灯の出現は、大きな関心と喜びをもって迎えられた（たとえばアメリカでは、多くの都市で導入が推進された）。これによって、人類の夢は叶えられたかのようだった。

夜から闇を締め出したいという考えは、新しいものではない。[10] たとえば一八世紀初頭にはすでに、何らかの人工照明を高い塔に取りつけてパリの街全体を照らそうという提案がされている。そのようなアイデアのなかで最もよく知られていたのが、「太陽の塔」だ。建築家ジュール・ブールデが、一八八九年のパリ万国博覧会開催に伴って考案したもので、ポンヌフに近い街の中心部に建設し、パリ全域をアーク灯で照らす計画だった。ブールデにとっては残念なことに（そして彼以外にとっては喜ばしいことに）、かのギュスターヴ・エッフェルによる別の案が支持されたため、この太陽の塔はついぞ日の目を見なかった。しかしそんなエッフェル塔も、いまでは先端のスポットライトから光を放ち、多くの人を喜ばせる一方で、同様に多くの人をうんざりさせている。

このようにアーク灯の光は強烈で、そのどぎつさを理解すれば、白熱電球が登場したとき世界がどれほど歓迎したかがわかるだろう。一八八一年に開かれたパリ電気博覧会のレポートは、白熱電球について次のように述べている。「電灯と聞いて普通の人が想像するのは、まばゆいばかりの光を放ち、人間の目に害を与えるというものだろう……しかしここにきて、われわれはようやく文明化した光源を手にしたのだ」。もちろんこの交代劇は、街路照明だけに影響したわけではなかった。アーク灯は屋内で使うにはまったく不向きだったが、白熱電球はまさにそうした用途におあつらえ向きだったからだ。白熱電球がもたらした変化について、ジル・ジョンズは著書『光の帝国』にこう記している。[11]

資産家の洗練された女性たちは、衣擦れのする床までのドレスを身にまとい、意気揚々と友人たちに自慢した。なぜなら壁のつまみを回しただけで、部屋の清潔な白熱電球が、まるで魔法のように穏やかで澄んだ光を発するのだから。ろうそくとは違って、電気は燃え尽きたり煙を出したりしない。ガス灯とは違って、まったく匂いがないし、部屋の酸素も消耗しない。芯の手入れをする必要はなく、煙の充満したガラスグローブを掃除する手間もいらない。

一八八二年、トーマス・エジソンがマンハッタン南部に発電所を建設したのも、このような一般顧客に電力を供給するためだった。一九二〇年までには、アメリカの都市圏の三五パーセントの家庭に電気が行き渡り、第二次世界大戦までには九〇パーセント以上のアメリカ人が電灯を使用するようになった。それでも、農村部の多くの地域に電灯が広がり始めたのは、一九三六年にルーズベルト政権が農村電化法を推し進めてからのことだし、国民のほぼすべてが電気の恩恵を享受したと言えるのは、一九五〇年代に入ってしばらくしてからだ。そのとき以来、僕たちは「壁のつまみ」を回し続けている。そうして電灯の光は、山を越え谷を飛び、平原を横切り砂漠を進み、新しい都市や町へと広がりながら、ついには大陸を埋め尽くしていったのだ。

折に触れて、電気が普及する前の暮らしを想像してみる。内燃機関が存在せず、車もトラックもタクシーも走っていない電気以前の夜の街は、どんなに静かだっただろう。ラジオも、テレビも、パソコンも、携帯電話もない。一方で、夜には犯罪の恐怖、病気、不道徳がはびこっている。それを避けるために住民の大半が家に閉じこもってしまった街は、どんなに寂寞としていたことだろう。なかでも、ひときわ印象に残るのは――当時といまとの一番大きな違いだが――電灯がただのひとつもないことだ。

それはどれほどの暗さだったのか。玄関のドアから身を乗り出しても、一メートル先すら見えない真っ暗闇の夜。舗装などほとんどされず、まれにされていても躓きやすい石畳だった昔のアメリカの通りを、歴史家のピーター・ボールドウィンは「危険極まりない」と表現し、月が雲に覆われた夜を、次のように描写している。[12]「歩道や街路脇を歩くと、さまざまな障害物が行く手を遮る。地下貯蔵庫への扉、玄関の階段、積み上げられた薪、がらくたの山、日除け用の柱、大量の建築資材……一八三〇年には、騒ぎを聞きつけたニューヨークの夜警が、暗い通りをやみくもに駆けていこうとしたところ、柱にぶつかって死亡した」。明かりは、夜に彩りを添えるためのものではなく、たんなる目印や道しるべでしかなかった。鯨油をともしたニューヨークの街灯は、一七六一年当時にはただの「闇に包まれた黄色い点」にすぎず、それから一〇〇年以上あとに設置されたガス灯さえ、「弱々しいツチボタルの光が連なったようにはかない」ものだった。

ジェーン・ブロックスは著書『ブリリアント』[13]の中で、初めて自宅に電気を引いたアメリカの農民たちが、家中の明かりをつけたまま車を走らせ、家族みんなで遠くからその輝きを眺めていた様子を描いている。これを誰が笑えるだろうか？　暗くて危険で異臭のする灯油ランプから、電気がもたらした清潔で明るい世界へ、まさに光の速さでひとっ飛び――僕だって、あとずさってその光景に見とれてしまうかもしれない。だが、電灯以前の生活を知る欧米人が珍しくなるのは、時間の問題だ。そしていずれは、電灯なしの夜がどんなふうだったか、誰一人思い出せなくなるに違いない。

アメリカに明るい夜が訪れたのは、クリーブランドに最初の電灯がともされた一八七九年四月二九日のことだった。しかし、ジョン・A・ジャクルが『都市の明かり』[14]に記したように、「夜間照明の可能性が初めてアメリカ人の意識に入り込んだ」のはニューヨーク市においてであり、「ニューヨークで受け入れられたなら、ほぼすべての場所で受け入れられたも同然」と考えられていた。一八九一年に、旅先のヨーロッパからニューヨークへ戻ってきたトーマス・エジソンは、「パリが好印象を与えるのは、美しい景観を誇る街としてであり、光の都としてではない。ニューヨークの夜の方が、はるかに印象的だ」と明言している。ブロードウェイは常に先頭に立って道を切り開いてきた。ニューヨーク市内で初めて本格的に照明が設置されたのがこの通りで、最初は鯨油、次にガス（1827）、そしてついには電気（1880）が使われた。『都市の明かり』の挿絵に、一八八一年のマディソン・スクエアを描いたものがある。[15] 背の高いポールに設置されたアーク灯が照らす、暗い街の一景——そぞろ歩くカップル、一台の馬車、電柱に電線。そして、ニューヨークのなかでも風が強いと評判のこの場所で、手前の男性はまるで光に吹き飛ばされそうになりながら、手に杖を握り締めて通りを渡ろうとしている。一八九〇年代に入る頃には、ブロードウェイの二三番街から三四番街にかけては電飾看板がまばゆく輝き、その明るさゆえに「偉大な白い街路《グレイト・ホワイト・ウエイ》」という呼び名がついたほどだ。

　しかし近年では、様子が少々違ってきた。マンハッタンを南から歩き始めて三一番街に着いたところで、ようやく思い描いていたような白く鮮やかな街路照明が登場するのだ。そこまでの道のりは、少なくとも夏の日曜日の夜には、まるで忘れ去られた街角のように感じられる。劇場街がずっと北側へ移動したために、まばゆい広告もなくなり、かつて明るかった街路は「グレイト」と呼ぶには地味すぎで、「ホワイト」よりもグレーがふさわしい。

　しかし、いったんタイムズ・スクエアに足を踏み入れると、すべてが一変する。デジタル・サイネージ、広告板、色つき電球がきらめく四二丁目から四七丁目は最も明るい界隈で、そこには夜の空がない。

星がたくさん見えないとか、ひとつも見えないとかいうレベルではない。空そのものがないように感じられるのだ。たしかに頭上は黒く沈んでいる。でも、そこには光の点もなければ、ほかの何かが息づいている気配もない。むしろ、ドーム型のスタジアムにでもいるような感覚だ。ブロードウェイの南側ではとてもまぶしく感じた街灯の白い光を、デジタル広告板の明かりはたやすく飲み込んでしまう。昼間の明るさと言ってしまってもいいくらいだ（曇りの日の昼かもしれないが、それでも昼には違いない）。少なくとも、とても夜には思えない。

つまり、闇を感じることができないのだ。

事実、暗さという点においても、もはや「本物の夜」はニューヨークにも、ラスベガスにも、世界中の何百という都市にも存在しない。イタリアのピエラントニオ・チンザノとファビオ・ファルチは、二〇〇一年に「世界光害地図」を作成した。それによると、世界人口の三分の二――アメリカ本土と西ヨーロッパに住む人々の九九パーセントを含む――が、真に暗い夜、人工的な電灯にさらされていない夜を知らずに生活しているという。夜の地球をとらえた衛星写真を見ると、電灯が全世界へ飛躍的に広がっているのがわかる。政治上の境界線は記されていなくとも、多くの都市や河川、海岸線、国境が容易に識別できるのだ。ただ、こうした写真はとても印象的だが、光害の実際の範囲を示したものではない。

それに対しチンザノとファルチは、一九九〇年代半ばのＮＡＳＡのデータをもとに、コンピューターを駆使して計算と画像処理を行い、写真では暗く見える郊外の多くの地域が、実際は周囲の都市や町からあふれ出た光の海に侵されている事実を示した。これが世界光害地図で、そこでは明るさの度合いが色分けされており、一番明るいのが白、以下暗くなるにつれて赤、オレンジ、黄、緑、紫、灰色、黒となっていく。世界光害地図は、もとになったＮＡＳＡの写真同様、ある種の美しさをたたえている。だが実のところ、その美しさは空の汚染を物語っているにすぎない。

ロブ・ランバートと僕が、ラスベガス・ストリップでごくわずかな星しか見つけられなかった原因は、光害である。タイムズ・スクエアで星を見ることができないのも、光害のせいだ。空の澄んだ夜は、本来ならば二五〇〇個以上の星が輝き、数えるそばからわからなくなるほどなのに、大半の人々が住む場所からは、両手（都市部）か両手両足（郊外）で数えられる程度の星しか識別できない。これも光害が原因だ。また、エンパイア・ステート・ビルディングの展望台からは、一七〇〇年代にマンハッタンで観察できた星の一パーセントしか見えないが、その原因も光害である。[16]

光害問題に関して先導的な役割を果たしている国際ダークスカイ協会（ＩＤＡ）は、光害を次のように定義している。

人工光がもたらす、あらゆる有害事象。スカイグロー、グレア、光侵入、ライト・クラッター、夜間における視認力の低下、エネルギーの浪費を含む。

「スカイグロー」とは、夜空がピンク色やオレンジ色に淡く輝く現象で、都市の規模に関係なくどこでも見られる。雪が積もると、この空を反射して、町全体が鮮やかなオレンジ色に染まることもある。地平線上に浮かぶ光のドームもスカイグローで、それが見えたら光源までは八〇キロほどあると考えていいだろう。「グレア」は、両目を手で覆いたくなるほどまぶしい光のこと。「光侵入」とは、あるものを照らすための光が漏れ出て、ほかのものまで照らしている状態だ。隣家のセキュリティーライトが、あなたの家の窓を通って寝室に差し込む。または、新設の研究棟の明かりが、通りの向こうにある女子寮を照らす、というのがその例だ。自由の地、所有権のふるさとであるアメリカにおいても、光侵入は国中どこの住宅地でも見受けられる。最後に「ライト・クラッター」は、近代都市にはつきものの、さまざまな方向へ交差する雑然とした光の呼称だ。

残念なことに、これらすべてが光、エネルギー、そして金の無駄遣いを意味している。だが吉報もある。そのすべてが照明器具の設計や取りつけのまずさ、必要以上の光の使用に起因しているため、僕たちが直面しているほかの課題よりも比較的容易に、そして著しい改善が期待できるということだ。

光害は僕たちを本当の闇、本当の夜から遠ざけている。そのことを考えるとき、僕はヘンリー・ディヴィッド・ソローが一八五六年に投げかけた疑問を思い出さずにはいられない。「私が精通しているのは、不具にされた不完全な自然ではないのだろうか」。ウォールデン池畔の森について語るソローは、オオカミやヘラジカのように「高貴な」動物が、死滅したり追いやられたりしてきた事実を述べ、次のようにたとえた。「私が手にしているものは……不完全な写しに過ぎないことを知る。つまり私の祖先たちは最初のページの多くをそしてもっともすぐれた文章を引き裂き、多くの場所でその詩を骨抜きにしてしまったのである。ある半神半人が私よりも先に来て、もっともすばらしい星々を抜き取ってしまった、とは考えたくない」。そして約一五〇年たった現在、僕たちはまったく同じことを人工の光に許している。「私は天空全体を、大地全体を知りたい」というソローの結びの言葉を読むたび、僕はそれを自分の気持ちのように感じるのである。(17)

ニューヨーク州の私設天文台長

ボブ・バーマンは、アップステート・ニューヨーク〔ニューヨーク州北部〕の街灯のない小さな町に住んでいる。「街灯がある場所なんかに住めやしない」、暗い二車線の道路をぐねぐねと進みながら、彼はそう言った。昇りゆく月の光が、波立つ湖面や、まだ芽吹かぬ春の木々のあいだに注いでいる。カエルの歌が車の走行音に負けじと響く。僕たちはバーマンの私設天文台に向かっていた。かつてはアメリカ一有名な天文学者と呼ばれたバーマンは、多くの著作を残している。ディスカバー誌には「ナイト・ウォッチマン」、アストロノミー誌には「スカイマン」というコラムを連載したこともあり、そのユーモラスな文体には定評がある。彼いわく、天文学関係の記事でユーモアを貫くのは、みなが思うほど容易ではないという。「科学ってやつは本質的に愉快なものじゃないからね。冥王星のどこが笑えますか？　銀河やコスモスや膨張宇宙のどこが？　社会風刺とはわけが違う。読者からのばかげた質問をもとにコラムを書く才能があったとすれば、それは神様からの贈り物だよ」

「気に入った質問はありましたか？」と僕は尋ねた。

「ピカイチなのがあるよ。『日食の観察が目に危険をおよぼすなら、どうして日食は起こるのですか？』だってさ(18)」

もちろん、「ばかげた質問」に答えるコラムとはいえ、真剣に取り組まなくてはならなかった。ほとんどのアメリカ人は、夜空についてそれほど多くを知らないのだから。

僕自身も、かつてはその一人だった。常に興味をひかれてはいたものの、名称や数字に関することや、夜空の隠された生態については、まったくの無知だったのだ。かろうじて知っていたのは、惑星は瞬かないので、それによって普通の星との見分けがつくらしいということ。それから、二つの有名な星座、つまり北斗七星（厳密に言えば星座の一部だが）と、オリオン座。

「悪くないね」とバーマンは言う。「月しか知らない人も大勢いるんだから」

僕の知識が増えたのは、このボブ・バーマンによるところが大きい。とくに彼の著書『夜空の秘密』⑲からはたくさんの知識を与えてもらった。たとえば、オリオン座の一員であるベテルギウスという星が「肉眼で観測できる最大の単独星」であること。もちろん銀河の方が大きいのだが、銀河は星の集まりであって単独の星ではない。そのうえどんな銀河も、光害に覆われた先進国の夜空で輝けるほど明るくはなく、バーマンによると、「一方のベテルギウスは、都会の濁りきった空をも強行突破するほど、煌々と輝いている」という。オリオン座にあるもうひとつの明るい星リゲルが、「五万八〇〇〇個の太陽に匹敵するほど強い光を放っている」のも、彼から学んだことのひとつだ。オリオン座の星のなかでも、リゲルは地球からかなり離れた位置にある。「もしもリゲルがほかの星と同じくらい地球に近かったら、夜の景色はくっきりと浮かぶリゲルの異質な姿に脅かされ、夜空は終始満月が顔を出したような明るさを保っていただろう。星はほとんど見えなくなるはずだ」

今夜の月は、満月から数日過ぎた欠けゆく月だ。その光は明るく、天文台からの空の眺めは最高とは言えないだろう。月の満ち欠けの二九日周期のうち、今日のように月が大きく、たくさんの星がかすんでしまう明るい夜は、観測者たちにあまり喜ばれない。しかし、バーマンは心から楽しそうに私設天文台の屋根を開けた。この天文台の設備は彼のお手製で、本人いわく「適当もいいとこ」だそうだ。そしてバーマンは望遠鏡を月に向けた（望遠鏡も手作りかと聞くと、「いやいや、望遠鏡はちゃんとしたものが欲しいのでね」との返事）。

「さあ、ごらんなさい」、バーマンは接眼レンズを覗くよう促した。

その眺めに僕は不意をつかれた。漆黒の空に浮かぶ白銀の月。表面にはくっきりとした凹凸があり、かつて見たことのない輝きを帯びている。完全な静寂に心を打たれる。見事なまでに鮮明でありながら、生気をまったく感じさせないこの冷たい月は、果てしなく広がる宇宙で孤高の存在だ。僕は、バーマンの著作から月に関して多くを学んでいて（たとえば、高く昇ったときや、地球との距離が近づいたとき、そして通常より七パーセント強い太陽光に照らされる冬の期間は、いつもより輝きを増すこと）、そうした知識をありがたく思っている。だが一方で、人間と月との関わり合いには、たんなる天文学的事実に収まらないものがあるとも感じている。肉眼で見ると、月は毎晩ゆっくりと昇る。時に錆びた薔薇のような赤に染まるかと思えば、茶色、金色と装いを変える月は、懐かしい土の香りさえ漂わせ、地球と密接につながっていることを感じさせる。月は僕たちの世界の一部であり、友のように親しげな存在なのだ。しかし望遠鏡を通して見ると、月は皮肉にも遠い存在に思える。

「じゃあ、お次は土星」。バーマンは大きな白い望遠鏡を両手に抱き、ダンスのパートナーを導くように、東の方へわずかに向きを変えた。梯子《はしご》をのぼって微調整し、「よしいいぞ」とつぶやく。僕がレンズを覗くと、小さな明るい物体が飛び回り、像がぼやけて見えた。そこで、バーマンはもう一度覗き込んで再調整を始める。そしてそのあいだに、きれいな夜空を観察するために必要な三つの条件を教えてくれた。透明度、暗さ、シーイング――ご存じのとおり、シーイングとは「見ること」を意味する英語だ。「ずいぶん単純な呼び方を考えついたと思うだろうね」とバーマンは笑った。「でも、世界中の天文学者が、『今夜のシーイングは五分の三だ』なんて言い方をするんだ」。シーイングは、地球の大気の乱れが星像におよぼす影響の程度を表す。大気が安定し、気流が穏やかなときはシーイングがよく、大気の揺らぎが大きいときはシーイングが悪い、といった具合だ。手早くチェックするには、星がどれくらい瞬いているかを見るといい。瞬きが激しくなるほど、シーイングも悪いことになる。一〇〇年以上ものあいだ、ミシシッピ川以東に主要な天文台が建てられていない原因のひとつは、シーイングの悪さだとバーマンは言う。天文学者たちを西へ引きつけているのは、砂漠に囲まれた山の頂上からのシーイングのよさなのである。

「これでどうかな」、バーマンが梯子を降りてきた。「シーイングがよくなる瞬間を待ちましょう……像が安定するそのときを」。経験を積んだ観測者に欠かせない仕事は、良好なシーイングを待つことなのだと彼は言う。「二四歳くらいの頃かな、零下一三度、顎ひげも凍りつく寒さのなか、立ったまま星像が安定するのを待っていた。そうしたらついに三時間後、土星の輪の中の輪を、写真では見られない細部を見ることができたんだ。これこそ、何世紀にもわたって観測者が続けてきたことなんだよ」

僕は待ちながら、たったいまバーマンから聞いたことを考えていた。いつの時代も人類は空を見上げてきたが、近代天文学について言えば、その源流は紀元前二〇〇〇～三〇〇〇年紀のエジプトやバビロニアに発している。当時の人々は、夜空に象徴や予兆を見出していた（もちろん、眺めていたのは空だけではない。天文学史家のマイケル・ホスキンは、「とくに羊の内蔵による占いは重要」だったと述べている)[20]。その後発展した宇宙論、つまり地球が宇宙の中心だとする古典的なモデルは、その発祥の地であるギリシャ、イスラム世界、そしてラテン世界で、二〇〇〇年にわたって支配的な影響力を持ち続けた。中世になるとヨーロッパの天文学は暗黒時代に突入し、状況が変わるには優秀な天文学者が活躍する近代を待たなければならなかった。そのあいだ知識の保護と発展に貢献したのは、イスラム世界の天文学者たちだった。そのため、アラビア語の名前がつけられた星は非常に多い。たとえば、中央アジアの古都サマルカンドを治めた総督の息子ウルグ・ベク(1394-1449)は、一〇〇〇個以上の星を含む天文表を作成している。その後一六〇九年に、ガリレオ・ガリレイ(1564-1642)が自作の望遠鏡を夜空に向けた瞬間から、人類による宇宙の観測はまったく新しい時代に突入することになる。

シーイングが安定して土星が視界に現れたとき、僕は声を上げずにはいられなかった。肉眼で見る土星は、ただの明るい点だ。興味深いかもしれないが、ほかの星となんら変わらず、とりたてて感動もない。しかし望遠鏡を通して見た土星は、筋の入った大きな環に囲まれた、柔らかな黄色の大理石だ。写真で見るのとまったく同じだが、いま見ている像には生命が宿っている。

「ここ何年かで、一〇〇〇人以上がその望遠鏡を覗いてきたけれど、土星を見たときの反応は、必ずどっちかさ。『わぁっ!』と驚くか、『本物じゃありませんよね?』と聞いてくるか」

本物じゃありませんよね――なんて奇妙な反応だろう。でも、同じような話を別の天文家からも聞いたことがあるし、「望遠鏡の中に土星の写真を仕込んだんじゃないですか?」とたびたび聞かれるという天文家も知っている。自分の目で実物を見たという事実は、とてつもないインパクトを与えるものだ。写真だって、繰り返し見れば感銘を受けることはあるだろう。しかし実際目にしたものは、一度で心に刻み込まれる。

人生で最も美しい星空を見たのは、二〇年以上前のことだ。そのとき僕は高校を卒業したばかりの一八歳で、バックパックを背負いヨーロッパを旅していた。南欧はスペインからモロッコへ渡り、さらにアトラス山脈まで南下して、サハラ砂漠の入口にたどり着く。砂漠からやって来た遊牧民族が、物々交換や貿易をする場所だったのだが、いま地図で探してもまったく見当がつかない。ある夜、僕は馬小屋と呼んだ方がふさわしいようなユースホステルで目を覚まし、吹雪の中を散歩した。とはいっても、ミネソタなんかで慣れ親しんできたような雪ではない。ひんやりとした夜の空気の中に、ショートパンツ、ビーチサンダル、上半身は裸というういでたちで飛び出した僕は、星々が体のまわりを嵐のように舞うのに身を任せていた。

記憶する限りでは、そこに光害、というより照明はまったく存在しなかった。それなのに僕は光に包み込まれていた。星明かりが照らしてくれているのだ。星は地面にまで降り注ぎ、足元は明るい。見上げると奥行のある空。いくつかの星は近くにあり、別の星はもっと遠くに位置している。まるで3Dのようだ。天の川が細部までくっきりと見え、ねじれていて、厚みがあるのがわかる。天文学者が「構造」と呼んでいるものだ。地平線の端から端までを埋め尽くす星々の数には、朝に見た木製の手押し車いっぱいのヤギの頭よりも、午後に出会ったボロをまとう子供たちの貧しさよりも、もっと奇妙な感覚をおぼえた。あの豪奢な夜空を思い出すと、いまでも夢を見ていたのではないかという気持ちになる。

その夜の体験はとても貴重なものだった。人生のあの時期には、毎日何かしら新しいこと（食べ物、人々、場所など）が経験できた。まるでこの世に誕生したばかりの赤ん坊のように、あらゆるものに対して好奇心をもっていた僕に、世界は息を飲むような美しさ、そして過酷な現実を教えてくれたものだ。その夜も同じだった。僕は、ほぼ生まれたままの姿でモロッコの空の下に立ち、その空気を、その闇を、その星を肌で感じていた。夜の印象が深く胸に刻み込まれ、僕の人生を決定づける結びつきが、たしかにそこで生まれた。

モロッコでの体験談を伝えると、バーマンはこんな話をしてくれた。「それを聞いて、ちょっと残念なことを思い出したよ。妻の母が訪ねてきたときのことだ。彼女は、光に汚染されたロングアイランドやフロリダで一生を過ごしてきた人だった。家で待っていると、車が近づいてくる音がする。トランクが閉まる音、スーツケースをガラガラと引く音、続いて義理の母が入ってきた。彼女が開口一番、妻のマーシーに言ったのがこれさ。『空に浮かんでいるあの白い点々は何なの？』。妻はごく当たり前に答えたよ。『母さん、あれは星というものよ』」

「似たような話をほかにも聞いたことはありますが、にわかに信じがたいですね」と僕は笑った。

バーマンは後ろに背をそらして、妻に呼びかけた。「マーシー、お義母さんが、空にある白い点々は何かと聞いてきたのを覚えているかい？」

「ええ」

「あれは冗談だったと思う？」

「いいえ」

ボブ・バーマンは、生涯を通じて星を観測してきた。ここアップステート・ニューヨークでは、いまでも素晴らしい夜空の眺望が楽しめる。

「私たちは、おおむね五・八あるいは五・九等級までの二五〇〇個あまりの星を見ることができる」。彼が言う「等級」とは、天文学者が個々の星の明るさを表すときに使う尺度である。「理論上、肉眼で一度に見える星の数は三〇〇〇個と言われているけれど、実際は圧倒的多数が五等星から六等星で——暗い星になるほど、数はぐんと増えるんだ——地平線近くではかなりの星が消えてしまう。つまり、地平線の上一〇度の帯状の領域では、暗い星は見つからない」

等級という考え方を、僕たちは古代ギリシャ人から受け継いだ。その時代の人々は、最も明るい星を「一等星」、目で見える最も暗い星を「六等星」と呼んでいた。近代天文学によって、古代ギリシャの分類法に正確な測定結果が加えられると、最も明るい星のいくつかは、シリウスのマイナス一・五等級のように、負の等級に分類されるようになった。しかしこれらの値はすべて相対的で、地球からの星の見え方を反映したものにすぎない。宇宙史上最も明るい恒星も、地球から遠く離れていれば、暗い星よりもっと暗い等級になりえるのだ。

一般的には、六・五等級が肉眼で見える限界だと言われているが、七等級以上だと主張する観測者もいる。バーマンは次のように書いている。

明るい星は少なく、中くらいの星ははるかに多くて、暗い星の数は膨大だ。このヒエラルキーの底辺は、人間の視力の限界を超え、猛烈な勢いで広がっていく。近年の技術の進歩によって、望遠鏡では二九等級の星まで見分けられるようになった。なんとそれは、肉眼で感知できるどんな物体より一〇億倍以上も暗いのだ。その暗さは並外れていて、二九等星の光は、二〇万キロ先にある一本の煙草の火と同程度の明るさである。

しかし、光に汚染された空は、当然ながらそのすべてを無意味にしてしまう。圧倒的多数の星は大きい等級に分類されており、人工光にかき消されてしまう程度の明るさしかないからだ。

バーマンは言う。「夜空を眺めている人が、心を奪われ、悠久を感じ、美しいと口に出すには、一度に四五〇個の星が見えている必要がある。この数は適当に挙げたわけじゃない。夜空が三等級の光よりも薄暗くなったときに見える星の数なんだ。だから、都会で十数個の星が見えたぐらいでは、誰も興味をもたない。『ああ、ベガね。それで?』でおしまい。

仮に星が一〇〇個に増えても同じことで、ある閾値を超えて初めて、人々は空を見上げ、そこにプラネタリウムのような眺めを見つける。そのとき人は、太古から持ち続けていた核のようなものに触れるんだ。それは集合的な記憶かもしれないし、遺伝的な記憶かもしれない。もしかしたら、私たちが人間ですらなかった遠い過去から続く何かなのかもしれない。でも、星の数がその閾値に達しなければ、何も起こりはしない」

人類は長きにわたって、日々の生活と関係のある身近な形を星空に見出してきた。そのなかには、さそり座のサソリや、オリオン座の狩人のように、現代人が見てもなるほどと頷けるような形もある。

「夏の大三角」などの星群も同じだ。この三角形は、別々の星座に属する明るい星――こと座のベガ、はくちょう座のデネブ、わし座のアルタイル――からなっている。ところが多くの星座は、古代ギリシャのジョークが永遠に語り継がれたかのように、曖昧な形やこじつけじみた説明で僕たちの首をひねらせる。格好の例がぎょしゃ座だ。オリオン座の真上にあり、カペラという明るい星を含むこの星座は、空を見上げれば容易に見つけられる。しかしこの形が馬を操る御者に見えるという人が、いったいどれほどいるだろう？

見つけること自体が難しい星座もある。先のぎょしゃ座は探しやすい例のひとつだが、同じくオリオン座の近くにある、いっかくじゅう座や、くじら座が見つけられるどうか、チャレンジしてみるといい。天文学の良書やスマートフォンのアプリを活用して、前もって頭の中にイメージを描いておけば、カシオペア座やペルセウス座は特定できるかもしれないが、へびつかい座（見ることすら難しいのに、言い当てるのは至難のわざ）のような星座は、見分けがつかなくてもしかたがない。

とはいえ、夜の空がもっとわかりにくく、さらに複雑になっていた可能性もあった。一六二七年、ドイツの天文学者ユリウス・シラーは、黄道一二星座は一二使徒に、また北半球から見える星座は新訳聖書、南半球から見える星座は旧約聖書の登場人物というように、星座の名前を聖書中の人物名に置き換えようと試みた。幸か不幸か、シラーのアイデアが歓迎されることはなかった。[21] だがその後、南の空はちょっとした不運に見舞われる。一六～一八世紀に活躍したヨーロッパの探検家たちは、当時発明された新しい実用品への関心を多くの星座に投影した。ポンプ座、コンパス座、ろ座といった夢のない呼び名は、ぼうえんきょう座、けんびきょう座などの無味乾燥な星座名とともに、現在も使われている。しかしながら、南半球の空からすべてが失われたわけではない。少なくとも子供たちや、子供心をもった大人たちは、船から発想を得た「とも座（船尾）」を指さして、目を輝かせることだろう。

二枚の絵

バーマンが教えてくれた「心を奪われ」るほどの無数の星であれ、誰もが知っている星座や変わった名前の星座を構成する星であれ、星を見るためには「暗闇」が必要だ。だが暗闇とは、どの程度の暗さを言うのだろう？　僕が思うに、多くの人はそれを三つのレベルに分けて考えているようだ。ひとつ目は、「夜だ、暗いね」というレベル。これは標準的に考えられる夜の暗さで、ボートル・スケールのクラス8からクラス5あたりに相当する。次は、幸運にもクラス4からクラス2（もちろんクラス1も）に相当する地域に住む人々が、「外は真っ暗だ」と言うときのかなり暗いレベル。そして最後に、「ベガス最高！」と夜のラスベガスに繰り出すときのクラス9の暗さだ。

しかしながら、現実はそれよりもずっと複雑である。そもそも、僕たちは「本物」の暗闇がどんなものかを知らない。なぜなら、ボートル・スケールや世界光害地図が示すように、それはめったに見られるものではないからだ。

マンハッタンで、本物の暗闇が見られる場所がある。それはニューヨーク近代美術館（ＭｏＭＡ）に収蔵された、フィンセント・ファン・ゴッホの『星月夜』という作品だ。一八八九年に描かれたこの油彩キャンバス画は、巡回展で各地を回っていない限り、常設されているＭｏＭＡの壁にかけられ、通り過ぎる年間三〇〇万人近い人々の目を楽しませている。

ある土曜日の朝、僕は星と月と眠る町を描いたゴッホの絵のそばに立って、その日の監視員ジョセフと話をしていた。世界中から集まった来館者が絵の近くに押し寄せるたび、ジョセフは「フラッシュ禁止」、「二歩下がって」、「もっと後ろに」とせわしなく声をかける。「この絵の魅力はなんでしょうね」。僕が尋ねると、「美しさ。何かほかに言うことがありますか?」と彼は答えた。

お説ごもっとも。だが僕自身は、この絵が語る物語がとても好きだ。小さな暗い町、家々の窓から漏れる山吹色のガスランプの明かり、それを覆う巨大な渦巻きと波打つ藍色の空。ここに描かれているのは、夜が森や海へ追いやられる前の世界、穏やかな町が街灯なしで眠りについていた頃の世界だ。人々はこの絵、とりわけ空の部分に、たんなる精神異常者の妄想という短絡的なイメージを抱きすぎるような気がする。MoMAで「ゴッホと夜の色彩展」を企画したヨアキム・ピサロ[22]の言い草ではないが、この画家を「精力に満ちた狼男」と見ているのだ。たしかにゴッホは問題を抱えていた。けれど、『星月夜』が浮世離れして見えるのは、ひとつには、これがもはや存在しない時代、夜空がずっとこの絵に近い状態だった時代の作品だからだろう。では、ゴッホは現実の景色を目の前にして、この絵に取り組んだのだろうか? もちろん、そうではない——ゴッホはこの光景をサン・レミの精神病院の個室で、過去の習作や記憶をもとに描き上げたと言われている。だがこの想像上の空は、MoMAを訪れる無数の来館者のほとんどが経験したことのない、いわば本物の空に着想を得たものだ。今日僕たちが住む場所よりもずっと暗い町の、本物の空を見た経験に基づいて描いた空。その点で想像上の夜空には違いないだが、それを果たして現実ではないと言い切っていいものか[23]?

現代ならば、そうかもしれない。しかしゴッホは電灯以前の時代に生きていた。彼は一八八八年の手紙に、南仏の海岸を歩きながら見た光景を書き綴っている。

深い青の空には強いコバルト色の基本的な青よりももっと深い青の雲が飛散っていた、それからもっと明るい蒼白い天の川のようなものも。青を背景にして星が明るく煌き、緑がかり、黄色に、白く、かすかに紅く、われわれの故郷や――パリよりも一層、宝石のように輝いていた――まるで猫眼石、エメラルド、瑠璃、ルビー、サファイヤのようだった。(24)

現代人の感覚からすれば、まずゴッホがパリの星空を引き合いに出していることが驚きだ。ここに描写されている星空にちょっとでも近いものをパリで経験できた人は、少なくともこの五〇年間はいないだろう。では、さまざまな色があるというのは? それは本当だ。雲のない澄み渡った夜でも、人間の目が色の違いに気づけないのは、網膜にある二種類の光受容細胞、つまり錐体《すいたい》細胞と桿体《かんたい》細胞の作用が原因だ。錐体細胞は色を感知するが、暗い光には反応しない。それとは対照的に、桿体細胞は弱い光を敏感に感じるが、色の識別はできない。星空を見るときは、感度は高いが色覚に関与しない桿体細胞が主に働くので、星はたいてい白く見える。加えて、真っ暗闇に目が慣れるまで戸外にいることはほとんどないし、多くの人は光害で星空が見えにくい環境に住んでいる。それに、星が色とりどりに見えるなんてありえない、そんなのはウィリー・ウォンカやルイス・キャロル、もしくはフィンセント・ファン・ゴッホの世界だという先入観もあるだろう。しかし、立体的な美しさをくっきりたたえた星空を、十分に暗い場所で十分な時間見つめていれば、誰しも赤、緑、黄、オレンジ、青の光が瞬くのがわかるはずだ。

それだけじゃない。このオランダ人画家のように、「星を見上げると、いつも夢を見ている心地になる」かもしれない。

僕が今日ＭｏＭＡを訪れたのは、二枚の絵を見たいと思ったからだ。ひとつは『星月夜』で、もう一枚のお目当ては、あまり知られていないため展示すらされていなかった。そこで、収蔵作品を管理しているジェニファー・シャウアーにお願いして、その絵を見せてもらうことにした。彼女に連れられて『星月夜』の前を通り過ぎ、館内に展示場所のないたくさんの絵画が保管されている一室に入った。実に所蔵品の七五パーセントがここに眠っているそうだ。シャウアーはラベルをちらりと見て、目当ての絵がかかっているフェンスのような壁を引き出した。そこに煌々と輝いていたのは、ジャコモ・バッラの一九〇九年の作品、『街灯』だ。(25) 電灯を描いたこの鮮やかな色調の絵が舞台裏に隠されているのに、星の輝く夜の眺めをＭｏＭＡが四六時中展示しているというのは、僕にしてみれば小気味よい皮肉である。星月夜が輝き続け、街灯がしまい込まれている場所は、ニューヨークのどこを探してもほかにないだろう。

見る者の目にゴッホの星月夜の情景がこんなにも幻想的に映るのは、あるものがそこに描かれているせいだ。どちらの絵も右上の隅には月が輝いており、ゴッホの月は自然の光を放ち黄色く脈打っている。一方、小さなウエハース菓子のようなバッラの月は、電灯照明に圧倒されながらも必死に持ちこたえているように見える。実際それは、バッラの意図するところだった。「月光を殺そう」とは、イタリア未来派でのバッラの同志であるフィリッポ・マリネッティが唱えたスローガンだ。彼ら未来派は、ノイズとスピードと光——人工の光、近代的な光、電灯照明——を信奉していた。月のような古くさいものが何の役に立つというのか？

「街灯の光は自らを照らし出しています」とシャウアーは解説してくれた。星月夜の三倍もありそうなキャンバス。背景の暗闇は海のような青緑と茶に塗られている。街灯はVを逆さまにしたような形の光を同心円状に放ち、ローズ、モーヴ、緑、黄の光がキラキラと響き渡る。ここに描かれているのは、電灯に対する楽観的なビジョンだ。電灯によって、夜はこれまで以上に明るくなるだけでなく、美しさを増していく。なるほど、電灯照明が最終的に目指す地点がそこだとすれば、バッラの光崇拝は完璧に理解できる。だがもちろん、シャウアーの言うとおり、「ニューヨークはこの美しさを感じられるほど暗くはない」のだが。

この美術館に五〇メートルの距離を置いて収蔵された二枚の絵には、時という名の橋が架かっている。橋は、ほとんど知る者のいなくなってしまった光景から、知りすぎて気にもかけなくなった夜へと僕たちを導く。一九世紀の終わりに、ゴッホは南仏の田舎で古い時代の夜を描いた。二〇世紀の初めに、バッラは都会で現代に通じる夜を描いた。やがて、バッラが描写したような電灯は欧米諸国に広がり、おそらくそれと同時に、ゴッホの作品の人気も加速した——実生活で星降る夜の眺めを失った僕たちにとって、ゴッホの目を通して見た夜、彼が知り尽くし、愛情を注ぎ、ガス灯の光のもとで感じた夜は、ますます幻想的なものになっていったからである。

8 二都物語

秘訣は実に単純だ。光を周囲に溶け込ませること。鳥や虫、ご近所さんや天文学者に迷惑をかけちゃいかん。好きに使える金を役所がくれたなら、みんなに光の美しさを教えてあげるのに。[1]

――フランソワ・ジュス（２０１０）

街路のガス灯に初めて火がともされたのは、一八〇七年のことだった。当時の人々は、ロンドンのポール・モール街を照らしたその光を見て、「見事なまでの白さと輝き」と称えたという。それから一〇年のうちに、ロンドンの通りには延べ三二〇キロ以上にわたって四万基のガス灯がともされるようになり、その光景を「無数のともしび、どこまでも続く炎の鎖」と書き残す者もいた。一八二五年までに世界一の人口を抱えるようになったイギリスの首都を除いて、[2]これほど広い範囲をこんなにも明るく照らした都市は、世界中どこにもなかった。

もっとも、何を明るいと感じるかは時代によって異なる。ろうそくの明かりや灯油ランプに照らされた街路しか知らなかった一九世紀の人々の目から見れば、ガス灯は間違いなく明るかっただろう。しかし現代人からすると、ガス灯の明かりは何かの間違いかと思うほど暗い――本当についているのかと目を疑うくらいだ。これは印象だけの問題ではない。電灯の光に常にさらされている現代のロンドン市民や、世界各地の都市生活者（アメリカ人の四〇パーセントもここに含まれる）は夜目がきかない。言い換えれば、夜になっても暗所視《あんしょし》に切り替わらない。明るい場所で働く錐体《すいたい》細胞ばかりが機能し、暗い場所でものを見えるようにする桿体《かんたい》細胞が機能しないからだ。ところが一九世紀の人々は、暗所視が正常に働いた状態で、ガス灯に照らされた夜を見ていた。つまり、現代人にはどうしようもなく暗く思える照明でも、当時のロンドンっ子の目には完璧な人工光として映ったのである。「その明るさは夏の真昼のように澄んでいるが、月光のように柔らかく穏やかだ」、「闇と静けさに縁どられた光の輪が突如現れ、優しく神秘的な街が浮かび上がる」。現在のロンドンは世界でも有数の明るい都市で、世界光害地図の上では、ひときわ白く輝いて見える。それでも僕は、この光の中心へやってきた。「優しく神秘的な街」がまだ存在しているかどうか、確かめたかったからだ。

きっと存在しているという予感が僕にはあった。なぜなら、ロンドンにはいまでも一六〇〇基以上のガス灯があって、その多くはウェストミンスター、テンプル、セント・ジェームズ・パークなど、テムズ川北岸の有名地区に設置されているからだ。そのうちの一二〇〇基を直接管理しているブリティッシュ・ガスでは、二人の技術者と、四人の点灯員からなる、六人体制のガス灯チームが活躍している。

一八八一年、『宝島』でおなじみのイギリスの作家スティーヴンソンは、点火夫の仕事について、「街を急ぎ足で歩き、きちんと間をおいて、暗闇の中にまた一つの光を穿《うが》つ」と描写したが、現代のガス灯点灯員は、ひとつひとつのランプに火をともしていく必要はない。彼らはガス灯からガス灯へと通常二週間かけて一巡し、本体の清掃、パイロットランプの再点灯、タイマーの調整などを行う。スティーヴンソンは、電灯の出現を目前にした点火夫の差し迫った運命を嘆き、彼らの功労についてこう綴った。「ギリシャ人だったら、こうした点火夫について、立派な神話を造ったかもしれない。いかに彼が星の光をばらまき、必要がなくなるとすぐ、これを又集めてしまうかという神話を」(3)。ギリシャ神話はさておき、現代の点灯員は人気の職業で、めったに空きは出ないそうだ。

一二月のある冷たく澄んだ夜、ウェストミンスター橋近くのセント・スティーブンス・タバーンというパブで、ブリティッシュ・ガスのガス灯チーム、ゲイリーとイアンと落ち合った。店内は、ネクタイを緩め、上着を腕にかけた地元客であふれ返っている。ここで少し飲んだあと、素晴らしい街明かりを見せてもらう予定なのだ。二人は、ガス灯への愛情を包み隠さず語ってくれた。「一度関わったら最後、もう心を奪われてしまいますよ」とゲイリーが言う。スコットランドのグラスゴーからロンドンへ引越してきたイアンも、負けていない。「こっちに来るまでガス灯なんて見たこともなかった。ところがすっかりその歴史に魅せられてしまって、通りを歩いていて電灯を見つけると、ちぇっ、なんでガスじゃないんだって思っている自分に気がつくんだ」

ロンドンといまも残るガス灯との関係は、どこかぎくしゃくしている。文化遺産を保護する法律のおかげでガス灯自体が撤去されるようなことはないが、ガス灯が電灯に脅かされるのを防ぐ条項は作られていないようだ。セント・ジェームズ・パークのはずれで、僕はその典型とも思える状況を目撃した。そこに立つヴィクトリア朝の照明設備からは、ガスの炎がたいそう風情のある光を放っている。そしてそのすぐ右、六〇センチも離れていない位置には、さらに背の高い新式の街灯があり、光そのものは強いが、味も素っ気もない電気の明かりがギラギラと輝いている。ガスと電気の背中合わせの配置は、たしかにロンドンでもおなじみの光景ではないが、だからといってガスの炎だけで照らされた街路、公園、中庭がすぐに見つかるわけでもない。もしもあなたがガス灯ファンなら、もったいないとがっかりすることだろう。イアンは言う。「電気の方が便利には違いないけど、ガス灯のロマンも捨てがたいよ」

ゲイリーもイアンも、人々がガス灯の揺るぎない魅力に引き込まれる様子を、絶えず目の当たりにしてきた。「ガス灯のそばを、顔色ひとつ変えずに通り過ぎていく人の多さには、きっとびっくりするでしょう」とゲイリーは言う。「だけど、僕たちが出て行って梯子を立てかけると、みんなが足を止めて、写真を撮り始めるんです」。どうしてガス灯は、そんなにも人々の気を引くのだろう？　すぐに思いつく理由は、電灯のように明るくないこと（ガス灯は、四〇ワットの白熱電球ほどの明るさしかない）。それから、ヴィクトリア朝のデザインが現代人の心をくすぐること。より低温のガス灯は、炎と同じ赤橙色の光を放つということ（鮮やかな白色よりもずっと味がある）。そして最後の理由は、コヴェント・ガーデンのセント・ジェームズ・ストリートをはじめ、ロンドンのどこかでガス灯がともっているのを見ると、自分が過去とつながっているような気持ちになることだ。あのノスタルジア、昔に戻ったような懐かしい感覚、暗さ、デザイン、色、歴史——電灯よりも美しいとは言わないが、ガス灯はそれとはまた違う美を誇っている。

そんな事実を体感できる場所のひとつが、ウェストミンスター寺院周辺だ。寺院の裏にあるディーンズ・ヤードという私有の中庭にともされているのはガス灯で、それゆえに、そこは都市の広場と聞いて思い浮かべるものよりもはるかに暗い。実際、パブから国会議事堂〔ウェストミンスター宮殿〕を通り過ぎてその中庭まで歩くあいだ、数分間は目が順応しない。しかし次第に目が慣れてくると、ガス灯の光は完璧なまでに明るくなる。一緒に見学していたゲイリーの言うことは本当だ。「必要なものはちゃんと見えるはずです。日中の光とは違いますが、効果は抜群でしょう」

とはいえ、その効果が及ぶ範囲は限定されている。たとえばフットボールスタジアムを照らすのが目的だとしたら、ガス灯では満足できないだろう。ヨーロッパの街灯に初めて電気が使われたとき、大衆はそれまで親しんでいたガス灯の弱々しさに気がついた。騙されたように感じるロンドン市民もいたようだ。「街路を明るくするのに、ガス灯はまったく何の役にも立っていなかった。三晩続けて点灯しなくても、誰も何も気づきやしない」。また、こんなふうにも言われた。「大通りから、いやむしろ、みじめで薄暗いガス灯が瞬く脇道へと目を向けた途端に、眼精疲労が始まる。そこでは暗闇が、玄関先での衝突を防ぐことすらできないかすかな赤っぽい光が幅をきかせている……要するに、最も哀れな光が行き渡っているのだ」

一九世紀の人々がそう感じたからといって、それを責めるわけにはいかない。現代人にだって、電気からガスへと喜んで逆戻りしたがる人はほとんどいないはずだ。僕たちは、電灯の役割をガス灯で代替できるとは決して考えない。だがその一方で、本来ならばガス灯で十分なときでも電灯を使うケースがいくらでも見られる。たとえば、ウェストミンスター橋の照明はまぶしすぎて、歩行者やサイクリスト、ドライバーの目にはグレアに映る。もしも揺らめく炎で橋が照らされていたならば、どんなに美しくなるだろう？　ガス灯が明るさで見劣りするからといって、それを使っていけないわけではない。ガス灯が歩行者にとって十分に明るくないと思うのなら、光が漏れない腰までの高さの電灯を設置するのもひとつの手だ。そうすれば、ガス灯の醸し出す雰囲気はそのままに、歩行者が必要とする安全を簡単に提供することができる。都市の明るい夜に包まれながらガス灯を見ていると、ある疑問がわいてくる。いったいどうすれば、電灯の恩恵を心から楽しみながら、同時に過剰な光を避けることができるのだろう。スティーヴンソンは、そうした過剰な光を「あの醜くて人の眼を盲にする輝き」と評する一方で、そう思うのは自然の反応であり、特別に厳しい態度ではないと説いた。彼はこう述べている。「美の顔がもっとにつかわしく表わされるのを好んだとしても、ひどい快楽主義者になる必要もないのだ」

欧米諸国でアーク灯の利用が増え、誰の目にもガス灯の衰退が明らかになった一九世紀の終わり頃、スティーヴンソンは『瓦斯燈《がすとう》の辯《べん》』という小論を執筆した。この作品は、光そのものに反対する批判演説ではない。むしろ、彼の言うところの「新しい電灯照明の抑制不能で不快な輝き」に対する警告だった。スティーヴンソンは、街路が「ガスの星」の到来によっていかに過ごしやすい場所になったか、点火夫がいかに善良な人たちであったかを、称賛をこめて書いた。時おり、「点火夫の梯子がたおれて来て、人の頭にあたるかもしれなかった」としてもだ（そんなことがあるのかと尋ねると、ゲイリーは「気をつけます」と答えた）。しかし電気の時代になると、彼ら点火夫とその明かりに代わって、「人馴れた星」が活躍するようになった。スイッチに触れれば「一つずつではなくて、一つにまとまりしかも即座に、現われて来る」光だ。作家は「美をそのまま受けいれる」ことを望みながらも、次のように警鐘を鳴らしている。「一種の新しい都会の星が、人間の眼には恐ろしく、地上のものとも見えず、不快に毎晩輝いている。この悪魔の化身の燈火が！」

今日の夜を照らすのに使われている技術は、初期のアーク灯からずいぶん進歩してきたが、スティーヴンソンの警告は現代でも有効のように思える。夜の光は歓迎だが、もしかしたらやりすぎということもあるのではないか？　僕たちが暗闇を捨て去ったとき、失ってしまう美しさもあるのではないか？

ディケンズのロンドン

何百年ものあいだ、この街の夜は暗闇に包まれ、明かりがあるとしてもささやかなものでしかなかった。僕がロンドンにやってきたのは、そんな古き街と、そこに隠された美についてもっと知りたいと思ったからだ。宿に選んだのは、時間に関係なく出かけられる旧市街の古いホテル。真夜中の街を、チャールズ・ディケンズと歩こうという目論見だ。

ディケンズは、『夜の散策』（1861）というエッセイにこう書いている。[4]「数年前のことだが……一時期眠れない夜があって……一晩中通りを歩き廻ったことがあった」。ディケンズが歩いたのは、「湿っぽく曇りがちな空模様で、寒かった」冬のロンドンだ。彼に時間はたっぷりあった。出発したのは「一二時半」で、日が昇るのは早くても五時半以降だったからである。僕がロンドンを訪れたのも冬。一年で夜が最も長い季節だ。午前二時二〇分に目覚めた僕は、思わず顔をほころばせた。

防寒だけはしていたものの、部屋を出る僕はいたって身軽な格好で、明かりと名のつくものは、懐中電灯もヘッドランプも、もちろんたいまつも持っていなかった。このホテルには五〇〇ほどの客室があって、そのほとんどが埋まっていた。それなのに、五階から階段を駆け下りる僕のおともをしてくれる人は一人もいない。廊下と階段は、世界中のすべてのホテルと同じように明るかった。きっと夜通し——昨日とも明日ともつかない午前一時半過ぎから四時頃までの見捨てられた時間帯も——この明るさは続くのだろう。ロビーに見えた唯一の人影は、正面玄関の自動ドア近くで掃除機をかけていた清掃員のものだった。彼は、僕がドアを通る寸前にようやく顔を上げ、「おや、これから外出ですか？」と言いたげな顔をした。

まず立ち寄ったのは、ロンドンで最も歴史ある有名な通りのひとつ、ストランド街である――一二月の凍てつく夜だ、きっと氷点下になっているだろう。二時四五分頃には、誰もいないウォータールー橋に立っていた。テムズ川の西を臨むと、ロンドンのチャコールグレイの空を背景に、ビッグ・ベンと国会議事堂が黒くそびえている。ビッグ・ベンの丸い時計盤は白い光に、川の南岸にある大観覧車「ロンドン・アイ」は青い光に照らされている。頭上には、二四個の星が見えた。東側を振り向くと、照明の施されていないセントポール大聖堂が、ちょうどロンドン大空襲の有名な写真と同じように、濃い煙霧に包まれている。大聖堂とともに、背後の高層ビル群と、ブラックフライアーズ橋が放つ白く強烈な光が目に飛び込んできた。

ディケンズはテムズ川を次のように描写している。「河は恐ろしい表情をしていた。岸辺の建物は黒い帳《とばり》に包まれ、河面に映る明りは水底深くにその源を発していて、自殺者たちの亡霊がその堕ち行く先を照らそうと明りを掲げているかのようだ」。テムズ川は何世紀にもわたって、数え切れないほどの人命を奪ってきた。自らの運命を嘆いた一八世紀の奴隷たちの身投げや、一八七八年の蒸気船沈没による六〇〇名以上の溺死もそのなかに含まれる。僕は石だらけの土手を下りて、川べりに近づいた。間近で感じるテムズ川は黒々としていて、どこまでも人工的な都市の中心にあって、いまだ野生を残している。停泊する曳船、艀船《はしけぶね》〔水路や港で人や貨物を運ぶのに使われる平底の船〕、ボートのいずれかが放つ黄色い明かりが、ロープを巻く船乗りの姿を照らしている。川をいまも活気づけているのは、警備艇、消防艇、旅行会社の船、そしてとくに目立つのが、土木事業に使われる艀船だ。

艀船に乗って夜のテムズ川を往復する男たちにとって、時代は急速に変化している。スークデーヴ・サンドゥは著書『夜のたまり場』[5]の中で、時代の移り変わりを知る男性の言葉を引用している。「(自分が子供の頃は)テムズ川にはすごくたくさんの船があった。船から船へピョンピョン飛び移りながら、川のこっち側から向こう岸までずっと濡れずに移動できたくらいさ」。彼のような艀船の作業員から見れば、いまのテムズは「外部の力によって切り開かれ、植民地化された川、つまり魂を抜かれた川」にすぎない。サンドゥは書いている。「ロンドン市民にとってテムズ川はごく日常的な存在だが……そこで艀船を動かす男たちは、とりわけ真夜中を過ぎると、都市の煤煙や重苦しさ、騒音や尊大すぎる良識から解き放たれた気持ちになる。彼らは自由に満ちた蒸気を吸い込み、黒い水の静けさに浸りながらゆっくりと進むのだ」。サンドゥによると「夜の川が暗闇に包まれていた」のは、そう遠い過去ではなかった。「今日では川の最果ての場所にさえ、駐車場や大型ショッピングモールが急成長している。その光はテムズ川に漏れ出て、闇の世界を損ねてしまう」

ウォータールー橋を渡って西へ向かい、アーケード街を通過する。今朝ここを通ったときはすごい人混みで、水たまりに靴を濡らしながら、分厚いコートを着た人やカップルや三世代家族のあいだを縫うように走り抜けたのだった。テムズ川を挟む堤防――イギリス人はこちら側(南岸)を「アルバート」、向こう側(北岸)を「ヴィクトリア」と呼んでいる――は一九世紀に建設された。季節によって変化する流路をひとつに定め氾濫を防ぐのが、その目的だった。この時間でも、僕がいる南側の土手には完璧な照明が施されているが、人通りはまったくない。唯一目にするのは、警備員とごみ収集人の姿だけだ。ウェストミンスター橋を通り越し、そのまま南岸沿いをランベス橋へ向かいながら、国会議事堂を遠巻きに眺める。この古めかしい建造物は、午前零時まで琥珀色の投光照明に照らされているが、こんな冬の日曜日の真夜中には、全身黒ずくめのいでたちだ。窓に光は見えず、多数ある煙突のうちたった一本が蒸気を吐き出している。街灯に照らされた雲を背に、その輪郭を浮かび上がらせている建物と塔は、まるで数世紀前の月明かりを浴びているかのようだ。

ウェストミンスター橋を渡って寺院を訪れたときの様子をディケンズが書いている。作家は、その寺院で「暗いアーチや列柱の間に死者たちの素晴らしい行列」が見えるような気がしたという。川向こうの国会議事堂を見ていた僕も、同じ気持ちになっていた。太陽の光はもちろん、投光照明に照らされた状態でも、それが歴史的建造物だということはわかる。しかし、照明という化粧を落とし、冬の空を背景にその輪郭を浮き彫りにした建物を見ると、何百年という時間が一瞬にして消え去り、昔の面影が生き生きとよみがえっていく。水の向こう側を眺めながら、僕は建物の屋上に、かつてそこを歩いた人々の幻影が降り立つところを想像した。そこがロンドンでも、田舎でも、自宅の寝室でも、明かりを消すだけで、誰もが時をさかのぼることができるのだ。

ウェストミンスターからセント・ジェームズ公園の角まで歩き、公園との曲がりくねった境界線になっているホース・ガーズ・ロードに入る。チャーチル博物館とダウニング街一〇番地を通り過ぎ、ザ・マルを横断して、階段を駆け上がる。すれ違った巨大な御影石の円柱のてっぺんから見下ろしているのは、見るからに毅然とした態度のヨーク公の銅像だ。僕はカールトン・ハウス・テラスの前で立ち止まった。ガス灯のともる街路が見たければ、ここはお薦めの場所と言える。邪魔だてする電灯はなく、ガスの柔らかな黄金色の炎が通りを照らしている。再び歩を進めてポール・モール街に突き当たると、この由緒ある通りを右に曲がって、立ち並ぶ名高い建物を横目に進む。二階の窓がひとつ開いていて、壁一面に本がぎっしりと並んでいるのが見える。茶、深紅、黒の背をした古い書物だ。三階に見える窓は二つ。カーテンの向こうでは、ほのかな明かりが色づいている。

そのとき僕の心に、ヴァージニア・ウルフのことが思い浮かぶ。一九二七年に書かれた『ストリート・ホーンティング[6]』というエッセイで、ウルフは「冬の都会生活における最大の楽しみ」は「ロンドンの街を散歩すること」だと述べている。鉛筆を買いに行くのを口実に、彼女は家を出て街をぶらつく。「時は夕暮れ、季節は冬に限る」のは、「夕暮れ時は……暗闇とランプの光が私たちを無責任にする」せいだ。「無責任」という言葉を「自由」に置き換えてもいいだろう。ウルフは感嘆の声をもらす。「林立する影の合間にぽつりぽつりと明かりがともるロンドンの街並みは、なんと美しいことか」

その頃のロンドンを、僕も見ておきたかった。いやそれよりも、現代のロンドンに「林立する影」が広がり、「ぽつりぽつりと明かりが」淡く輝くさまを眺めてみたい。だが、ウルフのエッセイが出版されてから約八五年がたった今日、状況は一変してしまった。現在では、「林立する電灯」が、ごくたまに「ぽつりぽつりと点在するガス灯や暗闇」に場所を譲る程度だ。

光と闇にもっと関心を注げば、夜はどんなに美しさを増すだろう。ロンドンで初めて味わったこの感覚を、この日以降、僕は再三思い出すことになる――とりわけ、何世紀も前の建築物が数多く残るヨーロッパの都市や町を訪れたときに。ロンドンの照明に見所がないわけではない。たとえば、テムズ川越しに見る国会議事堂はなかなかのものだ。しかし一般的に、投光照明に頼ったイルミネーションは建物の壁を漆喰を塗るかのごとく照らし、結果として、いささかまだらな印象を与えてしまう。このあと訪れるパリの自然で統一感のある照明と比べると、その思いはとくに強くなる。ロンドンは、夜の美しさを創出し高めていく絶好の機会を手中にしている。この街にはガス灯と歴史があり、それは他のほとんどの都市にはない大きな強みなのだから。ただ目下のところ、そうした機会の大半は見過ごされたままのようだ。(7)

三時五五分頃、ポール・モール街からトラファルガー広場に入る——交差点の横断歩道に書かれた「右を見て《ルックライト》」、「左を見て《ルックレフト》」の文字、ゆっくりと通り過ぎる黒塗りのタクシー、一列になって待機する赤い二階建てバス、スポットライトを浴びて永遠の命を手にしたネルソン提督像。それから再びストランド街を通り、最後にコヴェント・ガーデンにたどり着いた。

コヴェント・ガーデンは、数百年にわたり市場として賑わった場所で、もともとはロンドンの市壁の外側にあった。ディケンズのエッセイは、その「コヴェント・ガーデン市場」を訪れるところで終わっているが、そこには「市の立つ朝など、大勢の人がいた。キャベツを積んだ大きな荷台の下では、野菜作りの下男や少年たちが横になって眠り、菜園の近くからついて来たぬかりのない犬が全体を監視しているさまは、パーティーみたいに面白いものだった」。ここにパーティー並みに人が集まるというイメージは、それ以前からあったようだ。一七三五年製作の『コヴェント・ガーデンの飲んだくれと夜警』と呼ばれる版画には、次のような賑やかな光景が描かれている（図5）。三角帽子《トリコーン》をかぶり、剣を抜いて、淑女たちの体に手をまわす飲んだくれの放蕩者たち。隅にいる犬が吠え、石畳の上ではランタンが

図5　『コヴェント・ガーデンの飲んだくれと夜警』

叩き割られている。夜警がこん棒を振り回しながらやって来て、一人の放蕩者を後ろから容赦なく蹴り上げる。淑女が連れの男の鼻をつまみ、たいまつを持って傍らに立つ二人の付添人が、愚かな大人たちをいかにも面白そうに見物している（ガス灯以前の時代には、付添人の少年が、暗い道を行く歩行者を明るい場所まで案内した）。とくに興味深いのは――もちろん、この乱痴気騒ぎを除いてだが――人物たちの背景に現代のコヴェント・ガーデンが透けて見えるところだろう。時計のある教会、時計塔、パサージュ、石畳。今でも残っているものばかりだ。ペチコートを着た女性の気絶しそうな顔の向こう側に建物があるが、その列柱の下のショーウィンドウをもっと近くで見たなら、アップルストアのロゴが見つかるような気がしないだろうか？　この画には「コヴェント・ガーデンで騒動を起こす放蕩者とその酔いどれ仲間」という説明書きがある。面白いことに、二七五年後の午前四時過ぎにも、放蕩者とその酔いどれ仲間はまだここにいて、チェルシーのフットボールチームについて何やらわめきながら、肩を組み、互いをパブからパブへと連れ回しているのだった。

この一画には、いまでもガス灯がともっている。けれどもいくつかの店では、ショーウィンドウの飾りや店内全体がとても明るく照らされ、漏れ出た電気の光が夜の広場に蔓延している。かつての粋なコヴェント・ガーデンを見たければ、クラウン・コートやブロード・コートなどの脇道を散策してみるといい。そこにはガス灯や石畳があり、築五〇〇年にもなる建造物が両脇にひしめき合っている。

コヴェント・ガーデンの夜はまだ終っていないが、朝はすぐそこまで来ている。そろそろストランド街へ引き返し、ベッドに戻って寝る頃合いだ。数時間後に戻ってきたなら、この光景はがらりと変わっているはずだ。片手にカフェネロのテイクアウト用カップ、もう一方の手にショッピングバッグを持った買い物客が再び押し寄せ、農夫たちの亡霊やキャベツの山や飼い犬は、姿を消しているだろう。

ノクタンビュル

数日後の夜、僕はパリ旧市街の中心にあるサン＝ルイ島に立ち、一九世紀の街灯が、セーヌ川にかかる橋にほのかな桃色の光を投げかけているのを眺めていた。淡い青紫色の空に、三日月が昇っている。世界に明るい都市はたくさんあるが、「ヴィル・リュミエール」、つまり「光の都」と呼ばれる場所はここだけだ。もちろん、それにはちゃんとした理由がある。まず挙げられるのは、パリでは、街の魅力や独自性の一要素として、照明が確固たる地位を築いている点だ。しかし、電灯が豊富なことが「光の都」と言わしめる理由のすべてだとしたら、世界中のあちこちの都市がタイトル奪取に名乗りをあげるに違いない。最初に「光の都」と言われた経緯こそ定かではないが、実のところ、この呼び名は一八世紀にパリを中心に広がった「啓蒙思想《リュミエール》」という思想運動に関係している。すなわち「光の都」とは、印象的な人工照明を指すのと同時に、革新的なものの考え方にも由来しているのだ。

それはどうやら現在も同じらしい。

「場当たり的な照明はまずないね」と教えてくれたデイヴィッド・ダウニーは、パリ在住のアメリカ人で、『パリ、パリ』という素晴らしい本の著者でもある。(8) 彼はこの日、旧市街の散策につきあってくれることになっていた。

「すべてが計算し尽くされている。一九〇〇年以来、彼らは意識的にイメージを作り上げてきた。パリこそが、街の雰囲気作りに初めて光を利用して、それを自らのアイデンティティとした真の先駆者なんだ」。そう言ってダウニーは、サン゠ルイ島とシテ島を結ぶ短い橋に立つ街灯を指さした。「あの照明設備が見えるかい？　一九六〇年代に建設した橋に、一八九〇年以前のガス灯の小さなほや〔炎を覆う筒〕を使用している。あれを見ればわかると思うけど、彼らは光だけじゃなく、影も相手にしているんだ。だから、暗くなるほど橋の眺めもよくなっていく」。明るいうちはまったく目立たないこの橋だが、夜の照明によって、橋の下側に美しい影絵が浮かび上がる。「夜になるとたくさんの細かな工夫が目に見えてくるよ」とダウニーは言う。「つまずいて転ばない程度の明るさを保つよう細心の注意が払われているけど、歩行者の目をくらませてはいけないことも彼らは重々承知している。ここでは暖かな光の毛布が、昔に戻ったような懐かしい印象を生み出しているんだ」

パリ旧市街を照らす明かりの特徴のひとつとして、高さ五メートル以上の街路照明がほぼ皆無だということが挙げられる。基本的に一階を大きく上回る照明は見当たらない。照らされているのは歩道、車道、低い階のバルコニーで、建物の上の方は闇に消えている。「すべて慎重に検討されたうえで、この方法が選ばれたんだ」とダウニーは説明してくれた。「ここでの目的は、雰囲気を作り上げること。暗くなればなるほど趣《おもむき》も増していく」

建物のあいだに、セーヌ川沿いに、屋上やフレンチドアやバルコニーの周囲に寄り添っていた暗闇が、古い小路を照らす街灯の金色の光に触れると、そこに親密さと開放感が生まれる。パリのルーツであるこの二つの島では、歩き回って橋に立つだけで、誰もが歴史の中をさまようことができる。夜の街は、古いお屋敷で行われる晩餐会のようだ。そこには自由に行き来できる部屋が無数にある――フロマージュリーのドアには小さな呼び鈴がかかり、店先には白い紙に包まれたチーズが並んでいる。ブシュリーのウィンドウには、首をひねられた何羽ものニワトリが、頭部以外は羽をすべてむしられた哀れな姿で飾られている。アイスクリーム屋の「ベルティヨン」は、小さなコーンを郵便配達人のごとく夜の街に送り込んでいる。何百年も前に作られた教会の重い木の扉をすり抜けて聞こえるパイプオルガンの調べ。エスプレッソを載せたカフェのテーブルのまわりには、藤細工を模したチェアが身を寄せ合っている。セーヌ川の銀色の水面では、細長い月の光がたなびくようにきらめき、やがて橋の下で黄金色に染められては、西の海を目指して流れていく。

「それは夜の美しさ、『雰囲気に根差し』、『説明するのは容易でない』一つの美しさである」と、ヨアヒム・シュレーアは著書『大都会の夜』の中で述べている。(9)「私は嬉々として、私の夜の散策を始める。そして私の脈拍は、この快適な暗闇の中で、一層ゆったり打つようになる」

散策とパリ旧市街との相性は抜群だ。だからこそ、自動車がないと暮らせない都市に住む多くのアメリカ人が、フランスの首都を大いに満喫するのだろう。近年、「遊歩者《フラヌール》」という概念がもてはやされている。シュレーアいわく、「楽しみながら知識豊かに、ゆっくりとかつ注意深く都市を歩く技」を身につけた人々のことだ。しかし、ことパリにおいては、遊歩は日中だけにとどまらない。実際フランス語には、夜に出歩くのを好む人を表す「ノクタンビュル」という単語がある（「夢遊病者」という意味もあるが第一義ではない）。ノクタンビュルとは元来、大通りに初めてガス灯がともった一八三〇年代から四〇年代に、明かりを利用して夜遊びをしたパリジャンたちを指す呼び名だった。だがダウニーにとっての典型的なノクタンビュルは、一八世紀の作家レチフ・ド・ラ・ブルトンヌである。夜の散策を文章にすることに関しては、このブルトンヌが先駆けと言っていい。サン゠ルイ島の外縁を歩くとき、ダウニーはよくその作家が歩いた道順をたどるのだという。「ブルトンヌはすぐそこに住んでいた」とダウニーは指さした。「家を出て、私たちが歩いているのと同じ道を歩き、島の縁に座ってじっくり考えごとをしたあと、ようやく夜の冒険に繰り出したんじゃないかな」

一七八六年から九三年にかけて、ブルトンヌはパリ中心部の街路を歩き回り、その体験を『パリの夜』に綴った。〝*Les Nuits de Paris, ou Le Spectateur Nocturne*, de Nicolas-Edme Restif De La Bretonne〟というのがその正式なタイトルと著者名だが、この長いフランス語からブルトンヌが身にまとっていた壮麗さが感じられはしないだろうか。[10] ブルトンヌの姿は巻頭の挿絵に見つけることができる（目次図版）。がっしりした留め金の靴とタイツを履き、マントにくるまった男が夜の街に佇んでいる。髪は肩まで垂れ、つば広の帽子の上には一羽のフクロウが乗っている（ウサギのような耳をもつこのフクロウは、驚いた表情で翼を広げている。脚は帽子に糊づけされているかのようだ）。男のいでたちは何かの登場人物を思わせ、厳粛で思慮に富むが、どこか滑稽なところもある。実際、ブルトンヌのものの見方にもそうした側面があった。ブルトンヌの出身地であるブルゴーニュ地方は、当時真っ暗な場所だったため、彼は大都市の明るさに驚かずにはいられなかった——一七八〇年代に灯油ランプが普及して以来、パリは明るくなる一方だったのだ。ダウニーは解説する。「ブルトンヌの散歩癖ときたらまるで狂人だった。夜に外出や散歩ができて、しかも視界がきくという事実に、我を忘れていたのでしょう」

暗闇を気にせず夜道を歩けるというのは現在ではごく当たり前のことだが、こうした状況が生まれたのは、元をたどれば、ルイ一四世がパリの街路にランタンを吊り下げるよう命じた一六六七年の勅令に行き着く。心酔した市民たちは「夜は昼のように明るく輝く。すべての通りが」と褒め称え、それを受けて国王は自らの功績を記念する硬貨を発行した。その硬貨の表には自身の横顔、裏にはろうそくのともったランタンを持った法服の人物が刻み込まれている。

こうしてパリの街路に吊るされたろうそくの明かりは、国家の手による世界初の公共照明システムとなった。その後一八世紀末までには、北ヨーロッパの多くの都市でも公共の街灯がともされるようになり、そのなかには、ろうそくを使ったものもあれば、灯油を燃料にしたものもあった。パリでは五〇〇〇個以上のキャンドルランタンが点灯されたが、それも一〇月から三月までに限定され、その他の期間は、夏の日の長さと周期的に満ちる月の光を頼りにしていたという。

街灯は、人間と夜との関係に劇的な変化をもたらした。それまで、暗闇の到来は労働や人づきあいの終わりを意味し、家に帰る合図となっていた。ヴォルフガング・シヴェルブシュは、著書『闇をひらく光』[11]の中でこう表現している。「船乗りが、近づいてくる嵐に備えるように、中世の町や村は、夕暮れを迎えるたびに、夜に対する準備を整えた」。相手が犯罪者の魔の手であっても、足の踏み外しであっても、夜の外出は命がけの行為だった。暗い波止場や橋から落ちた人々の溺死体が、セーヌ川に張られた係留ロープに引っかかっていたことも少なくない。新しい公共照明は、文化の変容を承認し、促進した。北ヨーロッパに増え続けるカフェは、ドアにかかったランタンを目印に、次第に夜遅くまで営業するようになる。こうした商業や社交への気運は、地域の治安がよくなるにつれていっそう高まり、新しい照明システムを取り入れることで、さらに多くの人々のもとから闇を消し去った。食事、交際、仕事――夜の時間が開放されると、ヨーロッパの都市部の生活はがらりと変わった。たとえば一八〇〇年までには、中世と比べて食事の時間が七時間も遅くなる。歴史家のクレイグ・コスロフスキーは、こうした変化を「夜行化」と呼んだ。彼の言う「果てしなく広がる適正で社会的かつ象徴的な夜の利用」というのは、生活に必要な設備としての街灯が普及していくことにほかならない[12]。

一八世紀半ばになると、パリのキャンドルランタンは、レヴェルベール灯（反射鏡ランプ）という新型の灯油ランプに切り替わる。このランプは、複数の灯芯と二つの反射鏡を備えており、従来よりもずっと明るい光を放つものだった。事実、レヴェルベール灯は熱烈な称賛を受け、「夜を昼に変える」人工の太陽と言われた。一七七〇年にパリの警察署長に提出された報告書には、「レヴェルベール灯の放つまばゆい光を前にすると、これ以上明るいものがあるとはとうてい想像できない」とある。しかし一八世紀のパリ市民にとって、その輝きが薄れる日は遠くなかった。あるフランス人作家はこう書き残している。「これらの明かりは闇を際立たせるだけだ……遠くから眺めると目が痛むし、近くで見るとほとんど光を発していない。下に立ってみても、あたりは闇でしかない」。これを裏づけるように、太陽王の勅令から一〇〇年後にパリを訪れたイギリス人は、その地を見て「大きくて異臭を放ち、粗末な照明に照らされた街」と断じている。[13]

ノクタンビュルにとっても、パリの街は困難に満ちあふれていた。狭い通りには歩道がなく、駅馬車に轢かれて死ぬ者があとを絶たなかった。「混雑した街区の不利益すべてが、いっときに現れる夜もあった」とブルトンヌは書いている。「ファアール通りを抜けると、一本の大きな骨が足元に落ちてきた。その鋭利さと投げつけられたときの力強さを考えれば、もしもこれが当たっていたら、命を奪う凶器になっていただろう」。さらに歩を進める彼を待ち受けていたのは、窓から投げ捨てられた石鹸水の豪雨と、バケツいっぱいの灰だった。それだってまだましな方かもしれない。泥や小石が敷きつめられた街路には、汚水や排泄物がたまっていて、そこに漂う不快な悪臭を想像するには、町のゴミ集積場に佇んでみるほかないだろう。歴史家のロジャー・イーカーチは次のように述べている。[14]「一七二〇年、すでに馬や家畜の糞が散乱した通りで、男たちが小便をしている状況を知ったオルレアン公爵夫人は、パリに『尿でできた川』が流れていないのが不思議だと述べた。また、三〇センチ以上もあろうかという溝には、灰や牡蠣の殻や動物の死骸が詰まっていた」、そして「最も悪名高きは、夜中に開いた窓やドアから降り注ぐ糞尿のシャワーだった」。ウィリアム・ホガースに、ロンドンを舞台にした『一日の四つの時』(1736)という連作があるが、そのなかの『夜』という作品には、パリの街角と見まがわんばかりの風景が描かれている(図6)。開け放った窓から、女性が排泄物の入った容器を空けると、不幸にもちょうど階下にいた男性の肩にかかってしまう。その男性は手にステッキを持ち、隣で夫とともにたじろぐ妻は、ランタンと剣を抱えている。そんな二人の後ろでは、小路のどまんなかにもかかわらず火が焚かれている。

薄暗い場所で繰り広げられた数々の狂態を目の当たりにすると、街灯が人々の敵意や怒りの源泉になるとは想像しにくいかもしれない。しかしフランス革命勃発前の数年間、街灯はたしかに民衆の目の上のたんこぶ的な存在だった。そもそも公共街灯の設置は、夜の街を管理するという国家の要求を大きな動機としていた。したがって多くのパリ市民が、灯油ランプを専制政治の象徴と考えたのも無理はないだろう。まだ街灯が低い位置に取りつけられていた頃、ランタンは格好の標的となり、ステッキによる攻撃をしばしば受けた。その後、ステッキの届かない高さに取りつけられると、ランタンを吊り下げている綱を切って舗道に落とし、木っ端微塵にするという新しい手法が用いられるようになる。当時の人々にとって、ランタンを壊すという行為は、現代人がハロウィンのかぼちゃを叩き割るのと同じく、よい気晴らしになったようだ。「こまかい点や破壊方法の様子はともあれ、いずれにしても街灯破壊は、明らかに大きな快感をともなう行為であった」とシヴェルブシュは述べている。[15]

図6　ホガース『夜』(『一日の四つの時』より)

キャンドルランタンやレヴェルベール灯が消えてから長い歳月が過ぎ、電灯がパリを同じ規模のどんな都市にも劣らず明るく輝かせても、当時の空気はいまだ息づいている。パリ旧市街は博物館になってしまったとか、さらにはすでに死んでしまったとぼやく人もいる。だが僕は決してそうは思わないし、とくに夜のパリを考えるとき、その思いは強くなる。パリは健在だ。だからこそ、そこでは数え切れない過去の物語に、自分の物語を書き加えていくことができるのだ。以前にパリを訪れたことがあるなら、そのときの自分自身の物語に新たに書き足すことも可能だろう。なぜなら、旧市街の大部分は保存されていて、再訪したパリの街には、数年前に歩いた夜がまだ同じ形で存在しているはずだからだ。

高校を卒業した年、僕はバックパックを背負い、九カ月かけてヨーロッパ中を歩き回った。なかでもとりわけ鮮明に覚えているのは、パリで一人過ごした冬の一週間だ。運よくシテ島のドフィーヌ広場に「アンリ四世」という小さな宿をとることができた僕は、夜ごと外へ飛び出し、パリ旧市街を何時間もそぞろ歩いた。道案内をしてくれるのは灰黒色のセーヌ川。黒い屋根と明かりの消えた窓は官庁のもので、背の高い灰色の建物の正面に飾られたフランス国旗には、スポットライトが当てられている。僕はポンヌフの上に立ちすくんで、自分の人生はどこへ続いていくのだろうと思いを巡らせたものだった。

ダウニーと散策を続けながら、僕はパリに到着した夜の出来事を話した。今回僕は、ギャール・デュ・ノール駅からメトロに乗って、凱旋門にほど近いシャンゼリゼ通りに出た。湿った雪が木の枝やカフェの日除け《オーニング》をしならせ、その結晶をきらめかせているのが目に入った。雪でぬかるんだ道は、ラッシュアワーの交通を混乱させ、道行く人の足取りを重くさせていた。濡れたタイヤやブーツの音が、雪にかき消されていく。落葉した街路沿いのプラタナスは、つるりとした樹皮に小さな電球をいくつも散りばめ、スカイブルーを帯びた輝きを放っている。どの木にも蛍光天井灯のような長いライトが二、三本取りつけられていて、端から端へと定期的に光が流れ落ちていく。溶けた雪が岩肌や屋根から滑り落ちているみたいだ。シャンゼリゼの大通りが尽きると、だだっ広いコンコルド広場に行き当たる。僕はぶらぶらと歩きながら、この時期だけ設置される観覧車が青白く輝くそばを通り過ぎた。この有名な公共広場は、国王ルイ一六世がギロチン刑に処された場所として知られており、中心には高さ二三メートルのオベリスク――三三〇〇年前のエジプトのモニュメント――がライトに照らされ屹立している。広場を抜け、施錠されたチュイルリー庭園を迂回する。日中はカップルや家族連れ、一人の散歩を楽しむ人々で賑わっていた場所だが、いまは誰の気配も感じない。いつのまにか僕は、ルーヴル宮殿の石造建築物のまんなかに立っていた。中庭を取り囲む黒い街灯柱から、明るい光が放たれている。その後、セーヌ川沿いを通ってシテ島へ入り、ノートルダム大聖堂前の、藍色のイルミネーションが輝く大きなクリスマスツリーを通り過ぎる。大聖堂をぐるりとまわってサン＝ルイ島へ渡り、そこから飴色の明かりがともったマレ地区を抜け、ようやくホテルへ戻った。すべて歩いて二時間弱。しかしそのあいだに、旧市街のほぼすべてを体感できたような気がした。博物館や美術館を訪れることもなく、音楽やイベントもなく、赤ワインすら飲まず、クレープ屋に立ち寄ることもしなかった。それでも真っ暗な冬の夜に、ほとんど一銭も使わずに「光の都」を歩いた経験は、かつては自分のものだった何かを取り戻したような、かけがえのない気持ちを運んできてくれた。

「夜はすべてが自分のものになる時間だ」とブルトンヌはしたためたが、それから二〇〇年以上たった現在のパリでも、それは真実であり続けている。モニュメント、有名な建造物、古い街並み、どれもあなたのものだ。少なくとも、あなたの目はすべてを取り込むことができる。夜の街を歩くとき、閉ざされたものはほとんどない。通りすがりのアパルトマンに明かりがともれば、他人の生活すら垣間見られるのだ。

ダウニーは頷いた。「妻はまるで、クリスマスのアドベントカレンダーのようだと言うんだ。めくると、窓の向こう側に突然命が芽吹く」。やがて僕たちはヴォージュ広場に到着した。計画的に建設された広場としてはパリ最古のもので（一六〇〇年代前半に完成）、そのまわりには二階建ての荘厳な住居がずらりと立ち並んでいる。「あれは一七世紀に描かれた天井画」とダウニーはある窓を指さした。「この街には素晴らしい室内装飾がたくさんあるのに、それが見られるのは夜だけなんだ」

すぐそばの一室の窓に目をやると、フレンチドアにかかる栗色のドレープカーテンや、斜めに開いたグランドピアノの蓋、壁の隅にかかった雄鹿の剥製が見える。「ほら、贅沢でしょう。この館を所有しているのはとても裕福な家の男性で、建物は一家の財産として、一七〇〇年も受け継がれてきたそうだ。あそこのタペストリーが見えるかい？　あれは一六世紀に織られたタペストリーだ。持ち主の男性はこの国でも指折りの競売人だから、もっと明かりがつけば、素晴らしい所蔵品の数々が見られるはずだよ」

日中だったら決して立ち入ることの許されない空間ばかりだが、パリの夜は街を歩く人々を、部屋から部屋へ、暮らしから暮らしへといざなってくれる。都市の美を存分に楽しめる喜びを味わった僕は、この街のことをもっと知りたくなった。

フランソワ・ジュスは、まるで暗闇から抜け出してきたかのように、パリの夜に姿を現した。ノートルダム大聖堂の正面を飾る巨大なクリスマスツリーの後ろから、ゆっくりとこちらに向かって歩いてくる彼の格好は、木こりにそっくりだ。ふさふさした顎ひげに、赤い格子柄の上着とキャメル色のハイキングブーツ。丈夫なハイキングブーツは、きっと彼の必須アイテムに違いない。というのも、ジュスはパリの街を四六時中歩き回っているというからだ。そして今回は、僕もそれに同行することになっている。パリ中心部を歩けば、彼の作品を見ながら解説を聞かせてもらえるだろう。

ジュスはすぐに心を開き、親しみのある朗らかな態度で接してくれた。フランス訛りの強いゆっくりした英語ではあるが、愛する街の照明についてしゃべることが嬉しくてたまらないようだ。何か新しいことを説明するときに、ジュスはよく「それで……《アローール》」という言葉から始める。説明することがたくさんあるのは、パリの照明には非常に多くの思想が込められているからだ。その思想の大部分を生み出し、パリの夜の雰囲気を作り出すために多大な力を注いだ人物こそが、フランソワ・ジュスなのである。

僕たちがスタート地点に選んだのは、ノートルダム大聖堂だ。大聖堂の外部照明はジュスの指揮の下、数百万ドルの予算と一〇年の歳月をかけて一新され、二〇〇二年に完成を見た。第二次大戦後の数十年間は、正面にスポットライトが当てられていただけ。大戦前はというと、数百年間も暗闇に包まれていた。一九三〇年代前半に写真家のブラッサイがサン＝ルイ島から撮影した写真を見ると、後ろ向きの大聖堂は周囲の街灯に照らされているにすぎず、その巨大な黒い塊はまるで石炭から彫り出したかのようだ[16]。近年になってジュスのデザインを取り入れるまで、市はパリ有数の歴史的建造物であるノートルダム大聖堂の照明に手を加えることを重要視していなかった。「大聖堂をライトアップするために私たちは闘わなければならなかった。聖職者連中、文化大臣、パリ市……いろんな人たちと」、ジュスはそう言ってかすかな笑みをもらした。「それはそれは骨が折れたね」。たとえば聖職者からの反対を受けたのは、有名なバラ窓のステンドグラスを内側から照らすという提案だった。ジュスはおどけて言った。「私たちは悪魔と呼ばれたよ[17]」

ジュスにとって、名高い大聖堂をライトアップする仕事は、ただ教会を照らすのとはわけが違った。彼が「大聖堂」と言うとき、そこには建物だけでなく周辺すべて、隣接する橋の明かりや、前方の広場まで含まれるのだという。「コンセプトは、大聖堂を島の中心に据えること、そして、物語性をもたせること」。その一例としてジュスが挙げたのは、大聖堂のてっぺんに近づくにつれ照明が明るくなるという仕掛けだった。見る者の視線を空、つまり天の方向へ引き寄せる意図だ。だが大聖堂の暗い裏庭を歩いているときに、このプロジェクトに満足はしているものの、心残りもあると彼は打ち明けた。「庭のデザインも考えていたんだけど、予算不足でね」。ジュスは視線を落とし、「しょうがないさ」と言いたげに笑った。僕たちは、次の目的地を目指して再び歩き始めた。どこまでも続く静けさのなか、パリの歩道の溶けかかった雪をブーツが踏みしめる音だけが響き渡っていた。

予算に関して言えば、パリ市は電気代や照明の保守・修理費用に、毎晩一五万ユーロ以上を費やしている。パリの照明へのこだわりを思えば納得できる数字だが、昔からこんな状況だったわけでない。実際、ジュスが照明技師の仕事を始めた一九八一年には、パリの夜は現在とはまったく違っていた。有名な建物であっても、ノートルダム大聖堂同様、スポットライトが当てられていただけだったし、その他の多くのモニュメントにいたっては、何の照明も置かれていなかった。

三〇年かけて、ジュスと同僚たちはパリの照明をほぼ根底から変えていった。三〇〇以上の建物、三六本の橋、いくつもの街路や大通りを手がけた。そのとき目標としたのは、照明を都市の風景に溶け込ませること、できる限りコストを抑えること、そして美を生み出すことだったという。ジュスは主任技師にふさわしい技能や理論、専門知識を持ち合わせており、二〇一一年に引退する頃にはすべての責任を担っていた。彼の車にはどこでも駐車できる特別な許可が下りていて、手際よく修理や指示ができたほか、停めた車の中で、これからパリをどう照らしていくのかを思案することもできた。

パリを訪れる人は、ほぼ例外なく照明の美しさを褒めそやす。ところが、その美しさを生み出すための綿密な作業に目を向ける人はめったにいない。投光照明の設置場所や置き方、照明デザイナーが直面する困難、必要とする電力など、誰も関心がないのだ。しかしジュスは一向に気にしない。それどころか、大量の投光器を人目につかないように設置する方法を嬉々として教えてくれた。そうすることによって、明かりは建物の一部に、建物は街の一部になるのだという。彼は照明に注目が集まるのをよしとせず、ライトアップされた建物が周囲よりも目立つことを好まない。ノートルダム大聖堂からセーヌ川沿いを歩くと、緑色の露天スタンドがずらりと立ち並んでいる。この一帯に一六〇〇年頃からある「ブキニスト」という有名な古本の屋台だ。ジュスは、その終端にある二つのスタンドを見せてくれた。なんと、そこに本は収納されておらず、代わりに二台のスポットライトが隠されていた。ブキニストの横を歩く人たちは、屋台に隠されたライトで大聖堂が照らされているなんて、考えもしないだろう。

「誰のアイデアですか？」と尋ねると、ジュスは頬を緩ませて「私の思いつきだ」と答えた。

ジュスは自らを「技術史の研究家」であり、「光の語り部」だと考えている。「さて、私がパリで最後にデザインした作品をお見せしよう」。彼はそう言ってパリ市庁舎の前を通り過ぎると、サン・ジャックの塔へと僕を案内してくれた。高さが五〇メートルほどあるゴシック様式のこの塔は、一六世紀に建てられたサン・ジャック・ド・ラ・ブシュリー教会の遺構だ（ブシュリーは肉屋のこと。周辺に肉屋が多かったことから）。照明デザイン考案のインスピレーションとしてジュスが頼ったのは、この塔で行われたブレーズ・パスカルの大気圧の実験だという。「これはパスカルへのオマージュだ。光が頂点から降り注ぎ、地面に届いたところでしぶきを上げる」。その言葉どおり、光は最上部で最も明るく、下降するにつれて弱まるが、塔の基部で再び輝きを増して広がっていく。このような芸術的思考と技術的解決法の融合は、まさしくジュスのパリでの作品を象徴するものだ――照明の背後の哲学をしっかりと見据え、それを形にしている。「光を使って建物に何かを語らせたいんだ」とジュスは言う。「でもそれはいつも同じとは限らない。建築の言葉であったり、歴史の言葉であったり、ユーモアの場合もあるだろう。時にはスピリチュアルな言葉かもしれない。建物の言葉なんかわかりっこないと言う人もいるけど、それは問題ではないと答えるよ。わかろうがわかるまいが、建物は何かを語る。そして、何かを物語っているからこそ、建物は美しいのさ」

サン・トゥスタシュ教会に着いたとき、僕は彼の言わんとしていることを理解した。建物の下半分は暗いまま、上半分が淡い琥珀色に輝くこの教会は、一ブロック先から眺めると暗闇に浮かび上がっているように見える。ジュスは嬉しそうな表情をした。「この教会に関しては、ぜひとも照明にストーリーを語らせたかったんだ。だから今回は、照明をストーリー面と技術面とに分けて、別々のデザイナーに割り振った。ストーリー担当のデザイナーには『夜には教会がこんなふうに見える。なぜなら……』というようなプレゼンテーションをしてもらったよ」とジュスは笑った。「こんなやり方は、きっと世界でも初めてじゃないかな。プレゼンの様子を見せたいくらいだ。担当者はこんな感じのことを言っていたよ。『教会は神のエネルギーを充電する場所です、日中は神のエネルギーを取り込み、夜にはそのエネルギーを外へと解放する……』」

近づいていくと、闇の中から教会の下半分が姿を現した。石造りのアーチは、直接光ではなく間接光で照らされている。「遠くにいるときは、なぜここだけライトアップしないのか不思議に思ったかもしれない。でもこれだけ間近で見れば納得できるだろう?」と言うジュスは見るからに満足そうだ。「ここには安らぎとか、ムードがある。すべてを明るく照らす必要はない。それどころか、何かを暗闇に残しておいたときこそ、光はよく見えるものだよ」

光について言えることは、静けさについても言えるのだろうか、と僕は考えていた。

都市の往来の音は、ルーヴル美術館の中庭に歩を進めるにつれて弱まった。そこはクールカレと呼ばれる正方形の広場で、中央には円形の噴水があり、周囲を三階建ての砂岩造りの建物に囲まれている。建物の壁や窓には四・五ワットの小さな電球が一一万個散りばめられているが、ジュスによると、それはパリを飾る残りのすべての電球と同じ数だという。「とても美しい」と言う彼の声に真剣味がこもる。「魔法《セ・マジーク》のようだ」。光が建物を照らすというよりも、建物自体が光を放出しているように見える。「この光景も桁はずれだけど、維持費も桁はずれでね」とジュスは白い歯を見せた。「中庭ひとつにかかる電気代が、年間一〇〇万ユーロですから」

僕たちはそこからアール橋を目指して交通量の多い通りを渡った。「さて《ヴォアラ》、パリが誇るもうひとつの魔法のエリアがここ」。ジュスの言うとおり、鉄と木でできたこの橋はいかにもロマンチックだ。ここでの難題は、橋が狭く投光器を設置するのに適した場所がなかったことだという。「とても詩的な場所だけに、投光器が視界に入っては幻滅だ。それでも市に『すべての橋をライトアップするように』と言われたら、わかりましたと答えるしかないだろう」、ジュスはにんまりとした。この問題を解決するため、彼は投光器を橋の裏側に、川に面するようにして取りつけた。波立つ水に光が反射して、その光が橋を照らすため、キラキラ揺れるような美しい効果が生まれている。

照明を扱う仕事をしながら、そこに美、詩、愛の価値を取り入れることにどんな意味があるのか、ジュスに聞いてみた。「難しい質問だね。私は技術者であって、詩人ではない。でも愛に関して言えば、そうだな。ウイ、そのとおり《セ・ヴレ》。私はパリを愛している」。彼は笑いながら答えた。「照明の仕事をしながら、まったく愛情のないものを照らすなんて……」、そこでいったん言葉が途切れる。まるで、それ以上付け加えることはないとばかりに。だがやがて、ジュスはきっぱりと言い切った。「一番大切なのはパリへの愛。パリを照らすことは二番目だよ」

僕たちはメトロに乗って、最後の目的地であるモンマルトルに向かった。モンマルトルの丘から街を見下ろす僕たちの背後にはサクレ・クール寺院があり、丸みを帯びた白い壁が優しく照らし出されている（この照明デザインを手がけたのも、もちろんジュスだ）。暗い街にそびえ立つエッフェル塔が見える[18]。内側から照らす三五〇個のナトリウム灯は、かつて塔の内部に散りばめられていた琥珀色のガス灯を真似たものだ。ほんの三〇年前まで、塔は一面しか照らされておらず、スポットライトは少し離れた場所にあるトロカデロ広場に設置されていた。そのため電力消費が莫大で、また塔が茶色く塗られていることから、細かい表現は不可能だったそうだ。そこで浮かんだのが、塔を内側から照らすというアイデアだ。それ以来、決まった時間に二万個の白い電球が塔をきらめかせる定期的なライトアップや、特別なケース（中国国家主席の来仏に合わせて真っ赤に、もしくはEUを称えて真っ青にライトアップすることもあった）を除いて、塔の照明は二五年間変わっていない。「私たちにとっては、とても保守的で古典的な照明だね。宝石のように美しいけれども、目新しくはない。でも、変化はよい方向ばかりとは限らない。たとえば、塔がウェディングケーキのようになってしまうとか。だから、時には古典的なものがいい場合もあるんだ」

パリが語る物語の中で、照明は素晴らしい役割を果たしている。その感激を伝えると、ジュスは「そう感じてもらえて、とても嬉しいよ」と答えてくれた。これが彼の別れの挨拶だった。

僕は振り返って、パリの街を見渡した。モンマルトルの丘から眺めると、光害を示す濁ったオレンジ色の光が、街の周縁部に漂っているのがわかる。しかし、パリ旧市街の夜は暗い。照明設備を下へ向ける、明かりそのものを高い位置に設置しないといった規則がもたらした順当な結果なのだろう。まるで工業化以前の暗闇に眠る古都のようだが、覆いの下では「光の都」が生き生きと躍動しているのだ。

サクレ・クールの方を向き直ると、フランソワ・ジュスがうつむきながら寺院の角を曲がろうとしていた。ハイキングブーツが、彼を暗闇の世界へと連れ戻した。

7　光は目をくらませ、恐怖は目を開かせる

何千年たったいまも、わたしたちは闇になじんでいない。わたしたちは敵のキャンプのなかで腕組みしながら怯える異邦人だ。(1)

――アニー・ディラード（1974）

なだらかに起伏する丘、節だらけの古い木立、そのあいだを緩やかに流れる小川――クリスマスに故郷のミネアポリス郊外に帰省していた僕は、時計の針が午前零時を回る少し前、愛犬のルナと一緒に二ブロック南を目指して歩いていた。たどり着いたところには金網のフェンス。その裂け目をくぐり抜けて、ゴルフコースをぶらつき始める。昨今の「責任恐怖症(2)」とでも言うべき風潮を思うなら、こんなことをすべきではないのかもしれない。でも、そう考える自分がいる一方で、暗闇と呼べるような場所を歩けば、やはりワクワクしてしまう。

街の明かりに照らされた空と、雪に覆われた地面が組み合わさった夜は、昼間よりも暗いとはいえ、あるべき姿よりは間違いなく明るい。葉の落ちたオークやカエデの大枝、高い枝の上にある鳥の巣やリスの姿は、輝く冬の空を背景にして、血管や心臓が透けたさまざまな動物のX線写真のようだ。ある年には、一羽のフクロウが影絵のような枝にとまってこちらをじっと見つめ、その視線に気づいた途端に

急降下して姿を消すのを見た。またある年には、遠くのフェアウェイを横切る鹿や、線路近くで甲高く吠えるコヨーテも見た。一度などは、僕たちが踏み固めたばかりの雪の斜面を、キツネが無重力の空間を漂うように飛び跳ねていったこともある。

　街に目をやると、その一帯は色鮮やかな光——金、銀、白、それを縁どる鮮やかな青や赤——に包まれており、路上からのもやが、空に向かってたなびいているのがわかる。東の地平線はスカイグローでオレンジ色に染まり、それ以外の方角では灰白色に覆われている。そのため地平線近くの星はかき消され、頭上にはオリオン座、プレアデス星団、シリウスなど、五〇個弱の星が見えるだけ。そんなものだと思うかもしれないが、それは間違いだ[3]。少なくとも、すべての明かりが消えれば、夜は違った表情を見せるだろう。

　同じフェンスを今度は反対方向にくぐり直した僕たちは、街灯や玄関の一〇〇ワット電球の光を浴びながら帰途についた。家の明かり、街灯、スカイグローが混ざり合って、通りの四ブロック先までを照らし、家々の輪郭を露わにする。このあたりでは、どちらを向いても十中八九同じ光景が繰り返されるはずだ。そういう意味でここは、一億人のアメリカ人が暮らす「郊外」の典型であり、彼らの多くは、そうした場所で暗さとは何かを学んでいるのである。そこでは天の川はおろか、流れ星も見えないし、ゴッホの描いた野生の夜など望むべくもない。ボートル・スケールで言えば、最も暗い夜でクラス7がつけば儲けものだ。それでも地域住民は、数年前に、街路にもっと明かりを増やしてほしいと要求したという。

　僕の両親は四〇年間ここで暮らしてきたが、犯罪に悩まされたことはなかった。知らない人が窓の外をうろついていたとか、裏口から入ってきて危害を加えるというような怖い体験は一度もしたことがないのだ。それでも、近所の人々は自治体に申し立てをし、やがて黄色いアンティークランプのついた五本の金属柱が、四五メートルおきに植え込まれた。両親がここに居を定めようと考えたのは、暗い街路が母が育った一九五〇年代のオハイオ州を思い出させるという理由からだったが、その面影は夜ごとに消えていった。「私は反対したのよ」、母は街灯増設についてそう言った。「でも票が足りなくて」

「どうしてだろうね」と僕。

「そりゃ、安全と治安のためさ」と父は答えた。

照明と安全

人工灯と暗さについて論じ合えば、遅かれ早かれ「安全と治安」の問題に突き当たる。[4] それも通常は早い段階で。実際、光害に関するプレゼンテーションを行うとき、まず避けて通れないのが次のような質問だ。「夜空やさまざまなものが見えるのは、たしかに喜ばしいことだと思います。だけど、安全のために照明は必要ではないですか?」。厳密に言えば、これは質問ではない。たいていの質問者は何かを尋ねているのではなく、自分たちが教わってきたことは正しいと述べているのだ。こうした発言には、さらなる主張がこめられていることも多い。僕がコロラド州発信のウェブサイトで見つけた文章のように――「街灯が少なくなるということは、レイプ、暴行、強盗、そして殺人が増えることを意味する。自宅の裏庭から、かに星雲が細部まで見えるのは素晴らしい。だがそれと同時に、凶悪犯に襲われることなく通りを歩けるのも素晴らしい」

暗闇には危険が伴い、安全には照明が必要だという固定観念は、そこらじゅうに蔓延している。三万七〇〇〇基の街灯があるオークランド市の警察副本部長は、「大多数の犯罪者は暗闇で悪さをしたがる」ため、照明を増やすことによって犯罪が減ると主張する。六万七〇〇〇基の街灯を所有するボストン市では、ノースイースタン大学の犯罪学教授が、照明は「天然の見張り」の役割を果たし、犯罪を二〇パーセント抑えられると論じている。二四万基の街灯が存在するロサンゼルス市は、公園の周辺地域でギャング絡みの暴力的な犯罪が一七パーセント減少した原因を、公園に新しい電灯が設置されたおかげだと結論づけている。そしてここミネアポリス市では、警察が次のように忠告する。「家族、財産、町内を守るために、玄関と庭に明かりをつけよう」、「忘れないで！　犯罪者は暗闇が好き。庭には十分な照明を！」

ご存じのとおり、多くの人々が同様の助言を受けてきた。だからこそ、明るさは日ごとに増し、これまでにないほど世界は輝いているのだ。これほど明るくなったのは、ひとつには人口の増加、とくに都市部で人口が増え続けているのが原因だ。だがその一方で、一人当たりの照明の使用量も増えている。たとえばイギリスでは、過去五〇年で照明効率が二倍に上がっているのに、一人ひとりが照明に使う電力消費量は、同じ五〇年で四倍にも増えている。[5]どうやら僕たちは、よりたくさんのものを照らすだけでは飽きたらず、これまで以上に明るく照らそうとしているようだ。

夜の照明が人々の生活をより安全にすることに疑いの余地はない。灯台のおかげで船は岩礁に乗り上げなくてすむし、もっと身近な例で言えば、歩道の明かりは歩行者が段差でつまずくのを防いでくれる。

しかし最近、ますます多くの照明エンジニア、照明デザイナー、天文学者、光害問題に取り組む市民、医師、法律家、警察官が、声を揃えて言うことがある――現代人が利用する光の量および光の使い方は、安全上本当に必要な範囲をはるかに超えていることが多く、また、明暗と安全の関係について人々が常識とみなしていることも、実際はそう単純な話ではないというのだ。

そんな思い込みのなかでも真っ先に挙げられるのが、照明のおかげで安全性が高まるのだから、明るくなればなるほど安全になるという考えだ。こうした固定観念は今後も僕を悩ませ続けるだろう。ある照明の専門家は、こんな説明をしてくれた。「過剰な光はマイナスの効果をもたらします。なぜなら、光を見つめたところで、光以外に何も見えないのですから」。彼は机の向こう側からこちらをじっと見て、ひと呼吸置いた。「ほら、私たちのあいだの照明が明るすぎて、お互いの顔が見えないでしょう。真向かいに座っているというのに！」

マサチューセッツ州ボストンの約三〇キロ西に、コンコードという人口一万六〇〇〇人の町がある。コンコードの空は、僕の両親が住むミネアポリス郊外の空を思い出させる。どことなく色あせた空だ。その町で会う約束をしていたアラン・ルイスは、それを「果てしなく黄色い空」と呼んでいるが、もちろん昔からそうだったわけではない。たとえば一八三六年には、アメリカの思想家ラルフ・ウォルドー・エマソンがコンコードの星空についてこう書き残している。

都会の街頭で見ると、まったく偉大だ。もしも星が千年にひと夜だけ現われたら、さぞかし人間は信じて崇め、ひとたび示された神の都の記憶を幾世代ものあいだ待ちつづけるだろう。ところが毎夜これら美の使徒は立ち現われて、その訓戒の微笑で宇宙を照らしてくれるのだ。(6)

都会の街頭から星々が見えるなんて、まるで昔話を読んでいるようだ。この一節は『自然』と題されたエッセイから引用したものだが、エマソンはそこで、当時ありふれていたものを題材にとることで、人間がいかに自然と生命のありがたみを忘れてしまっているかを強調しようと努めている。灯油ランプで照らされた一九世紀のコンコードにおいて、輝く星空はその格好の題材となっただろう。

エマソンの言う「美の使徒」がほとんど姿を消してしまったのは、コンコードを訪ねるまでもなくわかっていた。それでもルイスと話をしようと思ったのは、過剰な光がおよぼすマイナスの影響について、もっと詳しく知りたかったからだ。ベテランの検眼医であり、北米照明学会（ＩＥＳＮＡ）の元会長であるアラン・ルイスは、世界の照らし方について一家言もつ照明の専門家だ。彼は「照明を扱う人々に視覚系の働きを教える」手助けをすることに、四〇年の歳月を費やしてきた。

ルイスに言わせれば、ほとんどの街灯デザインが、問題を解決する以上に引き起こしているという。「設計の悪い街灯、おそらく八〇パーセントの街灯がグレア光源になっていると考えられます」とルイスは説明する。「つまり、見ようとしているもののコントラストは上昇する代わりに低下してしまいます。眼球内の光の散乱によって起こる『減能グレア』という症状のせいです」

アメリカのほとんどの街路には、ドロップレンズ型のコブラヘッドという街灯が使われている。このお粗末な設計の街灯によって生じる減能グレアは、とくに高齢のドライバーが夜の運転を困難に感じる主な原因だ。目の水晶体には加齢とともに蛋白質が蓄積し始め、レンズの透明度は若い頃より低下していく。澄み切った新品のフロントガラスが、時とともに細かな傷で曇っていくように、これらの蛋白質は目の透明度を減少させ、入ってくる光を散乱させる。その結果、光は網膜上で焦点を結ぶ代わりに分散し、ルイスの言う「光幕輝度」がコントラストを著しく低下させるのである。

視覚を最適な状態に保つ秘訣は、コントラスト、つまり、いま見ているものとその背景の明るさの違いを最大にする一方で、光源から直接目に入る光の量を最小限にすることだとルイスは言う。なぜなら、目に直接入った光は、そのほとんどが散乱してしまうからだ。「見ようとしているもの以外からの光は必要ありません。そのほかの余計な光源は、それが目にまぶしい街灯でも、こちらへ向かってくるヘッドライトでも、ビルのグレア光源でも、すべてものを見にくくするだけです」

夜間にものを見やすく（もしくは見づらく）するもうひとつの要因は「適応」、言い換えれば、明るい場所から暗い場所へ移動したときの目の順応である。街灯が従来のように設置されている状況では、目は絶えず明暗への順応を強いられる。「街灯の光が比較的規則正しく照らしている場所では、適応がかなりコンスタントに行われるので、さほど問題はありません」とルイスは説明する。「とはいえ、街灯は行き当たりばったりに置かれることが多く、均等に配置されているわけではありません。ですから、明るい場所が続いたあとに暗い場所へと入り込んだときなどはうまく適応しきれず、最初から街灯がない場所よりも見え方は悪くなります」。彼はこれを、映画館に入って目が慣れるまでに数分かかる状況になぞらえる。「つまり、明かりのついた場所からそうでない場所へ移ると、目は確実に見えづらくなるでしょう。多くの場合、散発的に明るくなったり暗くなったりする場所よりも、同じ暗さがずっと続く場所の方が目にはよいのです」

　こうした問題を引き起こすのは、街灯だけではない。最もたちが悪いのは、ガソリンスタンドや駐車場のような、過度にライトアップされた場所だ。アメリカでは二〇年ほど前からガソリンスタンドがどんどん明るくなっていったが、それは本当の意味で安全を求めていたからではなく、売り上げを伸ばすことが目的だった（「人間は明るい場所が好きだから、そこに集まってくる。単純なことですよ」とルイスは言う）。「キャノピーの下が強烈に照らされているのは、ガソリンを入れにやってきた客が見やすいようにではなく、人を引きつけるという商業的観点からです。でもそこから暗い道路に出れば、暗闇に再び目が慣れるまでに一、二分かかるでしょう。これは非常に危険です[7]」

「何かにぶつかって怪我をするとか？」

「それは大丈夫」とラルフは笑った。「ドライバーは車の中にいますからね。心配しなくちゃならないのは、まわりの人間です」

　そうなのだ、ガソリンスタンド、ショッピングモール、カーディーラーがとても明るくライトアップされているのは販売目的、客を立ち止まらせて商品を買わせるためであり、一般に思われているように、安全を第一に考えた結果ではない。それらの施設にとって安全が主要な目的だとしたら、照明はもっと薄暗くなり、適応やグレアのトラブルも減少するというのが、ルイスたちの考えだ。では、どうしてそれができないのか？　問題は、ある商業施設が照明を明るくすると、周囲の施設もそれに張り合わなければならないということにある。そうしなければ、自分たちの店は相対的にどんよりとして見え、ゆえに魅力がなく、閉店したと思う人さえ現れるかもしれない。

社会一般にも同じ指摘が当てはまる。周囲の環境が明るくなれば、僕たちはその明るさのレベルに慣れてしまい、それよりも薄暗いものは極端に薄暗く、真っ暗にさえ感じられるようになる。人工灯が時代とともに発展を遂げていた頃、まさにこのとおりのことが起こった。かつて脚光を浴びた灯油ランプは、素晴らしきガス灯の到来によって陰気で不快なものへと姿を変え、電灯を目にしたその瞬間、今度はガス灯が臭く厭《いと》わしく耐えられないほど陰うつな存在になり下がった。つまり、いったん明るい光に慣れてしまった目は、さらに明るい光を求めるのだ。

パリの照明デザイナー、ロジェ・ナルボニは、こうした考え方について実体験をもとに説明してくれた。(8) 彼は、パリ近郊の大型の老舗魚市場から仕事の依頼を受けたことがある。午前一時から三時まで営業しているその市場の照明設備を一新してほしいという注文だった。

「計画では四〇〇ルクスの照明で魚を照らすことになっていたのに、市場の売人はそれでは暗くて魚が見えないと言う。彼らは大きなハロゲンランプに慣れていた。熱くて、魚にとっては最悪の光源だ。でも彼らにはそれが当たり前になっていて、雰囲気のまるで違う新しい照明に物足りなさを感じたようだった。もう少し明るくしてほしいと言うので承諾すると、『じゃあ、倍の明るさで』ときた。それで、『本当に倍ですか？　まあいいでしょう』と答えたんだ」、ナルボニは笑った。そうして八〇〇ルクスに上げたところ、売人は本当に明るさを変えたのかと聞いてきたという。「私が照度計を取り出して八〇〇という数字を見せると、『何かの間違いじゃないですか？　もっと明るくできませんか？』と引かない。そうやって一二〇〇、一六〇〇、一八〇〇ルクスと照度を上げていったが、彼らはいっこうに満足しない。まだ足りない、もっと明るくの一点張りさ。とうとう私は、『わかりました、もう十分です。私どもは三〇〇〇や五〇〇〇にするつもりも、真昼と同じ明るさにするつもりもありません』と切り捨てた。だってまったく狂気じみてるじゃないか。私にはもう無理だと思ったから、きっぱり断った。『あなたたちの目には状況が理解できていない。さらに明るくしたところで、比較ができないのだから、もっともっとを繰り返すだけですよ。そんなのまるで中毒です』と言ってやったけど、理解はしてもらえなかっただろうな」

真夜中の魚市場というのは特殊な例かもしれないが、街そのものはどうなのだろうか？

「都会も同じさ。安全のために照明を増やしても、住民が即座に苦情を訴えるのはよくある話だ。よく見えない、効果がない、夜の事件が減らない、まだ問題がある、もっと明かりをつけろ。そうやってどんどんエスカレートしていくんだ。視覚はいまの状態に慣れてそれ以上を求めるから、際限がない」

興味深いのは、ナルボニいわく、その逆もしかりだということだ。

「暗いところにいると、瞳孔が大きく開いて、次第に焦点が合うようになって、もっと暗い環境でもよく見えるようになってくる」

あまり知られていないことだが、僕たちの目は、通常であればとても暗いと感じる状況を含め、さまざまな明るさのレベルに適応する驚くべき能力を秘めている。本物の夜行性や薄明薄暮性動物（明け方や日没直後に活動する動物）の目とは比べるべくもないが、人間の目も、薄暗い状況下では虹彩が広がることで瞳孔が開き、通常の三〇倍もの光を取り入れることができる。反対にまぶしい光を受けた場合は、虹彩が狭まって瞳孔が閉じ、目を守ろうとする。したがって、暗い環境――空に星々が戻り、安全をおびやかすグレアが通りからなくなる程度の暗さ――でも、それに順応する時間さえあれば、僕らの目はかなりよく見えるはずなのだ。

「政治家たちには、とりあえず試しにやってみてくださいと声をかけるんだ」、ナルボニは言う。「ベルリンでは功を奏して、五ルクスの明るさですべてがうまくいったよ。舗道も街路も見えて、安全に歩くことができた」

それからナルボニは、アラン・ルイスと同じことを口にした。「視覚は主に明暗差に影響される。ものを照らすときに重要なのはコントラストだ。高レベルの光があると、コントラストはとても貧弱になって、よい視界が得られない。でもコントラストさえはっきりしていれば、暗闇の中でも安心できるものだよ」

明るい夜に慣れてしまった僕たちが暗闇の中で安心感を抱くのは難しい。英国天文協会で夜空を保護するダークスカイキャンペーン（CfDS）を取りしきっているボブ・ミゾンは持論を述べる。[9]「私は仕事柄あらゆる年齢層と接する機会がある。そのなかには私と同年代の六〇過ぎの人もいるが、みんな、たくさんの照明、たくさんの質の悪い照明のもとで育ってきた人たちばかりだ。だから、照明が当然のものというだけでなく、ギラギラ光る悪質の照明を当たり前だと思い込んでいる」

それでも、アメリカやヨーロッパではますます多くの町や村が、エネルギーの節約、ひいては経費削減のために、一部の照明を一定期間消す取り組みを行うようになってきた。[10]犯罪が増加するかもしれないという懸念もあったが、多くの地域では正反対の結果が出ているようだ。事実、イギリスのブリストル市警は二〇パーセントの犯罪減少を報告しており、同国のほかの地域でも、午前零時過ぎに照明を消すようになって以来、犯罪が最大五〇パーセントまで減少しているという。イリノイ州ロックフォード市では、既存の街灯の一五パーセントを点灯しないことを決めた。その際に警察署長は、照明と犯罪の相関関係を証明する研究は存在しない旨や、照明は犯罪に直接的な影響をおよぼさないという自身の信念を、市議会に示した。カリフォルニア州サンタローザ市は、公共の街灯一万五〇〇〇基のうち六〇〇〇基を撤去し、タイマー接続された三〇〇〇基を新たに導入した。午前一二時から五時半まで消灯することによって、市は年間四〇万ドルの節約を期待している。サンタローザ市の街灯削減プログラムのウェブサイトには、次のような一文がある。「街灯と犯罪の相関関係を取り上げた学術調査がいくつか発表されているが、そのいずれも、街灯の増加と犯罪の減少を直接結びつけるものではない。むしろそのなかには、正反対の結果を示す調査もある」

ほかの地域が成功と失敗を繰り返しているのは、人々が経費の節約を嫌っているからではない。コンコードでは町内の三分の二にあたる街灯を消すことにしたが、町民の抗議が凄まじかったため、町は近年街灯を復活させる決議を行った。「そのほとんどが、質の悪い照明だったにもかかわらずです」とルイスは言う。

これをどう理解すべきだろう。人々はお金がかかっても質の悪い照明を選ぶということだろうか？「大半は、明かりがある場所は安全だという思い込みからでしょう。それに、見る目が養われていないから、何がよい照明で何が悪い照明なのか、区別がつかないのです（「悪い照明について教育するときに便利なのは、実例がたくさんあるところですね」と、ルイスは付け足した）。だからみんな、明かりが消えたら犯罪が増え、もう安全ではないと思うのです。でも本当はそうではない。実際多くの場合、街灯は状況を改善させるよりも悪化させているんです。

地元紙によくこんな投書が載っています。『街灯を消すようになってから、気軽に散歩ができなくなりました。安心して通りを歩けるように、照明を元に戻してください』。投書した人たちに、そもそも散歩をする習慣があるのかどうかわかりませんが」

ルイスが話してくれたコンコードの現状には、僕も驚かされた。コンコードは、独立戦争の発端となった激しい戦闘が行われた町として有名だが、暴力犯罪が蔓延していた歴史はない。この土地に安心感を抱けなければ、どこが安心だというのだろう？　忘れがちなことだが、犯罪はごく少数の場所で集中して起きる傾向があり、ほとんどの地域は犯罪とは無縁である。最も恐れられている個人の暴力的犯罪に関しては、それが顕著に当てはまる。「ニューイングランド地方の友好的な町」というのが、僕にとってのコンコードの印象である。この町で凶悪犯罪者に襲われることを心配する人はまずいないだろう。「繁華街では、照明を約五〇パーセント減らすことも可能です」とルイスは言う。「それでもまだ立派に町を照らしてくれるでしょう」

コンコードから大陸を半分ほど西へ進んだところに、アシュランドという人口八〇〇〇人ほどの町がある。ウィスコンシン州北部、スペリオル湖のチェクワメゴン湾に臨む小さな町だ。町内のどちらを向いても、グリーンベイ・パッカーズ〔地元のアメフトチーム〕のユニフォーム、蛍光オレンジのハンティングベスト、迷彩柄の帽子、パンツ、ジャケットが視界に飛び込み、ほぼすべての食事にビールとチーズがついてくる。かつてはノースウッズの材木伐採、鉱業、鉄道事業で賑わっていたが、現在唯一残っている積み込み埠頭は一九六五年から使われておらず、崩れかけたローマ水道のごとく入り江に突き出ている。ひとつの通りのひとつのブロックに、自然食品店、パン屋、コーヒー店の「ブラックキャット」が集まっているため、住民のなかには「ほかの場所に行く必要がない」と自慢する者もいるほどだ。例外があるとすれば、深夜にウォッシュバーン近郊のテッツナー酪農場まで車を飛ばすときくらいだろう。そこで人々は、外に置かれた冷凍庫からチョコレートアイスクリームサンドを取り出して、ドア近くのコーヒー缶に代金を入れてくるのだ。そのあたりの夜は暗く、周囲の森や近くのアポストル群島、あるいは湖上のヨットから見上げる天の川は、細部まで輝いて見える。

しかしそれは郊外の話で、アシュランドの町周辺ではそこらじゅうに光が見つかる。湖沿いの国道二号線は、立ち並ぶエイコーン（どんぐり）型の街灯に照らされている。それがどこであろうと、ノスタルジックな雰囲気を醸し出したいときには、このヴィクトリア朝風の照明装置がよく使われるのだ。そして住宅地では、家屋と商業建築物の両方を照らす最もありふれた二つの明るい光源、「セキュリティーライト」と「ウォールパック」がいたるところに見受けられる。アメリカでは、路地、納屋周辺、裏庭、前庭、私有車道などのあらゆる場所を、一七五ワットの白色セキュリティーライトが夜通し照らしている。田舎道を車で走ると、それが唯一の明かりであることも多い。

子供の頃によく、両親に連れられてミネアポリスから南に向けてドライブをした。祖父母の住むイリノイ州南部の農園に行くためだ。クリスマス時期は、日没が早いから暗い道を長時間走る。そんなときはいつも、後部座席の窓に顔を押しつけ、両手で目を双眼鏡のように囲んで星を眺めたものだった。真っ黒な闇を背景にポツリポツリと点在する人工の白い光は、まるで冒険小説の一場面のようで、大地に降り注ぐ星空のかけらに見えた。

だが、そうしたロマンチックな光景の裏には、ある現実が隠されていた。何百メートルも向こうの光が見えたということはつまり、安全のために設置された照明が、その役割をはるかに超えて、あらゆる方向にグレアを投げかけていたことにほかならないのだ。

僕は、アシュランドの小さな大学で三年間教鞭をとっていた。家から大学までは五ブロックほどの距離だったので、狭い路地を歩いて通う日も珍しくなかったが、その途中で必ずセキュリティーライトの真下を通ることになった。ガレージに取りつけられたバスケットゴールと、その前をくっきり照らすように設計されたライトだ。僕はそれを見るたびに、一人でプレイに興じる孤独なシュート名人の姿を想像したものだったが、名人はついぞ目の前には現れず、数ブロック先から見えたのは、ライトが近所の庭や家々に影やグレアを投じる様子だけだった。セキュリティーライトに近づくと、せっかく暗闇に慣れた目を、いつも覆い隠さなくてはならなかった。そのライトについてどう思うかを近所の人たちに聞いて回ったりはしなかったが、きっと彼らはもう慣れきっていて、何も感じていなかったと思う。

光のまぶしさに気づけないことが、光害の拡大に直接影響を与えているのは容易に想像できる。一方で、安全と治安という観点から言えば、明るい照明に慣れきっている僕たちは、そこで何か異変があっても、もはやそれに気がつかないだろう。なぜなら僕たちはもう、明るく照らされた場所をとくに見たいとも思わないのだから。そして誰も見ていなければ、照明が安全の役に立つことはない。

例として、都市や小さな町の郊外につきものの工業用倉庫を思い浮かべてほしい。立ち並ぶ倉庫は毎週末には無人になり、ほぼ例外なく照明に照らし出される。その圧倒的多数がウォールパック、つまりアメリカ中の建物の壁面に取りつけられた長方形の照明器具で、そこから吐き出される水平の光は、駐車場、複合商業施設、中庭のはるか向こうまで広がっていく。しかしこれらの照明も、それを見ている人がいなければ、犯罪者に必要な明るさを提供する道具にすぎない。そうした状況に当てはまるケースがあまりにも多いので、国際ダークスカイ協会（ＩＤＡ）の創立者デイヴィッド・クローフォードなどは、それを「犯罪者に優しい照明」と呼んでいるほどだ。

「犯罪者は明るい場所で仕事するのを好む。その方が安全だと感じるから」というのは、僕がロンドンで聞いたジョークだが、これが事実なのは研究によって裏づけられている。照明のおかげで犯罪者は犠牲者を選び、逃げ道を決め、周囲の状況を探ることができるのだ。また、犯罪者が家に押し入るのを思いとどまる要因についての調査では、「家の中に誰かがいるという確信」、「屋外に警報器や監視カメラがあること」、そして次点に「玄関や窓の施錠が明らかに堅牢なこと」が挙げられているが、照明の存在については触れられていない[11]。

「そう、照明は双方の助けになりえる」と教えてくれたのは、ＣｆＤＳのボブ・ミゾンだ。「照明の恩恵にあずかろうとする人々は、犯罪者の立場でものを考えない。その男、もしくは女が何を必要としているのか？　押し込み強盗が、レイプ犯が、ひったくりが何を求めているのか？　彼らに必要なのは獲物を定めること、そして自分のしていることが見えること。朝の三時に大がかりなセキュリティーライトがともっていたら、誰が一番得をする？　屋内でぐっすり寝ている居住者ですか？　それとも明かりの下で道具を取り出そうとする泥棒ですか？」

なるほど、と僕はうなった。だが、両親の住む町の警察が運営するウェブサイトでは、マイホーム所有者に講じてほしい犯罪予防策の筆頭に、「家の外に照明を設置すること」が挙げられている。

ミゾンが住む町の警察も、同じことを呼びかけているそうだ。「犯罪防止には照明を、とね。その情報源やデータの出どころを聞いたら何も答えられないのに、やみくもにそれが真実だと思い込んでいる。警察も社会と変わらない無知にはまり込んでいるのさ」

だからと言って、夜空を保護するダークスカイキャンペーンは人工灯に反対しているわけではない。

「中世のような暗闇の中を、よろめきながら歩いてほしいなんて思ってやしないよ」、ミゾンはそう言って微笑んだ。「私たちが推進しているのは『ノーライトキャンペーン』ではない。そんなのおかしいだろ。明かりが必要なら利用すればいい。われわれは民主主義を目指して命がけで戦ってきたんだから。村中のみんなが街灯を支持するなら、もちろんかまわない。街灯をつけよう。でもそれは、正しい設備でなければならない。多くの人たちが気づいていないのは、照明にもいろんなものがあることなんだ」

それに気づいてもらう手助けをすることが自分の大きな使命だと、ミゾンは考えている。

「私はこう説明する。イギリスには街灯のない小さな村がたくさんあるけど、そこは犯罪の多発地域かい？　違うね。じゃあ、テレビに映った犯罪の場面や、監視カメラがとらえた都心の暴動とかケンカの様子を見たとき、その場所は暗かっただろうか？　誰かが側溝にゲロを吐くのを目撃したときは？　きっと明るく照らされていただろう。そうした場所はイギリスで一番明るく、また最も犯罪が多発する場所でもある。じゃあ結論は？　照明は犯罪を防いでくれるだろうか？　とんでもない、ばかげた話さ」

これまで発表された調査結果や統計は、概してミゾンの主張を支持しており、何人かの知り合いが教えてくれた話とも内容は一致している。つまり、「安全（セキュリティー）」と「照明（ライト）」の関連性は研究に裏づけられておらず、「セキュリティーライト」という言葉は語義矛盾にすぎないということだ。

一九七七年、アメリカ司法省は「街路照明が犯罪率に影響をおよぼすという統計的に有意な証拠は存在しない」と報告している。一九九七年には、司法省の国立司法研究所が報告書の中で、「照明はある場所では効果的だが、別の場所では効果がなく、また別の場所では逆効果だと推測できる」と結論づけている。二〇〇〇年のシカゴ市による研究では、「街路や路地の照明を強化することによって犯罪を減らす」試みがなされたが、「路地の照明増設が、犯罪抑制効果をもたらしたとは考えにくい」という結論に至った。二〇〇二年には、オーストラリアの天文学者バリー・クラークが、入手可能な研究の徹底的な見直しを図った。その結果、照明によって犯罪が抑制された「有力な証拠」はなく、それどころか「暗闇が犯罪を減らす優れた証拠」が見つかったという。

二〇〇八年後半、パシフィック・ガス・アンド・エレクトリック・カンパニー（PG&E）は、カリフォルニア州法により、エネルギー消費量を減らす方策を考案するよう義務づけられた。そこで、街灯の削減がどのような効果をもたらすかを調べるために、企業の代表者たちが「夜間の屋外照明と安全の関係」に関する既存研究を独自に再検討するよう求めたところ、「夜間照明と犯罪の因果関係を証明する十分な証拠」を示した研究は見つからず、次のような判断が下された。「既存の研究結果は、照明が

図７　明かりに手をかざすことによってグレアが遮断され、視界が良好になる（門のところに「怪しい男」が立っていることがわかる）。(George Fleenor)

犯罪に与えるプラスとマイナスの影響が混在した複雑なものだったが、そのほとんどは統計的な意味をなさなかった。つまりこれは、照明と犯罪のあいだには何のつながりもないか、もしくは、つながりがデータに明確に現れるには参照できる研究が足りないことを示唆している」

二〇〇二年にバリー・クラークは、「防犯を大義名分にしている場所、またはそうとおぼしき場所」で使われる照明費用は「公費・私費の無駄遣いではないだろうか」と論じている。二〇一一年にクラークは自らの論文を改訂し、前回の所見を繰り返し述べた。「有益な効果を示す証拠に根拠がないこと、そしてその反対の結果を示す明確な証拠があることを考えると、防犯のために明るい照明を推奨するのは、火を消すために可燃性液体の使用を推奨するようなものだ(12)」

残念ながら、こうした研究結果は人々の考え——照明が夜間の犯罪を減らし、明るくなるほど犯罪が減少するという考え——に、ほぼ影響を与えていない。おそらく、調査の存在がほとんど知られていないせいだろう。だからこそ、暗闇が犯罪を招き、照明が安全をもたらすと考える人があとを絶たないのだ。さらに事態を悪化させているのは、照明産業や公益事業会社が直接または間接的に出資した少数の研究である。それらの研究は、山のような反対証拠をものともせず、照明が犯罪を抑止すると主張し続けている。企業は、光やエネルギーを多く売るほど儲かるのであり、最も明るい場所から最も高い利益が得られる。このような疑わしい研究によって僕たちの無知が助長されることが、この問題と大いに関係しているのは疑う余地がないだろう。

しかし、ほかにも問題はある。「それじゃあ、あんたの奥さんと子供を暗闇に送り込んでみろ。じゃなかったらレイプ被害者に話を聞いてみるんだな」と言うような人たちが、クラークの論文やその他の研究に聞く耳をもつとは思えない。「安全のためには大量のまぶしい光が必要」という考えを思い切って疑問視しようとすれば、「かなり攻撃的な反応がかえってくるでしょう。なぜって？　人は暗闇が心底怖いからですよ」と、ダークスカイキャンペーンのマーティン・モーガン・テイラーは教えてくれた。

歴史家のロジャー・イーカーチは次のように論じている。[13]「この最も古い人類の不安は、はるか昔から存在している……夜は人間にとって最初の避けがたい厄災であり、最古にして最も忘れられない恐怖だった」。僕たちが夜の闇を恐れる合理的な理由はたくさんある。野生動物の脅威、泥棒や追い剥ぎによる襲撃、危険な地形、そしてとりわけ火事に対する恐怖だ。それに追い打ちをかけるように、人には非合理的なものに恐怖を抱く傾向がある。幽霊、魔女、狼男、吸血鬼など、闇を恐れる理由はごまんとあった。進化の過程で、合理的な恐怖と非合理的な恐怖のどちらが先に生まれたのかはわからないが、暗闇における視力の限界と、夜の悪霊どもをありありと再現する豊かな想像力は、それらの恐怖を強力なまま保った。キリストを「永遠の光」、悪魔を「闇の王子」とみなしていたキリスト教によって、この世界観はさらに深く根を下ろすようになる。教会の視点から見れば、イーカーチいわく「文字どおりにも比喩的にも、悪魔は暗闇を受け入れた。彼らの力を強め、精神を鼓舞したのは、夜だけだった。実に地上の暗闇は、悪魔の邪悪な領域と化したのだ」

もはや大多数の現代人は、夜間に野生動物に襲われたり、危険な地形や火事に遭遇するのを恐れなくなった。追い剥ぎですら、すでに記憶からは遠い。魔女、幽霊、狼男に関して言えば、映画で見るのは面白くても、実際に目撃するのを怖がる人はあまりいないし、少なくとも怖いと認めたがらない。

つまるところ、僕たちが恐れているのは人間だけなのだ。(14)

女性の恐れ

ノースカロライナ州ウィンストン・セーラムの繁華街から五キロほど北西へ行くと、ウェイクフォレスト大学がある。大学ランキングの上位に名を連ね、七〇〇〇名以上の学生が在籍するこの大学のキャンパスは、四方を閑静な住宅街や私有地に囲まれている。ここは僕の現在の勤務先であり、したがって日常的に夜の闇を体験している場所でもある。たとえば、仕事を終えた冬の夕刻、外部講師の話を聞くためキャンパスへ戻る夕食後、愛犬ルナを連れて歩く夜。

構内には、モクレン、カエデ、ハナミズキ、マツの枝葉が生い茂り、煉瓦で造られたジョージアン様式の建物を屋根のように覆っている。キャンパスの中心部にそそり立つのはウェイト・チャペルで、その尖塔部分はスポットライトで照らされている。この大学には新旧両方の照明が混在している――セキュリティーライト、ウォールパック、コブラヘッドなどの旧来の照明がある一方で、完全遮光型の街灯、「暗い空に優しい」エイコーン型電灯、その他ヴィクトリア朝風の魅力的な照明器具が設置されているのだ。資料によると、構内のライトアップは「キャンパスの温かい雰囲気を維持すること」を目標にしているという。

「要するに、暗闇と光のバランスです」と言うのは、副施設長のジム・アルティだ。「彼女とデートするときとか、同僚やクラスメートと話をしたいとき、目を細めなくてはならないようなまぶしい場所にいたくはないでしょう？　私たちは、歩道を明るく照らすこと、そしていったん歩道を降りたら、そこをタイムズ・スクエアのようにはしないことを心がけています」

それでも、「保護者のなかには、いまの明るさに満足できない人もいます」と警察署長のレジーナ・ローソンは述べる。キャンパスの学生を対象に行った調査で、彼女はこんな印象を受けた。「みんな恐れを抱いていて、暗くなってからキャンパスを歩くのは安全ではないと感じているのです」。ところが、現実的にはさほど問題があるようには思えない。「犯罪者は白昼堂々と金を巻き上げていきます。夜は怖いものだというのは思い込みなのです」。恐怖をあおり立てる現代メディアの煽情主義について、彼女は自らの思いを語った。「私たちが大学生の頃には、そんなものはありませんでした。無敵でしたよ。暴力行為の現場を何度も何度も見させられるようなことはなかったですからね」

これ以外にも気になることがある。ポールの上部に青い照明が取りつけられた「ブルーライトシステム」と呼ばれるものについてだ。このシステムは、危険な目にあったときに駆け寄ってボタンを押して助けを呼ぶためのものだが、アメリカの多くの大学と同じように、我らがキャンパスにも複数点在している。これが大学のキャンパスに次々と姿を現し始めた一九八〇年代半ば、作家のケイティー・ロイフェは、その有効性について疑問を投げかけた。ブルーライトは実際、大学に真の安全をもたらすよりも、暗闇や他人や夜への恐怖を植えつける文化を生み出した、とロイフェは主張する。「赤は止まれ、緑は進め、そして青は恐れよ」という具合に[15]。

彼女の説は正しいのだろうか？　国立司法研究所が出した二〇〇〇年の論文『女子大学生の性被害』によると、「大半の性被害――とくにレイプや暴力による性的接触の強要は、住居内で発生している」

という。(16) つまり、被害者は必ずしも夜のキャンパスを歩いていたわけではないのだ。大学構内におけるレイプの六〇パーセント近くは被害者の住む寮で、三一パーセントはキャンパス内の別の住居で、そして一〇・三パーセントはフラタニティという男子社交クラブの宿舎で起きている(ブルーライトシステムの適用範囲を広げて、宿舎や寮のロビーにも設置するべきではないか?)。キャンパス内の照明、ブルーライトシステム、そして統計データを考慮に入れれば、夜の外出は恐れるに足るものではない——それでもなお、人々は暗くなったキャンパスに恐怖を感じるのだ。

「必要以上に学生を怖がらせているような気がします」と副施設長のアルティは言う。「キャンパス内の犯罪は皆無ではありませんが、多くもありません。それなのになぜ『気をつけて! くれぐれも気をつけて!』と繰り返す必要があるのでしょう。学生に怖さを伝えようとしているのか、過敏にさせようとしているのか、その線引きが私には不明瞭ですね」

僕たちアメリカ人は、まれな例外を除いて、母親の胎内という暗い場所から明るく照らされた部屋に生まれ落ち、明るく照らされた都市や郊外で成長する。そうした世界では、夜になると室内外を問わず電灯の光が降り注いでいる。そして、大学に入るまでには夜がどれほど危険かを教えこまれ、夜間の外出時に身を守ってくれるまぶしい光がキャンパスにあるのを当然と思う。けれども、光はそれだけで僕たちを守ってくれはしない。自分の行動に分別をもつことや、周囲に気を配ることも同じように大切なのだ。夜の美しさを深く心にとどめ、暗闇の価値を学ぶのではなく、「夜は危険、闇は脅威」という先入観を肥大させて大学の四年間を過ごす。なんとも、もったいない話だと思わないだろうか。

だからといって、夜の脅威が存在しないわけではないし、不安になる理由がまったくないというわけでもない。とりわけ女性が夜の外出を怖がるのは、近代西洋文明がもたらした悲しい現実である。「女は常に用心しているし、安全でいられるよう心がけているから」。アリゾナ州立大学のティファニー・ブレル教授はそう告白する。「実際怖い目にあってみないと、なかなか自覚できないかもしれないけど」

僕はブレルとその夫アンディとともに、グレーター・フェニックスに昇る月を眺めるため、テンピ市のAマウンテンに登っていた。東の空にはくすんだ濃紺の地球影、西にはオレンジ色の夕日が見える。いたるところで都市の夜が始まろうとしているようだ。フェニックス空港へ向かう飛行機が、金属的なエンジン音を響かせながら、次々と頭上を通過する。アルミニウムのきらめく機体は巨大な白い閃光にも似て、目の粗い鎖のように東へ長く伸びながら、地平線に姿を消していく。砂漠にそびえる山々が遮らない限り、この町の光は方々に伸びて地平線まで広がっていくだろう。高圧ナトリウム灯のオレンジ、信号機の刺すような緑、誰もいない駐車場を満たすまぶしい白。赤い光を点滅させているのは、遠くの稜線に林立する無線塔だ。

ブレルは話を続けた。「夜中に一人で駐車場にいるときは、鍵束を手に握って、使う鍵を人差し指と中指のあいだから出しておくの。それがきっと身を守る唯一のチャンスだから。男の人はそんなこと考えもしないんでしょうけど」

彼女の話を聞きながら、僕はレベッカ・ソルニットの作品について考えていた。彼女は著書『旅への情熱』[17]の中で、「わが人生における最も衝撃的な発見」として、「一歩外に出た瞬間、生きる権利も、自由である権利も、幸福を求める権利も本当には持ち合わせていなかった」と気づいたことを挙げている。また、通りを歩くために「女性ならよくそうするように、自分を餌食だと思い込むようにした」いきさつを述べた。ソルニットが引用したある調査では、アメリカ人女性の三分の二が、夜間に自宅の近所を一人で歩くのが怖いと回答している。別の調査では、イギリス人女性の半数が日没後の一人歩きを恐れ、四〇パーセントがレイプされることを「とても心配している」と答えたという。

けれども、こと大学のキャンパスに関する限り、女性が感じるこうした危険は現実のものなのだろうか、それとも杞憂なのだろうか？『都会の屋外にあらわれる性差』[18]という論文で、著者のジェニファー・K・ウェズリーとエミリー・ガーダーは、「公共の空間、とりわけ手つかずの自然が残る場所や、都市近郊エリアにおける性差の構造が、どのように女性の弱さや、そうした場所への恐怖もしくは『恐怖の分布図』を特徴づけるのか」を調査した。そこで判明したのは、「私的な空間で女性が受ける暴力の数は、公的な場での数をはるかに上回っている」こと、そして「レイプや暴力など性的虐待の圧倒的多数は密室で行われている」ということだった。「茂みの陰や奥まった場所ならどこでもレイプに格好な環境になりえるという恐怖から、数え切れないほど多くの女性が、大自然のもつ癒しの効用を利用できないでいるようだ。アメリカ文化の影響下で育ったすべての女性は、こうした恐怖を、赤ずきんちゃんと悪いオオカミの物語を通じて植えつけられてきたのだろう」

世間というものは、調査や統計の結果はさほど気にしなくても、実際に起きた事件についてはよく覚えているものだ。カリフォルニアの大学に通っていた学生がリノの友人宅から誘拐され、数週間後に町はずれで絞殺死体として発見された事件、ノースカロライナ大学の生徒会長が誘拐された末に殺害された事件[19]――こうした犯罪はごくまれなのに、僕たちは不安を抑えることができない。センセーショナルな事件ばかりを記憶にとどめ、それを思い出しては怯えているのだ。アメリカでは毎年交通事故で四万人が亡くなっているが、運転を怖がる人はほとんどいない[20]。それなのに一件のレイプや殺人が、夜の闇に対して抱いているあらゆる恐怖を喚起し、夜間の外出から僕らを遠ざける。

「照明は何の解決にもなりません」とブレルは言う。「私たちはいろいろな話を耳にするし、一部の女性が被害にあっていることは、すべての女性が知っています。そして、照明の設置数は関係ないということも……夜になれば闇は必ず訪れて、光の届かない場所も必ず生じるのですから。それに、夜中に戸外でレイプされる確率がほんのわずかだということも、誰もが理解しています。だからこそ、どうしていいのかわからない……夜は女性を不安に陥れるのです」

ブレルの話を聞いて思い出したのは、アルバカーキに住む友人のボニーのことだ。彼女は二、三年前、新年を迎えるにあたって「今年はすべての満月を見に行く」という誓いを立てた。それも、台所の窓から月に向かって手を振るだけでは物足りない。月光で自分の影ができるほど暗い場所へ行かないと気がすまなかった。彼女はある長期的な関係に終止符を打ったところで、とうに諦めていた自分自身の夢ともう一度向き合いたいと思っていた。家にこもって傷が癒えるのをただ待つよりも、ポジティブに時を過ごしたかったのだ。アルバカーキの東にあるサンディア山脈や、ノースバレーの小さな森から満月を眺める。あるいはコロラド州南部をマウンテンバイクで走りながら、サンタフェあたりでクロスカントリースキーをしながら月光に照らされる――どんなシチュエーションでもかまわない。ボニーは努めて暗闇の中へ飛び出そうとした。

「怖くないのかってよく聞かれたし、物騒だとか、夜中に外出するなんてどういうつもりだって思いとどまらせようとした人もいたわ。夜は危険極まりないものっていう先入観があるから。でも、夜に外出するよりも、家にいる方が襲われる可能性は高いのよ」

ボニーは続ける。「女性は怖がるように教え込まれているの。そもそも、男の子は女性の体の神秘に恐れを抱くよう教育されるけど、女の子だってそう。受け入れるのではなく、恥ずべきものを隠しておくよう教えられるのよ」。夜の外出は恐ろしい、何か悪いことが起きる、という教えは、女性に不安を抱かせようとする教育の一端なのだと彼女は言う。「怖がっている人、外に出ない人をコントロールする方が、ずっとたやすいでしょう。何か悪いことが起きるという思い込みを生んだのは、そうした人為的な恐怖にほかならない」

現実に「何か悪いことが起きる」のは、家で座ってテレビを見ているときだとボニーは言う。「そのうち病気になって、人生のチャンスを逃してしまうでしょうね」


いま抱いている恐怖を手放さないことで、僕たちは何を失おうとしているのだろう？　そして何を失ってしまったのだろう？　男女の別を問わず、現代人は暗闇を恐れるばかりにその美しさを経験したことがなく、闇が世界に与える価値を理解せずにいる。際限のない明るさを許容する僕たちは、何か大切なものを失いつつあるのではないか。

ますます明るくなる照明が人々をいっそう安全に守ってくれるなら、それは素晴らしいことかもしれない。しかし、ロンドン特別区のなかでもとくに治安の悪い地区で照明を管理しているエディー・ヘンリーは、本当の安全について次のように語っている。「適切な量、適切なタイプ、適切な色の照明を、適切な場所に設置することが必要です。多ければいいってものではありません」

安全のために夜間照明を設置することと、光害を抑制することは、相反するどころか、互いに補い合う行為になりえる。実際、夜間の照明を抑えようという意見のうち、有力なものをひとつでも実行に移せば、僕たちの身はより安全に守られるはずだ。別の言い方をすれば、もしも心から妻、娘、母親（夫、息子、父親）を心配しているなら、多くの場面で用いられている照明が、かえって人々を安全から遠ざけていることを理解しなければならない。そうした照明は視界を妨げ、「怪しい男」が隠れていそうな場所に影を落とす（105頁図7）。そしてもっと厄介なことには、僕たちに自分は安全だという錯覚を起こさせてしまうのだ。

照明は、僕たちがより安全に過ごす手助けをしてくれる。しかし本当の安全を手に入れるためには、周囲を意識すること、賢明な判断をすること、そして、生まれもった恐怖心を言い訳にして、夜を過剰に照らしすぎないことが重要だ。

恐怖という贈り物

暗闇への生来の恐怖なら、僕もよく知っている。

子供の頃から闇が怖かった。僕にとってそれは、都会にいるときや、友だちといるときに感じる夜の恐怖とは、また別のものだった。夏に故郷のミネソタ州北部に帰り、実家のすぐ近くにある湖へ行くときには、いまでもその感覚を思い出す。幼かった僕は、湖でのキャンプを頑として避け、夜は常夜灯をつけて眠り、隣家から帰るときは無我夢中で走ったものだった。暗闇についてこれだけ知識を得た現在でさえ、湖のほとりに一人佇む夜には、やはり恐怖を感じてしまう。湖から家の裏手の森に続く砂利道がちょうど上り坂になる地点に立つと、足がすくむように感じることがある。日中はなんてことのない道なのだが、夜になって十数センチ先の自分の手が見えなくなると、もう次の一歩が踏み出せなくなるのだ。

数年前、もしもこの砂利道を月のない夜に歩いたなら恐怖を克服できるかもしれない、と考えたことがある。暗闇を恐れる必要がない合理的な理由ならいくらでも挙げられたし、理不尽な恐怖に対しては、大人として立ち向かい、ねじ伏せてしまえばいいと思っていた。だいたい、そこでピューマやクマやオオカミに出会う可能性はほとんどなかった。万が一危険があるとすれば、ノースウッズのこの小道をわざわざ選んでやって来た精神錯乱者くらいなものだった。

しかし、僕の挑戦は即座に中止に追い込まれた。その瞬間のことはよく覚えている。僕は桟橋に裸足で立ち、満ちていく月が湖の南に輝くのを眺めていた。水面に映る月の光以外、すべてが動きを止めたようだった。そのとき、家のはるか向こうから、気味の悪い、それでいて風格のある遠吠えが聞こえてきた――この湖では一度も聞いたことのない声だ。コヨーテ、という考えがまず脳裏をかすめた。だが次の瞬間、「違う、でもいったいなんだ?」と思い直す。それがオオカミだと気づいた途端、全身に戦慄が走った。

僕がいたのは家の正面玄関から二〇メートル足らずの場所で、オオカミは家の裏手にある森の奥深くに潜んでいるようだった。だから、自分に危険がないことは頭ではすぐにわかった。オオカミが好んで人を襲ったりしないのも知っていた。それでも、原始的な恐怖は残っていて（おそらくオオカミにも）、その事実は僕に希望を与えた。

つまり、こういうことだ。

オオカミほど、禍々しい闇と結びつけられ、残酷な扱いを受けてきた動物はいないだろう[21]。賢くて社会性もあるこの生き物は、西ヨーロッパの多くの国では絶滅して久しく、アメリカでは想像を絶する虐殺を経験してきた。アラスカを除くアメリカ本土に関して言えば、一六八〇年にはウィリアム・ウッドが、どうにも手の施しようがないほど大量のオオカミがいる（しかもニューイングランド地方に！）と記録したほどだったが、二〇世紀後半には、その数もほんのひと握りにまで減り、ほぼすべての州から姿を消した。捕獲され、銃で撃たれ、毒を飲まされ、石をぶつけられ、焼かれ、燻し出され、溺れさせられたのだ。ただしミネソタ州北部には、連邦政府による保護と人の手による徹底的な管理のおかげで、数千頭のオオカミが生息している。この支援がなければ、オオカミは間違いなく最後の避難場所からも追われていたはずだ。

とりわけ風の強い夜や雷雨の夜、僕はいまだに暗闇が怖いし、それを認めるのに何のためらいもない。その一方で、暗闇を正しく理解すれば、恐怖心を克服することはできなくても、受け入れることはできるはずだとも思う。実際僕は、暗闇への恐怖や、暗闇が自分の中に引き起こした反応を尊重している。僕にとって、暗闇の入口となる砂利道に立つことは、農園を低空飛行する航空機の開け放たれたドアの前に立つのと、ほぼ同じようなものだ。心臓が高鳴り、血が体中を駆けめぐる。あの興奮、アドレナリン、生きているという実感。思わず両足がすくんでしまうのも、本能的、野性的、動物的な感覚が自分の内に目覚めているからだろう。でも、行動不能になってしまうような恐怖なら、それはいらない。この世界が、自分のちっぽけな命を飲み込んでしまうほど大きな存在であふれていることに気づいたときに、初めて感じられる恐怖——僕が求めているのは、そうした恐怖なのだ。

ピューマが群れ集う暗い砂漠の渓谷に僕がやってきたのは、まさしくその恐怖に導かれてのことだった。いや、もうひとつ理由がある。ケン・ランバートンだ[22]。一二年間の服役生活で感じた暗闇への思いを綴った彼のエッセイを読んでからというもの、僕はずっと、アリゾナ州南東部に住む彼のもとへ行ってみたいと願い続けてきた。僕はケンに聞いてみたかった。闇が奪われ、闇を見ることすら禁じられるとは、どういうことなのか？　あなたにとって自由とは何か？　闇を失ったとき、僕たちは何をなくしてしまうのだろう？　あなたはどんな心境で、この真っ暗な砂漠の渓谷に暮らしているのか？

「ここに住んでよかったことのひとつは、夜空だね」。ケンの縮れた黒髪と口ひげが月明かりで銀色に染まる。「子供の頃、星座や星を片っ端から覚えたよ。初めて望遠鏡を手に入れたのは、一二か一三のときだったんじゃないかな。夢中で明るい天体を探したのを覚えている。そのひとつに望遠鏡を向けて接眼レンズを覗いたら、それは輪のある惑星で……すげえ、土星だ！って、そりゃもう仰天したよ。ここにいると、少年時代をもう一度やり直しているみたいに思えるんだ」

僕とケンは石だらけの一本道を下っているところだった。蹴られた小石が坂の下へと転がっていく。

西の低い空には三日月が輝き、大きな岩やサボテンの上に二人の影を投じている。「拘留されていた頃、星が恋しくてたまらなかった。ごくたまに何かの催しがあって、檻から出されることがあると、ようやく星が見られるんだ。それだけで、まるで釈放されたような、自由になったような気分だったよ。顔を上げて星を眺めると、もう有刺鉄線もフェンスも目に入らない。ただ何光年もの宇宙空間が広がっている」

ケンが刑務所に入った細かな経緯はわからない。聞いているのは彼が何か間違いを犯し、そして裁判官が彼の更生を望んだということだけだ。ケンは刑務所生活について書き、何冊もの著書を世に送り出した。妻のカレンは終始彼を支え、三人の娘はみな成人した。現在のケンからは、優しい人柄と自然への愛情がにじみ出ている。彼のエッセイを読むまで、僕は暗闇のない生活、光にさらされ続ける生活について考えたこともなかった。(23) 彼は、刑務所内に「鈍い光のもや」を生み出す投光照明や、「非常線に囲まれたトゥーソン南部の砂漠の住まいに夕闇がせまると、電灯がウィーンという音を伴って点灯される」様子などについて、記録に残している。

部屋の明かりを消しても、ドアにはめ込まれた窓から廊下のまばゆい照明が射し込み、私の顔に真っ白な光の柱を投げかける。窓を塞ぐ行為は懲罰処分のリスクを、顔を覆う行為は乱暴に起こされる危険を伴う。懐中電灯がガラスをコツコツ叩く音に眠りを妨げられた夜は数え切れない。深夜勤務の看守が、詰め物をした毛布でないことを確かめるために、私に肌を見せるよう促すのだ。

たとえ独房の中でも、囚人は「照明による警備から逃れることはできない」とケンは書いている。[24]

僕たちはケンとカレンの小さな石造りの家から北へ向かって歩き、民家をいくつか通り過ぎた。一軒の明るい家の前では目を覆ったが、それから先は街灯ではなく月明かりを頼りに歩いた。「もし本当の暗闇を歩きたかったら、この小さな渓谷の中を歩くこともできるよ。ロバ道をたどって、丘のふもとまで下っていくんだ」

僕は「大賛成です」と答えた――もちろん、ピューマ次第だが。

実はそのちょっと前に、僕はケンがセンサーカメラで撮ったというピューマの写真を見せてもらっていた。「トゥーソンでフィルムを現像したんだが、出来上がった写真を取りに行った妻が聞いてきた。『もう一度聞くけど、これはどこの写真ですって?』。だから僕はこう答えた。まさかと思うけど、そのピューマはうちから一〇〇メートル足らずの場所にいたんだよってね」

渓谷へ下りていくにつれて、星々は頭の真上にしか見えなくなり、茂みや木々に取り囲まれていくうちに、闇が四方を支配していく。僕はケンの後ろを決して離れないように歩いた。風がジュニパーの木々のあいだでヒューヒューと唸り、ブーツが砂利の上でザクザクと音を立てる。

そのとき考えていたのは、アルド・レオポルドの『野生のうたが聞こえる』に収められた「エスクディーア」というエッセイのことだった。題材になったエスクディーアとは、ここからさほど遠くないところにある山で、政府の仕掛けた罠によってその多くが殺されるまで、ハイイログマの生息地として知られていた。[25] 初めてこの作品を読んだとき、アルバカーキに住んでいた僕は、はやる気持ちを抑えて車に乗り込みエスクディーアに向かった。たっぷりの孤独とアリゾナ南部特有の山の美しさをたたえた田舎道。人っ子一人見当たらず、マツとアスペンのあいだをすり抜けていくのは、僕と愛犬のルナ、そして友人のレイチェルだけだった。あのときの僕は、もしもハイイログマが同じ山にいたとしたらどんな気持ちになるだろうと考えたものだった。

「そう」、ケンは言う。「こちらからは見えないけれど、あちらからは丸見えだからね」

人間は恐怖心から夜を過剰に照らして、暗闇の価値を見ようとしないばかりか、恐怖の存在意義をも見落とそうとしている。なにも、渓谷に架かる橋からバンジージャンプをしろとか、町の犯罪多発地帯で危険なことをしろと言いたいのではない。それでも、ハイイログマのいた道やピューマのすむ渓谷を歩いたり、満月を探しに出かけたり、美しい夜の街をぶらついたりするときの恐怖は、僕たちを生き生きとさせ、閉じた目を開かせてくれるような気がするのだ。

英雄が長い旅に出発し、暗い場所や暗い時間帯を経験するという神話は、数え切れないほど多くの文化で見つけられる。たとえばギリシャ神話で言えば、英雄ペルセウスがゴルゴン三姉妹のメドゥーサを退治しに行く話がそうだし、それ以外にも、暗闇を経験する価値について同じようなメッセージを伝える話は無数に存在している。人間の手本となるべき彼ら英雄は、恐怖を感じなかったのだろうか？　僕はペルセウスだって怖かったと信じて疑わないし、他文化に伝わる英雄たちもそうだったと確信している。そうでなければ、どうして彼らの話を信じることができるだろう？　彼らに倣う理由がどこにあるだろう？　恐怖を感じない英雄の話から、自分自身の、嘘偽りない、いま目の前にある、怖いものだらけの人生について、何を学べばいいのだろう？　僕らは照明を使って恐怖を締め出そうとしているが、恐怖を締め出すことによって、生きる実感をわずかに失っているのではないだろうか。

「恐怖のない自由を得てしまったら、人生は味気ないものに違いない」とは、レオポルドが『野生のうたが聞こえる』に記した言葉である。

電灯によって僕たちは驚くほど自由になり、日が沈んでからも長い時間、仕事をしたり遊んだりできるようになった。電灯がなければ、いまのような安全と治安が享受できなかったことには、誰も異論はないだろう。だが、照明の後ろに身を隠すことで犠牲になっているものが、何かしらあるようにも思えるのだ。

「人間は小さな檻の中、自分自身で作り上げた小さな刑務所の中に住んでいる」。すぐそこでしゃべっているはずのケンの顔が、僕からは見えない。「そして閉じ込められると、人は自由を夢見るようになる」。彼が夢見ていたのは、たったいま満喫している自由――闇に包まれた野生の渓谷を歩くことなのだろう。「そこに自分を飲み込んでしまうものがなければ、本当の大自然ではない、僕はそう思うんだ」

三日月が沈みゆく暗い夜に、僕は恐怖心を抱きながら大自然へと足を踏み入れる。やがて静かに立ち止まると、体の内奥からかすかな血のざわめきが聞こえてくる。逃げる準備はいつでもできている。それでも、僕はこの場所にいることをありがたく思う。そして僕をここに導いてくれたものたち、星々、ピューマ、暗闇、友人のことを思って、胸が熱くなった。

6　体、眠り、夢

夜勤というのは、経験者以外にはなかなか理解できない、まったく異質な生活形態です。私たちがどれほど疲れきっているか、ほとんどの人は知ることがないし、知りたいとも思わないでしょう。

——マシュー・ローレンス（2011）

自然の闇が広がる砂漠の渓谷から遠く離れた場所で、かつてないほど多くのアメリカ人が、ますます人工照明に依存するようになっている。マシュー・ローレンスを含む二〇〇〇万人のアメリカ人——その数は年々増え続けている——にとって、夜勤の苦痛は日々の現実だ。もちろん、すべての人がローレンスのように午後一一時から午前七時まで働いているわけではない。だが彼らはみんな、昼に働く人が普通ならベッドに入っているか、少なくとも家にいる時間帯に仕事をしている。

夜勤経験者が次々と体の不調を訴えている現状に、科学者たちは懸念を強める。この状況は、人間と人工照明や暗闇との関係を、根底から変える可能性を秘めているからだ。たとえば、世界保健機構（WHO）の国際がん研究機関（IARC）は、夜間勤務ががんにつながる可能性を認めており、複数の研究者たちは、夜の仕事と糖尿病、肥満、心臓疾患などの病気に関連性を見出している。そして現在、先

進国に住むほぼすべての人が、夜間の電灯照明による影響を潜在的に受けていると考えられる。(1)

僕たち人類は、明るい昼と暗い夜の繰り返しを経験しながら、数百万年にわたって進化を続けてきた。しかしここ一世紀ほどのあいだに、その古くからのリズムは突如として乱れてしまった。夜間に働く人々は電灯に常時照らされているし、ただ夜に外出するだけでも、僕たちはいたるところで街灯、駐車場の明かり、懐中電灯、ネオンの光にさらされる。家では、目を閉じるその瞬間まで（多くの場合はそのあとも）、テレビ、パソコン、タブレットなどの光がつきまとう。

夜中にこうした光を浴びることは人体に重大な影響をおよぼしかねないと、科学者は警告する。(2) 例として、睡眠、というよりも睡眠不足について考えてみよう。睡眠医学を専門とするハーバード大学医学大学院のスティーヴン・ロックリーは、次のように説明する。「目下のところ、健康を脅かす危険因子として、私たちは食事、運動、喫煙、アルコールを気にかけています。でも睡眠不足がおよぼす影響をきちんと学べば、それがすべての危険因子を上回ることがわかるでしょう」。アリゾナ大学のルビン・ナイマンは、いまや睡眠障害はほぼ間違いなく「産業社会における最も一般的な健康不安」であり、誰にでも起こりえる問題だと主張している。では睡眠は、人工照明や暗闇とどんな関係があるのだろうか？　ロックリーは「すべての大病には睡眠不足がある程度関与している」と言っているが、その指摘は「睡眠が短いということは光に当たる時間が長いことを意味する」という事実と密接に関連している。

長時間にわたって光を浴びること、言い換えれば、夜に電灯をともす、また時には一晩中その光の中にいる状況は、すでに現代の生活では当たり前の光景になっている。とはいえ、それが健康に与える影響を僕たちが理解し始めたのは、ごく最近のことだ。[3] 一九八〇年頃までは、人体は電灯の影響を一切受けないというのが医学の常識だった。しかし新たな研究は、人間は夜間照明に影響されないどころか、極めて敏感だということを示唆している。実のところ夜間照明は、睡眠を妨げてサーカディアンリズム〔約二四時間を周期とする体内リズム〕を乱したり、メラトニンという睡眠ホルモンの生成を阻むなど、人体に古くから備わっている機能に対し、マイナスの影響を劇的におよぼす力をもっているのだ。「夜に光を浴びるというのは、まったく不自然で異質な行為です」というロックリーの言葉を、僕たちは次第に理解しつつある。「脳はそれが日中だと勘違いします。なぜなら私たちの脳は、夜間にそれだけの量の光を処理するようには進化してこなかったからです」

夜の変化はあまりにも急激で、あまりにも最近の出来事だ。だから、僕たち――とくに夜間勤務者たち――が自分の体を使って進めている壮大な実験の結果は、ようやく現れ始めたばかりである。アメリカをはじめ世界各地でサービス産業が爆発的に成長した過去二〇年間に、ますます多くの人々が夜の勤務に従事するようになった。レストラン、コンビニ、工場などは、雇用者の利益のために夜遅くまで営業し、警察や病院は、市民の安全のために二四時間休みなく働くことを社会から要求されている。

先進諸国では現在、労働人口の二〇パーセント近くが夜の仕事をしているという。夜間勤務者のなかには自らを夜型と認めている人たちもいるが、「個人的な好み」で夜の仕事に就いた者は、全体の一二パーセントにも満たない。「育児や介護に都合がいい」という理由は八パーセント、「給料が高い」という理由は七パーセントだ。彼らの圧倒的多数は、しかたなく夜のシフトを引き受け、そうすることで、自分自身を肉体的、精神的、感情的な苦痛にさらし、病気になる危険まで冒している。時に人々の安全のために、しかしそれよりも便利さの追求のために、主として労働者階級に属する非常に多くのアメリカ人が、僕たちの照明依存症のツケを支払わされている。

夜に働く人々

マシュー・ローレンスと初めて言葉を交わしたとき、彼はウェイクフォレスト大学が近頃取り入れた清掃員のための新しい就業システムについて教えてくれた。他校でもよく採用されているそのシステムでは、各清掃員が建物全体の清掃作業に責任をもつのではなく、たとえばこの人は「掃除機専門」、この人は「トイレ専門」というように、ひとつの作業を繰り返し行うのだという。ローレンスは責任者として、それぞれの新しい役割が「単調な業務ではなく、ひとつの専門職」とみなされるよう尽力している。「本物の専門職だと思ってもらえるようにしたいんです。これこそ真の技術、評価されるべき業務、自己を高め前進する手立てだというふうに」。とはいえローレンスは、清掃員の仕事が「見放された職業」であることも認めている。僕が「一晩中同じことばかりしているのは退屈ではないですか」と尋ねると、「ええ。だから私は責任者を選んだんですよ」と冗談めかしたが、そのあと少し間を置いてこう答えた。「退屈なだけじゃなくて、げんなりすると言ってもいいでしょうね。だって、現場に行って誠心誠意きれいに掃除したとしても、次に戻ってきたときには学生たちがめちゃくちゃに汚している。次の夜にも、学生たちは懲りもせずその場を汚している。そんな毎日ですから」

次の火曜日、僕はその会話を思い出しながらキャンパスへと車を走らせていた。再びローレンスに会うためだ。時刻はもう少しで午後一一時。こんな時間にキャンパスへ向かうのは、とても奇妙な感じがする。いつもなら、ちょうどベッドに横になろうとしている時間だからだ。キャンパスですれ違う人々はみな、これから家に帰ってゆっくりと眠るのだろう。しかし、ローレンスや休憩所に集う十数名の清掃員たちは、そういうわけにはいかない。たったいま目覚めたばかりといった面持ちのまま、重い足どりで部屋に入ってくる姿は、仕事が始まるのはこれからだというのに、すでに疲れきっているように見える。実際、彼らの大半は、二、三時間の仮眠から目覚めたところに違いない。ローレンスは、夜通し働くことに満足感や喜びを感じると言っていた（「キャンパスを支配しているような気持ちになりますよ！」）。だが僕はむしろ、彼がふと漏らした肉体的苦痛の方に興味を引かれた。

「かれこれ五年間、慢性的な頭痛とつきあっています」とローレンスは言う。「疲れが極限に達するときもありますから、その対処法を学ぶことが大切です。たとえば、呼吸のしかたもそのひとつでしょう。昼間に働いている人たちは、何の支障もなく息をしていますから、そんなことは考えもしません。だけど、とことん気を張って一晩中動き回ろうとするなら、呼吸法や手足の動かし方から身につけないと。そして時おり本当に疲れきってしまったら……ベッドに横たわった途端にレム睡眠が訪れます。そこで私は幻覚のような奇妙な夢を見て、一時間後にはマラソンでもしてきたみたいに、汗をかき、心臓をバクバクいわせながら目覚めるんです。これが健康にいいわけがありませんよね」。また、清掃員たちについては次のように述べている。「ぼろぼろですよ。この生活が一番性に合っていると言う者も一人二人はいますが、多くにとってはとても辛いだけです」

この話を聞いたあと、僕は自分が抱く夜への愛情についてローレンスに語った。僕が愛するのは自発的な夜だ。自由に夜更かしもできれば、自由に寝ることもできる。しかし……。

ローレンスが微笑みながら遮った。「自由がきかなかったとしたら？　それはまた別の話でしょうね」

キャンパスを巡回するローレンスの後ろをついていくと、そうした「別の話」をたくさん聞くことができた。まずは、一三年間深夜勤務を続けているというベテラン、ジョーの話だ。深夜の仕事はどうですかと聞くと、ジョーはため息をついた。「どうかって？　まあ悪くはないよ。なんせ仕事だからね。音楽を学んで聖職者になるための勉強もしてきたけど、それじゃあ十分な金にはならない。考え方かな。闘うこともできるけれど、そういうものだと思って従うこともできる。午前中にアルバイトもしているので、昼の二時頃に寝て、九時頃起きる生活なんだ。世の中が大いに美しい午後を楽しんでるっていうのに、自分にはそれができない。仕事に行くために夜に目覚めたとき、何度も考えたよ。おい、冗談だろうってね」

シェリーはがっしりとした体格の五〇代の女性で、大学の清掃員として一八年間働いてきたが、夜勤をするようになったのはここ二年ほどのことだという。「本当に辛い」とシェリーは告白する。「最悪ね」。だがそのあとで彼女は、僕がその夜に何度も聞くことになるせりふ（諦めの度合いこそさまざまだが）を口にした――「でも慣れたわ」。この仕事で一番大変なのはどんなことかと聞くと、彼女は間髪入れずにこう答えた。「一番大変なのは、昼間に寝ること。私の睡眠はこま切れなの。家に帰ったらまず二、三時間寝るでしょ。それからいったん起きるんだけど、午後にもう一度横になるときが辛くて。

とくに日曜日は、家族がみんな集まっているっていうのに、いきなりベッドに入らなくちゃならないんだから。睡眠時間が確保できる金曜と土曜の夜はとても楽しみよ。ベッドに潜り込むのが楽しみ。そのときが一番ぐっすり眠れる。仕事が休みの夜は眠れないっていう人が多いけど、私は壊れたように寝てしまうの」

シェリーいわく、勤務中で最もきつい時間帯は午前二時から四時のあいだだという（「まさにそうです」とローレンスが付け加えた。「夜遊びをしていても、だいたいその時間にお開きになるでしょう」）。

「いつもどうやって乗り切るんですか？」

僕の質問に、シェリーはこう答えた。「やるべき仕事はたくさんあるから。辛いとばかり言っていられないじゃない」

なるほど、そうかもしれない。しかし、ハーバード大学医学大学院で睡眠医学を研究するチャールズ・ツァイスラー教授の意見はちょっと違う。ツァイスラーは、「夜の仕事をしている人に、疲れないよう命ずるのは無理な話だ」と述べているのだ。ところが今日では、残念なことに、その無理な話が当たり前のようにまかり通っている。現代は、飛行機、自動車、列車などの交通機関が夜通し動き続ける眠らない社会だ。そして、そうした交通機関における大惨事の原因、もしくはそれを危うく引き起こしかねない要因として、夜間勤務による疲れが挙げられるようになってきている。

例をほんの少し書き出してみよう。二〇一〇年、一六六名を乗せたエア・インディアの航空機が着陸に失敗し、八名を除いた全員が死亡した。調査委員は、仮眠から目覚めた直後のパイロットが「睡眠慣性」の状態にあったとみている。二〇一一年、ロナルド・レーガン・ワシントン・ナショナル空港に向かう二機の旅客機は、空港の管制官が勤務中に居眠りをしていたため、誘導を受けずに着陸した。その管制官は四日連続で、午後一〇時から午前六時の夜勤に就いていたという。ネバダ州では同年、トレーラーが列車に激突し、乗客八名が亡くなった。警察当局は、トレーラー運転手の居眠り運転を疑っている。二〇〇九年、フロリダの州間高速道路四号線沿いで一〇人が死亡した衝突事故では、数台の車両に突っ込んだ七六歳のトレーラー運転手がまったく休憩を与えられていなかった事実が判明した。睡眠不足、シフト勤務、睡眠時無呼吸症候群が入り混じったその壊滅的な状態を、捜査官は事故原因として非難している。推定では、およそ二〇〇〇万人のアメリカ人が夜の高速道路を走りながら居眠りをした経験があり、自動車事故の二〇パーセントはドライバーの睡眠不足に起因しているらしい。「ランブルストリップス」というスピード防止帯がよく路肩に設置されているが、その主要な目的を考えれば、むしろ「目覚まし帯」とでも呼ぶべきだろう。

「悲惨な列車事故は運転手の疲労が原因か？」というようなニュースの見出しが珍しくなくなってきた現状を受け、国家運輸安全委員会（ＮＴＳＢ）は、二〇一一年に機関士と車掌の命を奪った石炭列車脱線事故の報告書の中で、こうした問題に真っ向から取り組む姿勢を示すよう連邦鉄道局に呼びかけた。「人間の体は、不規則なスケジュールで仕事をするようにはできていない。サーカディアントラフのあいだはなおさらである」と述べたのは、ＮＴＳＢの委員長デボラ・ハースマンだ。「サーカディアントラフ」というのは、僕たちの体のエネルギーと敏捷性が最も低下する午前〇時から六時までの時間帯を指す（ウェイクフォレスト大学の清掃員たちによると、とくに午前二時から四時までがそれに該当するという）。三五年来のベテラン機関士チャックは、寝静まった町を危険物を満載して通過する貨物列車は、十分な睡眠時間のない疲れきった男が運転していると語っている。「勤務中にうたた寝したことがないと言い張る機関士がいたら、そいつは嘘つきに決まってる」[4]

僕たちの体に刻み込まれているサーカディアンリズムは、明るい昼と暗い夜が織りなす自然のリズムを通じて発達していった。そして疲労とは、実のところ、そのリズムが乱れたひとつの結果とも言える。サーカディアンリズムはおよそ二四時間の周期をもち（サーカディアンとは「おおむね一日」という意味）、睡眠・覚醒サイクルだけでなく、生理機能、行動、代謝に関する多くの側面をコントロールしている。そのなかには、ホルモン分泌、体温、血圧などの細かい生体リズムも含まれる。脳は、目の奥にある光受容体が受けた光の情報に基づいて、それらの生体リズムを調節する。何千万年ものあいだ、光の情報はもっぱら、太陽が出ているか沈んでいるか、もしくはいまの季節は何かということを伝えるだけのものだった。つまり、光は人間の体を目覚めさせる一方で、いずれ訪れる闇の時間（寝る時間）を体内時計に予測させる。だから夜に電灯にさらされると、体内時計が混乱をきたし、それによって生じる数多くの影響のひとつとして、疲労を感じる。

徹夜をしたり時差ぼけに苦しんだ経験があるなら、そのときの感覚こそ体内時計の乱れである。この感覚とたまに格闘するだけの人と、常に夜勤で働く人との違いは、後者は自らの体に繰り返しそれを経験させ、体内時計に自然のリズムを取り戻させる機会を与えないことだ。結果として生じる疲労だけでも大変なものだが、科学者たちはすでに、そうした疲労が夜間勤務者が苦しむたくさんの健康障害のひとつにすぎないことを突き止めている。「そのうえ私たちは、体内時計の構成をめちゃくちゃにしようとしています」と言うスティーヴン・ロックリーは、人間の各器官にはそれぞれ独自の時計があり、独自のリズムを刻んでいると説く。「要は、脳内には親時計、言ってみればオーケストラの指揮者のようなものがあって、体中のすべての器官が同じ旋律を奏でようとしているわけです。各器官は親時計に拍子を合わせてはいるものの、自分が正しく機能していることを常に確認するために、独自のリズムも失わない。このように連携して効率よく働くよう進化してきたシステムを崩してしまうのですから、体内時計を混乱させることはやはり有害な行為なのです。このシステムを引っ掻き回すことで、さらに事態は悪くなるでしょう」

さらに悪い事態とは？　どうやらそれは、列車やトレーラーや船の衝突事故、スピード違反のトラックや自動車の横転といった、疲労やそれに伴う眠気が原因の事故だけではすまないようだ。ハーバード大学疫学教授のエヴァ・シェルンハマーは、さらに以下の事柄を付け加えている。「心血管系リスク、消化性潰瘍、妊娠率の低下のみならず流産率の上昇、薬物乱用やうつ病の増加……異常な食習慣が招く体重増加……。これらの現象はすべて、シフト勤務者から報告されているものだ[5]」

なかでも最もリスクが高いと考えられるのは、夜勤と日勤を周期的に繰り返すシフト勤務者だ。シフト勤務では、就寝時間が昼になったり夜になったりするため、体が順応する時間を与えられず、新しいスケジュールにサーカディアンリズムがなかなか同調できない。では夜勤だけなら安心かと言えば、そういうわけでもない。夜間勤務者が休日に早寝早起きをすると、たいていの場合サーカディアンリズムを余計に狂わせてしまうからだ。ハーバード大学のロックリーは次のように述べている。「体内時計は素早い順応ができず、一時間を調節するために約一日を必要とします。つまり、日勤から夜勤に変わり、出勤時間が一二時間ずれるとしたら、完全に順応するのに少なくとも一二日を要するわけです。またその後、夜勤から日勤に移行すると、元に戻るまで再び一二日かかる。もちろん、一二日連続で夜勤をする人はめったにいません。普通は休みの日があって、休日になると彼らは昼の生活を取り戻そうとするのです」。その結果、「原則として、夜勤者が夜型の生活になじむことは決してない」のだという。

ゆえに夜間勤務者は、生理的に眠くなる「生物学的な夜」に起きている場合が多くなる。それがどういうことなのか、ちょっと考えてみる価値はありそうだ。生理的な睡眠に誘い込まれることは、本人の意思ではなく、克服しようと思ってできるものでもない。なんとか大量のコーヒーや栄養ドリンクをがぶ飲みして、元気を奮い起こし、神経を集中させれば数時間は起きていられるかもしれないが、結局のところ、眠気に勝るものはない。

そして、睡眠への欲求と毎晩闘っているうちに、僕たちの体は必ず悲鳴を上げる。(6)

「どうしてこの仕事をしているんですか、なんて質問は野暮でしょうね」。最初の取材が終わったあと、僕はローレンスに尋ねてみた。

「まあそうでしょう。みんな、この経済状況ではどうしようもないと思っていますから。でも、ほとんどの人は、家族や家庭生活のために頑張っているんです」

同じようなことを何人かの清掃員が言っていたのを耳にした(ローレンス自身もその一人で、夜を徹して働くことについてはこう断言している。「気に入ってますよ。私の知る限りでは、いまのところ家族のニーズをすべて満たしてくれる唯一の生活手段ですからね」)。とくに女性にとっては、日中家族と一緒に過ごせる点が、夜間勤務を選ぶ主な理由になるらしい。ある女性はこんな話をしてくれた。「体にとっては大損害です。私はこの仕事を始めてから一四キロも痩せました。太っていたわけじゃないのに。体がくたくたに消耗しきった感じですよ。でも私には家族がいます。だから、週末には普通の生活をするように心がけているんです」

「もう慣れましたか？」

「永遠に慣れないでしょうね」

皮肉なことに、夜勤に従事する女性は、日勤だけの女性よりも、はるかに厳しい形で仕事と家庭の板挟みにあっている。妻や母が日中に家にいるというのは、家族にとって都合がよいと思われがちだが、夜間勤務者の配偶者はほとんど昼間に働いているから、夫婦で過ごす時間は劇的に短くなる。たとえ二人で過ごせたとしても、夜勤をしている妻や夫はたいてい疲れきっているだろう。「あまり会っていないから、旦那は私たちがうまくいってると思い込んでいる」と教えてくれたネバダ州の看護師のように、冗談まじりに話してくれる人もなかにはいるが、「なかなか厳しい状況だ」という告白を聞くことの方がずっと多い。

「六五年間、朝から夕方まで働いてきたよ」と言うのは、白髪混じりのシングルタリーという男性だ。「だけどいまは転身して、深夜勤務だ。どうして深夜勤務が墓場のシフトと呼ばれるのか、ようやくわかったね。誰もが寝静まった頃に、自分はパッチリと目を開けている。食習慣なんてあったもんじゃない。いまは朝食もなし。私が帰宅する頃には、妻はもう出勤しているからね」。シングルタリーを見ていると、祖父を思い出す。年のせいだけではない。何か言い終わるごとにかすかに微笑む仕草が祖父にそっくりなのだ。彼はすぐそばに立っているローレンスと僕が目に入っていないのか、独り言のように疑問を口にした。教会や地元のサッカーグラウンド、そして自分の家の庭を手入れする時間を、どうやって見つければいいのかな？

「もう寝るのを諦めるしかありませんね」と僕は冗談めかして言った。

「どうにかしなけりゃ」、シングルタリーはため息をついた。「どうしていいのかわからないな」。その声はだんだん小さくなっていく。「神様がここから抜け出す方法を示してくださるだろう。神様が、きっと……」

この大学で夜間に働くほかの多くの清掃員と同じように、シングルタリーはアフリカ系アメリカ人である。では、地元のピーナッツ工場で午後五時から午前五時までの勤務を数年間続けたから「慣れっこだ」と教えてくれた清掃員は？　アフリカ系アメリカ人だ。一八年間、一日二、三時間しか眠らない生活を続けてきたという女性は？　アフリカ系アメリカ人だ。「深夜勤務に向いてない人間もいる」と率直に教えてくれたのは？　アフリカ系アメリカ人だ。僕はその男性に、深夜勤務とはどんな感じがするものなのかと尋ねてみた。彼は間を置いてから答えた。「深夜に働いたことはあるかい？　ないなら、説明したってしょうがない」

これこそがまさに、夜勤に関して伝えておくべきもうひとつの真実である。つまり、特定の層に属する人々が、ほかの層の人々よりも大きな負担を負っているのだ。たとえばアメリカではアフリカ系アメリカ人の二〇パーセント近くが夜間に働いているが、この割合は、白人、ヒスパニック、ラテン系、アジア系住民のものよりも高い。加えて、実質的に投票権を奪われている人が多く住む貧しい地区のほとんどは、犯罪防止の目的で夜も明るく照らされているし、貧困にあえぐマイノリティーばかりが、ますます増加する深夜職のポストにあてがわれていく。あふれる夜の電灯と、絶えない健康問題の関連性を科学者たちが認めるなか、夜間の勤務は、新しい公衆衛生問題として特定層の人々に降りかかり、ほかの層の人々よりも直接的な形で彼らを苦しめるのだ。(7)

ローレンスに別れを告げたのは、午前一時半近くだった。朝七時に起きていつもどおりの勤務をこなしていた僕は、その時間にはとても疲れていて、自分の質問にも清掃員たちの答えにも集中できなくなっていた。あくびをこらえることもできず、大きな口を開けるたび目に涙がたまる。知り合いの看護師の話が頭をよぎった。彼女は夜勤明けに車で帰宅するとき、自分のポニーテールをサンルーフに挟み込むという。居眠りしそうになったら、頭が引っ張られるようにするためだ。

がんと人工光

疲労感、肥満、糖尿病、心血管系リスク、流産率の上昇、薬物乱用、うつ病……。いま挙げたものは、夜勤が引き金となって生じると考えられている健康被害のほんの一部である。どれもが深刻な問題だが、それ以上に多くの人に恐れられているのが「がん」だ。そして、がんについて考えると、僕たちはまたしても夜の光にたどり着く。(8)

ここ二〇年ほど、「夜の光」と「がん」の関係を強く訴える研究結果が数多く発表されてきた。とくによく取り上げられるのは、ホルモンの影響が大きい乳がん(9)や前立腺がんだ。ここで言うホルモンとはメラトニンのことで、暗い場所にいるときだけ生成されるこのホルモンは、がん細胞の成長を抑えるのに重要な役割を果たしているが、夜の光によって生成が妨げられ、抑制されてしまうのだという。夜の光と言っても、月明かりや星明かり、ろうそくや炎が放つ光は、脳を混乱させられるほど明るくはない。それができるのは、電気による光だけだ。

たとえば、夜中に目が覚めてトイレに行ったとしよう。そこで電気のスイッチをつけると、メラトニン生成は中断される。あなたはトイレの明かりだとわかっていても、脳内の松果腺が「日光だ！」と思い込むからだ。僕が話を聞いた科学者のなかには、夜の光ががんの原因だと進んで認める人はいなかった。そう断言するには、データも議論もまだ足りないのだろう。しかしそれでも、これまでの研究は、あるはっきりとした方向を示しているように思える。

「夜の光」と「がん」の関係性について初めて指摘した論文は、一九八七年にリチャード・スティーヴンスが発表したものだ。スティーヴンスは、ワシントン州リッチランドの自宅アパートで夜中に目覚めたとき、文字どおり「光明を見出した」という。「入り込んできた街灯の明かりで、新聞が読めてしまうことに気づきました。たまたま、光とメラトニンについて研究している知人が市内にいるのを知っていましたし、別の知り合いがシアトルでホルモンと乳がんの研究に携わっていることも思い出しました。それがそもそもの始まりです。夜の照明ほど産業社会の特徴を示すものがあるだろうかと、そのときにひらめいたんです」

この瞬間からスティーヴンスは、夜の照明が乳がんに影響するという理論を発展させていき、次のように説いた。「夜を照らすためにますます電気を多用することが、サーカディアンリズムの混乱を招く。

これは、乳がんという現代病のひとつの引き金となり、新興国においてはとくに問題となっている」。スティーヴンスはまた、この理論から二つの重大な予測を導き出している。シフト勤務に従事している女性は、人工照明に一晩中さらされるため、より高いリスクを負っていること。そして反対に、目の見えない女性はそれだけリスクも低めだということだ。どちらの予測も、今日に至るまで支持され続けている。

スティーヴンスの理論が発表された当初は、それを支持する声よりも、懐疑的な意見の方が目立っていた。[10] しかし二〇〇一年には、彼が著者の一人としてジャーナル・オブ・ザ・ナショナル・キャンサー・インスティテュート誌に発表した二つの論文で、「夜勤歴をもつ女性が乳がんを発症するリスクはかなり高い」ことが論証された。スティーヴンスはこの出来事を、夜間の照明と乳がんの関係を語る上での転換点と捉えている。

その後、重要な発展が二つあった。ひとつは、メラトニンの血中濃度の高さが、腫瘍の増殖抑制に劇的な効果をもたらすと実証されたこと。もうひとつは、メラトニン分泌が最も抑制される光の波長が正確に示されたことである。

前者については、デイヴィッド・ブラスクが二〇〇五年に革新的な研究結果を発表している。暗い夜に採取した人間の血液（メラトニン濃度が高い）を、人間のがんを移植したラットに注入したところ、がんの増殖が抑えられたが、逆に、日中もしくは夜に光を浴びてから採取した血液（メラトニン濃度が低い）を注入すると、がんの抑制効果はまったく見られなかったというものだ。ここから、夜間に光を浴びてメラトニン分泌が抑制されると、がんを発症させたり、すでに腫瘍があった場合はその成長を速めたりする可能性があることがわかった。スティーヴンスはこれについて、「夜の光が乳がん細胞の増殖に影響するかどうかを調べるために行う、倫理的に許される実験のなかでは、女性の体を直接用いる実験に最も近い」と説明している。

このブラスクの研究に先立つ二〇〇一年、ジェファーソン・メディカル・カレッジのジョージ・ブレイナード率いる研究チームが人間を対象に実験を行ったところ、メラトニン生成に最も影響を与えるのは、ブルーライト〔青い光〕であることが判明した。また翌年、デイヴィッド・バーソンらブラウン大学のチームは、これまで光を感知しないと考えられていた網膜神経節細胞層に、新しい光受容細胞が存在することを突き止めた――実に一二〇年ぶりの大発見である。この新しい細胞をシャーレに分離して実験したところ、これもまたブルーライトに最も激しく反応することがわかった。

人間の目は数千年前から考察の対象になってきたため、目が光をどう察知するのかを含め、何もかもわかっているように思いがちだ。たとえば、基本的に光を受け取る経路はひとつきりで、それは視覚に欠かせない桿体細胞と錐体細胞だというのも、信じられてきたことのひとつだ。しかしブレイナードらの実験結果は、この認識と矛盾していた。新しい細胞がブルーライトに強く反応するということは、視覚とは別の、サーカディアンリズムに関連するまったく新しい光の検出システムがそこにあることを示唆していたからだ。事実、新しく発見された細胞は視覚とは無関係であることが突き止められた。この細胞は「内因性光感受性網膜神経節細胞（ipRGC）」と呼ばれ、光の検出に専念して時刻や季節を判断し、その過程でサーカディアンリズムを調整する役割を担う。

ブレイナードは、「どんな種類の光もメラトニンを抑制できるが、青い光の波長は、特別な効果をもってメラトニンの放出を遅らせる」という事実を発見した。なお、新しい光受容細胞の感度が最もよくなる波長は、約四八〇ナノメートルだということがわかっている。これはよく晴れた朝の青空の波長と同じであり、この細胞が昼と夜を見分ける機能をもつように進化してきたのだとすれば、まったく理に適っていると言えるだろう。

問題は、パソコンやタブレットの画面、建物内外の照明など、世界中でブルーライトがますます使われるようになってきたことだ。実際、昨年だけで一五億台以上のパソコン、テレビ、携帯電話が出荷されたし、白熱灯は、エネルギー効率はよいが青みがかった光を放つLED照明に取って代わられるようになった。そして残念ながら、夜間のメラトニン生成に最も直接的な影響を与えるのは、まさしく現代社会に増え続けるこの青い光の波長なのだ。

これらの因果関係が真実だと証明されたなら――たとえば、科学者たちがその原因究明に頭を悩ませ続けている乳がんと、パソコンやテレビから夜間に発せられるブルーライトが関係しているとしたら、その影響は甚大なものになるだろう。アメリカ国内だけでも毎年二〇万人の女性が乳がんと診断され、そのうち約四万人が命を落としている。リチャード・スティーヴンスは、「乳がんの二〇～三〇パーセントは、それが原因だという可能性があります。あくまでも可能性ですが」と言い、ブレイナードも「光に起因しているのが乳がん症例のたった一〇パーセントだったとしても、私たちが学んだことは何万人もの女性を助けることができる」と賛同している。

ブルーライトに関するこうした新しい発見は、いつの日か僕たちの生活のあり方に変化をもたらすかもしれない。しかし研究者たちが警告するように、結局のところ、問題の本質は光の種類ではなく、光が存在するという事実である。スティーヴン・ロックリーは次のように述べる。「一部の人たちは、明かりが一晩中ともっているのを心配するのではなく、照明の種類ばかり気にかけています。論点がずれているんです。青色LEDや白色LEDがあって、そうではない照明もある。でもそのどれもが、夜には明るさを減じなければなりません。私たちは、LEDに変えることで照明の問題が生じると考えがちですが、そうではなくて、問題はもうそこにあるのです。すでに夜は暗くないのですから」

サーカディアンリズムの乱れに最も苦しんでいるのは夜間勤務者だが、産業社会に生きる誰もが、夜の照明にさらされることで何らかの影響を受けている可能性がある。たとえばハーバード大学のシェンハマーは、夜間勤務をする女性だけではなく、女性一般のメラトニンの血中濃度が低くなっていることを指摘している（男性もしかりで、別の研究は夜の光と前立腺がんの増加率を関連づけている）。僕たちは、夜間に働いていない場合でも夜遅くまで活動し、夜の光に身をさらしている。そんなふうに生きるように進化していないにもかかわらずだ。

そこで気になるのは、サーカディアンリズムを乱し、メラトニン生成を抑制するのに、どれだけ多くの光が必要なのか（もしくはどれだけ少ない光で十分なのか）ということだ。自宅や寝室であっても、僕たちの身は危険にさらされているのだろうか？　寝ているあいだに窓の向こうから、もしくは閉まったドアの下から差し込む人工光に当たるだけでもリスクがあるのだろうか？　ベッド脇のスタンドやパソコン画面、タブレットのディスプレイが発する光の明るさが脳で検知され、メラトニン分泌を抑えることはすでに論証されている。だが、研究者たちが釘を刺しているように、光害と健康を結びつける直接的な証拠はまだ出揃っていない。

これらについて尋ねると、スティーヴンスは大きく頷いた。「一九八〇年まで、人体はそのようにとらえられてはいませんでした。どんなに明るくても、メラトニンリズムが夜の光に影響されることはないと信じられていたんです。そして一九八〇年、サイエンス誌にすべてをひっくり返すような論文が掲載されました。その研究で用いられたのはとても強い光でしたが、それ以降、体内のメラトニン分泌を抑制すると考えられる光の量はどんどん引き下げられています。とはいえ、街灯の光にしろ何にしろ、ごく弱い慢性的な光がどんな影響をおよぼすのか、私たちにはまだわかっていません」

夜の光に浸かって生活する僕たちは、それがもたらす健康上の影響を理解し始めてもいない。たいていの人は光の洪水に慣れすぎて、何の疑問も感じないのだ。けれども、夜の電灯ががんの原因になる、または少なくとも悪影響を与えると明言することができたなら、状況は一変するだろう。現在わかっていることを前提にした場合、このような関連性が存在すると考えるのは妥当なのかどうか、ハーバード大学のロックリーに聞いてみた。

「妥当だと思いますよ。ただ、私が科学者として報告できるのは、実験に基づいた発見のみなのです。そのような実験はまだ行われていないから、『可能性がある』とか『ありえる』という言葉を使うしかありません。しかし、明白な臨床実験の結果がなくても、シフト勤務に関する多くの研究や検査データは、関連性があると信じさせる優れた証拠となっています。シフト勤務ががんを引き起こすということが、実際に疑いの余地なく証明されない限り、WHOの専門機関は、シフト勤務を最高でも『おそらく発がん性がある』という『グループ2』に分類せざるをえないのです」

もちろん、がんの原因として明らかなものもある。たとえば、中皮腫の主な原因がアスベストであるのは疑いがなく、それゆえWHOはアスベストをグループ1（発がん性がある）に分類している。またグループ2には、シフト勤務のほかにも、ディーゼルエンジンの排気ガスと紫外線が含まれていたが、後者の二つは最近になってようやくグループ1に引き上げられた。

シフト勤務をグループ1のリスクと断定できないのは、その影響を正確に測定する検査が実施不可能だからにすぎない。一方紫外線は、皮膚がんとの関係が十分に認められていて、世界の日焼け止め業界に六億五〇〇〇万ドルほどの恩恵をもたらしている。とはいえ、「紫外線を人体に意図的に浴びさせてがんになる可能性を調べるのは、倫理的とは言えないでしょう」とロックリーは述べる。「窓から射し込む人工光が体によくないことがたったいま証明できないからといって、わざわざ光に当たることはないのです。危険を冒す必要がどこにありますか？」

救急救命室の夜

ミネソタ州セントポール市北部の郊外。州間高速道路六九四号線を降りた僕は、煉瓦造りの病院を目指していた。暗闇の中に「Emergency（緊急）」という真っ赤な文字がおどっているのを確認し、駐車場に車を停める。高圧ナトリウム灯のオレンジ色の光の下で、女性が男性の乗った車椅子をガタガタと押しているのが目に入る。隣の車には二人の若者。開いた窓からは激しいデスメタルが流れてくる。待合室へ入ると、柄入りワンピースから青く腫れ上がった足首をのぞかせた患者が順番を待っていた。ピカピカの床からは新鮮なアンモニア臭が漂い、片隅では一〇代の女の子が三人、クスクスと笑い声を漏らしている。受付にいる金髪の小柄な女性が、電話を受けたり点滅するボタンを押したりしているあいだ、二人の大柄な男性警備員は、ぴっちりした制服のお腹を揺らして歩きながら、トラブルがないか目を光らせている。

夜勤の看護師と乳がんを関連づけた研究論文を読むようになってから、いつかER（救急救命室）を訪問したいと考えていた。夜間に働くとはどういう感じがするものなのか、また、僕が読んでいるような研究の存在を知っているのか、看護師に直接聞いてみたかった。夜間勤務者と人工照明の影響に関するいくつかの有名な事例が、医療従事者に集中しているのは皮肉な話だと思ったし、大学の清掃員を取材したあとで、おそらく夜勤をするにあたってもっと選択の余地があった人たち、そして間違いなくもっと稼ぎのあった人たちと、ぜひとも会ってみたいと思っていたのだ。

やがてERのドアがサッと開いて、僕の案内役を引き受けてくれる看護師歴二〇年のミシェルが現れた。彼女はまず、僕をスタッフ用の休憩室へ連れて行き、上着を置くよう指示した。休憩室には、夜を快適に過ごせるように、コーヒー、スムージー、栄養ドリンク、ソーダ水、クッキーなどが用意されている。ERでは、ナースステーションと医師用のデスクを取り囲むように、一三の部屋が並んでいるそうだ（キリスト教的慣例により一三番目のベッドは用意されていない）。

白衣と運動靴といういでたちの人々が見入っているのは、コンピューターの画面だ。壁の天井近くにあるデジタル掲示板が、入院患者の病状をそれぞれ一から五にランクづけして追跡している。ミシェルいわく、一は「もう死にかけている」、二は「極めて重症」（胸痛もここに入るという）、三は「よくあるパターン」（つまり直ちに診察が必要な状態）、そして四と五は骨折やその他の軽傷なのだそうだ。この掲示板を見れば、何が必要でどんな処置がなされているのか一目でわかるとミシェルは教えてくれた。いまのところ、ランク一の患者はいないようだ。

四三歳のミシェルは二児の母で、ノルウェー人の血を引く金髪のミネソタ州民だ。ゆったりとした手術着に薄茶色のニットを羽織り、IDカードと聴診器を首から下げている。ミシェルは、夜に働くのが昔から好きだったと教えてくれた。「子供が生まれるまで、私は自他ともに認める夜型人間だったの。読みかけの本があったらもう夢中で一晩中起きていて、朝の五時半に新聞配達の音が聞こえると飛び上がったものよ。いつもフクロウみたいな生活だったわ」

夜型と自認する人は多かったが、ミシェルほど率直に打ち明けてくれた人はいなかった（「私ほどの夜好きは珍しいかも」と彼女は認めている）。それにしても、夜型とはどういうことなのだろう？　一晩中寝ないでいられるようなつくりの人間もいるのだろうか？　実は、夜型もしくは朝型という考え方は、あながち間違いではないことが判明している。体内時計の時間の長さは各人でいくぶん異なり、たとえば約二三・八時間周期の人もいれば、二五時間前後の人もいる。前者はどちらかと言えば朝型が多く、長めの周期をもつ後者は夜型の傾向があるという。

これには年齢も大いに関係しているようだ。古典的な例を挙げよう。一九歳の大学生が午前九時の授業に出席するには英雄的な努力を要するが、朝五時から起きていた五〇歳の教授が同じ授業に出るのは比較的容易である。ティーンエイジャーが朝の二時、三時、四時まで起きていたいのはごく自然なことだから、学校へ行かせるために彼らを朝七時に起こすのは、四〇歳の成人を毎朝三時に起こすのと変わりない——つまり、むごい仕打ちだ。とはいえ、夜型だからといって、徹夜のもたらす影響を免れるわけではない。「個人差もあります」とスティーヴン・ロックリーは言う。「なかには、ほかよりうまく適応する人たちもいるでしょう。でもそうした人だって、うまく適応できない人たちよりも、周期の乱れがわずかに目立たないというだけで、影響されていないわけではないのです。シフト勤務に完全に適応できるなんてことは、まずないんですよ」

「思っていることを正直に話してあげて」、ミシェルは僕にクリスを紹介すると、患者を診るためにそう言い残して席をはずした。「夜勤をするのはとても名誉なことだと思っているのよ」、薄いブルーの手術着を着た四〇歳の看護師クリスも、夜の仕事が好きだと言う。少なくとも、二週間前に勤務時間の変更を言い渡されるまでは。午後七時から午前三時半までのシフトが、午後九時から午前七時半に変わって以来、クリスは憂うつだ。「死んでしまうんじゃないかと思った夜もあったわ」。僕だって、そんなスケジュールを言い渡されたら確実にそう思うだろう。でも、すでに夜勤慣れはしていなかったのだろうか？ 「とても長いあいだ夜勤に就いてきたけど、思うにこの生活は神経をすり減らすわ。普通じゃないもの。たとえば私は糖尿病を患っているけど、もしも夜勤をしていなければ、もっとましな健康状態だったでしょうね。かかりつけ医がたしかにそう言ってる。まず正常な生活ではないし、体にいいとも思えない。一晩中起きていると、血糖値が上がったり下がったりするのがわかるの。そして、いつ薬を飲むのか……日勤者のように飲むのか、夜勤者のように飲むのか、それが大問題。そのほかには、意欲がガクンと低下するわね。ここ一〇年ほど、大学院に戻りたいって繰り返し言ってるような気がする。

日常生活は正常にこなしてるのよ。食器を洗ったり、洗濯をしたり、子供たちの送り迎えをしたり。忘れっぽくなったとは思わないけど、たくさんのことをするのは億劫に感じるわね」

「私は全然気にならないわ」、話に加わってきたのは、別の看護師マリリンだ。「私が夜勤を始めたのは、育児に好都合だったから。子供たちがまだ小さかったときね。いまはただ、こっちの時間帯の方が好きなだけ。昼間の睡眠も問題ないし、実際いまでは、夜よりも昼の方がぐっすり眠れるくらい。小さな子供はもういないけど」

「じゃあ、四歳児が家に火をつけるのを心配しなくてもいいわけね」とクリスは笑った。

「そう、おかげさまで」、マリリンも微笑んだ。「一日中犬たちと一緒に寝ているの。何も気にせずに。きっとそれに慣れてしまったのね。普通とは大きくかけ離れた生活だから、経験のない人には理解できないかもしれない。うちの子たちはそんな生活しか知らないから、ママが毎晩、毎週末家にいたとしたら、落ち着かなかったでしょうね。うちはいつもそんな感じだったのよ」

「私が夜に働くのは、その方が便利だから」とクリスは言う。「夜間勤務者にとって、お金はたいした動機ではないと思うの」

「まったくそのとおり。お金なんてどうでもいいのよ」

「あんたたち夜勤は日勤よりもたくさん給料をもらってるから、なんて言う人もたまにいるけど[11]」

「それが理由じゃないのよね」

「割に合わないもの」

「割に合わない」とマリリンはオウム返しに言った。「夜間勤務者はその時間に働きたいから働いているだけ。給料の違いを目当てにやっている人なんかいない。それは確かよ。だって真面目な話、それには見合わないから」

クリスが出ていったあと（今夜彼女は患者の重症度を判断するトリアージナースで、デジタル掲示板を更新しに席を立った）、夜勤のどこに価値を感じているのか、マリリンに聞いてみた。

「この雰囲気とか、夜に働く人たち独特の個性が好き。人数が少ない分、チームワークもいいのよ。昼間よりもゆったりしているし、管理職がそこらじゅうを駆け回ることもない。それに……」、彼女は続けた。「午前五時に起きて出勤する人たちってすごいと思う。朝の五時に起きるくらいなら、一晩中起きていた方がよっぽどまし。私は昼間に家にいて、ほかのみんなが仕事をしている時間に買い物をするのがとても好きなの」

さまざまな光の点滅や警告音、インターホンの呼び出し、押し寄せる問い合わせや要求の声が入り交じって、「夜のＥＲ」という音の情景が生み出されている。気がつけば、ここにはＢＧＭが流れていない。もちろん最初から期待していたわけではないし、あったとしても、どんな曲がふさわしいのか見当もつかないけれど。そんななか、どこかから女性の泣き叫ぶ声が何度も聞こえてくる。看護師や医師は誰一人気づいていないように見えたが、「頼むから黙ってくれ！」という男性のどなり声が響いた瞬間、マリリンは話を中断して静かに言った。「いまのは旦那さんだわ」

「もちろん、疲れを感じないわけじゃない」とマリリンは続ける。「多くの人が、夜勤を終えて初めて、自分がどんなにひどい状態だったかに気づくのよ。長年夜勤を続けている人たちがそう言うの。とにかく、私たちは起きて仕事に行かなくてはならない。本当は疲れていつもごろごろしていたいけど、一生懸命働かなければならない。つまり、私は二〇年間夜の仕事ばかりしてきて、夜勤をするから疲れるということは身にしみてわかっている。ただそれに慣れてしまっているだけなの」

同じようなことを、夜勤の方が好きだ、もう慣れてしまったという人たちから、たびたび聞いてきた。だが、フクロウのように夜更かしだとは言っても、しょせん人間は人間でしかない。夜行性の鳥とは異なり、僕たちは夜通し起きているようには進化していないのだ。ハーバード大学で睡眠医学を研究するジーン・ダフィーもこう述べている。「生物学的な違いをなかったことにはできません」

それでも人間は挑戦をやめない。

「私たちの食生活はひどいものよ」、マリリンは、夜間勤務者にとって最も手ごわい生物学的挑戦のひとつに触れた。「病院へ行って、最後の食事はいつですかと聞かれたら、その答えが『朝の三時に夕食を食べました』ですもの」

マリリンが仕事に戻ったので、今度は主任看護師のスティーヴに話を聞くことにした。彼の夜勤歴は三〇年以上で、ある看護師の情報によると、「夜勤をしていなかったら五〇キロは軽かったのに」という冗談を得意にしているという。そう、この夏六〇歳になるというスティーヴは、巨体の持ち主なのである。

「体重はたしかに問題だね」とスティーヴは言う。「ほぼ四〇年前にこの業界に入ったとき、私はガリガリの若者だった。ダイエットを続けるのは至難のわざだよ。コルチゾールのせいかわからないけど、夜勤が多くなるとしょっちゅう空腹感をおぼえるんだ。昼間に働いているときは平気なのに」

僕が話をした夜間勤務者のほぼ全員が、その難しさを認めている。暇なときは眠気を覚ますために食べるし、忙しければちゃんと食事をとる時間がないから、「ポテトチップスの袋でもなんでも」抱えて食べることになる。スティーヴと話しているあいだ、僕の来訪に花を添えるかのように、休憩室に置いてあるクッキーのトレイを警備員の一人があさっていった。

ハーバード大学のロックリーは、体内時計（この場合は代謝のリズム）をめちゃくちゃにする代表例として、真夜中の食事を挙げている。「朝の二時に食べるピザは、午後二時に食べるピザよりも消化不良のもとになりやすい。というのも私たちの体内時計は、夜中に消化反応が最大になるようには調整されていないからです。消化反応が最大になるのは日中です」。だから夜中に食事をすると、「体がまともに代謝することのできない時間帯に食べることになり、よって慢性的なインスリン、血糖値、脂質の上昇を招きます。これらは糖尿病や心血管疾患の危険因子であり、シフト勤務に従事している人は発症のリスクが高いのです」

僕が話を聞いてきた夜勤経験者は、ほぼ全員が疲労に悩まされていた。しかし、疲労は問題の一部にすぎないという研究結果が出ているのを知る者は、医療従事者を合わせてもほんのひと握りだ。時計の針がのろのろと午前一時を回る頃、僕はミシェルがデスクに戻ってくるのを待ちながら、アルバカーキの看護師キャサリンとの会話を思い出していた。僕は、夜勤のリスクについて同僚と話し合うことはあるのかと彼女に質問したのだった。

「いいえ」とキャサリンは答えた。「そんなこと誰も話題にしないわ。もっとも、空きがあったら日勤に変えてほしいって上司に頼むことはできるでしょうけど、夜勤をすると乳がんになるリスクが高いとかなんとか言ったら、上司は『はぁ？』って顔で私を見るでしょうね」

キャサリンは続ける。「この仕事に就いたら、夜勤を期待されるものなの。永遠にじゃない。でも看護の世界では、まず夜勤を引き受けることが文化の一部になっているのよ。そうやって年数を積み重ねていくうちに、日勤への道が開かれるというわけ。それが後々どう影響してくるかなんて、疑問に思ったことはないわ。病院看護の道を選ぶなら、職業選択の時点で必ず考慮に入ってくる問題だから。だからってリスクに気づかないでいいというわけじゃないのよ。ただこれは、仕事の一部なの」

キャサリンは、同業者から教えてもらった記事を読んで夜勤のリスクを承知しており、その点がほかの夜勤看護師と異なっていた。四〇代前半のシングルマザーでもあるキャサリンは、必死の思いで夜勤を続けてきた。「ここ数カ月はバランスを失ってますます辛かったわ。重心のずれてしまった洗濯機を見たことがあるかしら？　がたがたと、ただ不安定に激しく回り続ける洗濯機。何度もそれと同じような感じになるの。振り回されて、二度と正常なサイクルに戻れなくなるような気分にね。同時に、考え方を変えられたらって本気で思うけど、お金で納得できるようなものじゃなくて……だって本当にわずかな手当額だから。それで結局、もうぐちゃぐちゃ考えるのはやめようってことになる。だけど記事を読むと、ちょっとした情報に敏感になってしまって、だから私はこんなふうに感じるんだ、だから私はふさぎ込んでいるんだ、だからこんなに疲れきっていて、いつも何日も気分が優れないんだって思ってしまう。もはやお金の問題ではないのよ」

疲労の話が僕に染みついて離れない。その理由のひとつは、夜間勤務者と話をしながら、彼らの気持ちになろうと試みていたからだ——大学で清掃員の取材を終えようとした頃、大きなあくびが止まらなかったことを思い出す。だがたいていの場合、僕にできたのは、彼らの苦労話をただ聞くことだけだった。

「どう説明するのが一番ぴったりくるかしら?」と言うのは、もう一人の看護師ヘザーだ。僕は彼女が口にした「わけがわからない」という言葉の意味をもっと詳しく知りたかったのだ。「自分がここにいて何をしているのかいまはわかっていても、二時間後に振り返ってみると、『えっ? 自分がこれをやったの?』と思うことがあるの。思い出せないっていうか……ここにいるんだけど、完全にはいない感覚。たとえば、朝車で帰宅するのが恐ろしくてたまらない。家に着いたのはいいけど、どうやって運転してきたのか記憶にないの。これって、やっぱりまずいわよね」

キャサリンの場合、眠らないでいるために処方薬を持ち歩いていると教えてくれた。「このシフトが嫌いなもうひとつの理由はこれ。だって、眠らないために薬を飲まなければならないし、よく眠るためにも薬を飲む必要があるのよ。完全に疲れ果てているっていうのに。常に最悪だと感じるのは、車で家に帰ること。三〇分くらいの距離が、とても危なっかしく思えるの。何日かに一ぺんは、危うく居眠りしそうになるわ」

深刻な健康問題が生じている証拠が増え続けたら、夜勤体制は変わっていくのだろうか。変わるとすれば、どのような方向に進むのだろうか——ERで時を過ごしていると、そんな疑問がわいてきた。夜間勤務者へのニーズはたしかに存在するし、僕たちの社会はそれを要求してさえいる。「『あら、心臓発作で死にそうなの? ごめんなさい、当院の受付は午後一〇時までなんです』とは言えないでしょう？」とミシェルは言っていた。とはいえ、たんなる利便性や利益のために、夜間勤務者はどれほどの危険に耐えなければいけないのだろう？　管理者にとっては物事を片づけるための最も簡単な方法が、どのような結果をもたらしているのだろうか？　研修医が週二回の連続三〇時間勤務を強いられるといったような、時代遅れの伝統の代償は？

「おそらく、一九五〇年代の喫煙と同じ段階にいるのでしょう」とスティーヴン・ロックリーは言う。「五〇年代にも、タバコはよくないと思っている人がいないわけではありませんでした。ただその時点では、証拠が公にされていなかったのです。喫煙が肺がんを引き起こすという紛れもない証拠が示されたのは、それからわずか三、四〇年後のことでした。三〇年前には、公共の場で喫煙が禁止されるようになるとは想像もつかなかったし、そんなことを言ったら笑われたでしょうね。でもそれが起こってしまった。その原因となったのが、タバコを吸わない人におよぼす二次的影響です。自分がタバコの吸いすぎで死ぬのはかまわないけれど、その煙で他人の命を縮める権利はありません。だからこそ社会は、これらの『間接的な』リスクを法で縛るのが妥当と考えるようになり、私たちは全員それに従わなければならないのです。

人工光や寝不足についても同じことが言えます。ある人が吸ったタバコの煙でほかの誰かが肺がんになりえるように、隣家の庭から漏れ出る光が問題をもたらすかもしれません。同様に、夜勤を終えて眠気をもよおしているシフト勤務者は、帰宅中に居眠り運転をして死んでしまうかもしれません。それだけでも十分に痛ましいことですが、居眠り運転をしたがために、別の車を運転している人まで死なせてしまうのは、絶対に許されないことです。間接的な人工光や間接的な眠気は、間接的な喫煙と同じように考慮されるべきでしょう。この種の考え方だけが、本当の改革を促すのです」

「ここは昼間とまったく同じ景色なの」、デスクに戻ってきたミシェルが僕に言った。「照明のレベルが一緒なのよ」。ちょうどそのとき、近くにいた看護師が大きなあくびをして、典型的なミネソタ州民のように「ウフダ」と静かな声を漏らした（ウィキペディアには、『ウフダ』とは感覚が圧倒されたときに出る言葉。アメリカ北中西部で使われることが多い。驚きや感嘆、疲弊、安堵、時には落胆を表すこともある」とあり、それが正しいことはミネソタ出身の僕が保証する）。実際いまが昼でないことが僕にはわかっているから、誰があくびをして涙を流そうと、まったく不思議な気はしない。それにしてもまだ一時四五分だ――起きているのが最も辛い二時から四時のあいだですらないのに、そうは思えない。[12]

そう思えない主な原因は、暗闇が見えないからだ。自然のままの夜の暗闇。この救急救命室には窓がなく、夜の世界で何が起こっているのか知るすべもない。まるで地下深い塹壕の中にいて、現実の世界と隔絶されているかのようだ。ＥＲをあとにして帰途に車を走らせながら、僕は自然の夜に立ちはだかるこの人工的な壁について考えていた。壁の外はまったく違う世界のようで、僕が通り過ぎてきた明るい室内や、そこで働くたくさんの人々のことが、いつまでも心から離れなかった。

蔓延する睡眠障害

睡眠――食べ物や水と同じように、これもまた人間にとって欠かせないもののひとつである。睡眠は生理的欲求だから、それに完全に打ち勝つのは不可能だ。それなのに多くの、本当に多くの人々が、そのことを理解していない。七〇〇〇万人のアメリカ人が睡眠に関して何らかの問題を抱え、そのうち六〇パーセントが慢性的な症状に悩んでいる。不眠に関しては、約二〇〜四〇パーセントのアメリカ人が年に一度は経験し、生涯のうちに不眠症を患うのは三人に一人にのぼるという。国立睡眠財団が二〇〇五年に行った調査では、国内の成人の七五パーセントが、少なくとも週に二、三回、睡眠障害の症状を経験している。

睡眠や睡眠障害についての読み物は山ほどあるが、良質な眠りのためには暗さが重要になることや、長時間光を浴びることが寝不足につながりかねないという考え方に着目したものはほとんどない。[13]では、多くの人が抱える睡眠障害は、暗闇が姿を消しつつある現状と何の関係もないのだろうか？　いや、そうではないはずだ。睡眠障害と人工光がこれだけ蔓延していることを考えれば、そこに明らかな関連を予想しても、なんら不自然ではないだろう。しかし睡眠医療の専門家たちは、その関連を突き止めるどころか、手がかりを見つけることにすら手間取っている。実際、眠りに関する症状を改善するための「睡眠障害センター」はアメリカ中の病院に設けられているが、夜の光を問題視している施設は数えるほどしかない。

しかし、そうした状況も変わりつつあるのかもしれない。僕が話を聞いた二人の専門家は、睡眠に関する諸問題は、僕たちの社会が暗さを軽視してきたことと大きな関係があると論じている。

「少なくともアメリカ人にとっては、暗闇をもう一度受け入れることが課題になるでしょう」、ウェイクフォレスト大学バプティスト・メディカルセンターの睡眠障害センター長、ヴォーン・マッコール博士は強い南部訛りでそう言った。「私たちは、暗い中で目が覚めると、どうしていいのかわからなくなります」。マッコールは大勢の不眠症患者を見てきたが、そのほとんどが「なぜ真夜中なのに目が冴えるんだ？」と思い悩み、ストレスを感じているという。夜中に目が覚めるのは人間としておそらく普通の経験なのだが、そうした認識は電灯の出現とともに失われつつあると、マッコールは主張する。「一九世紀に書かれた日記を見れば、一五〇年前の人々が暗くなると床に入り、明るくなると床を出たという感覚がわかるでしょう。彼らは、自然の明るさの周期におおよそ歩調を合わせていたのです。夜の長い季節などには、九時間か一〇時間ずっとベッドの中にいたかもしれませんが、必ずしもそのあいだずっと眠っていようとは考えていませんでした」

実は、『失われた夜の歴史』(14)を執筆した歴史家のロジャー・イーカーチも、まったく同じ発見をしている。イーカーチによると、電灯が発明される以前、西ヨーロッパと植民地時代の北アメリカに住んでいた人々は、日没とともに床につき、日の出とともに起床したが、夜間を通して眠り続けようとはしなかったという。その代わり先人たちは、ほぼ毎晩、「第一の眠り」と「第二の眠り」という二度の眠りを経験し、そのあいだに一時間以上の「静かな目覚めの時間」を過ごしたようだ。イーカーチは、「男性も女性も、あたかも真夜中に目覚めることが細かい説明のいらない了解事項であるかのように、二度の眠りについて言及していた」と書いている。

当時の人々は、こうした睡眠のパターン、つまり夜中に一度目を覚ますことに、何の不安も抱かなかった。それどころか、「静かな目覚めの時間」をうまく利用して、夫婦の会話をしたり、セックスをしたり、趣味を追求したり、時には友人を訪問することさえあったようだ。このような時間は、日中には望めない自由やチャンスを多くの人に与えた。とくに女性は、昼間の苦役や男性支配、さまざまな重荷から解放されて、ようやく自分の時間をもつことができたようだ。眠りに関する違いはまだある。イーカーチは、いまと昔の大きな相違として、次の点を指摘している。「産業革命以前の家庭に生まれた人々の多くは、おそらくゆっくりと眠りに落ちたはずだ。現代人が入眠するまでにかかる時間が平均一〇～一五分なのに対して、三〇〇年前の標準的な入眠時間は著しく長かったであろう」

現代人の僕の耳には、眠りにつく前にベッドの中で二時間ほどまどろむ余裕がもてるなんて、とても贅沢で、ちょっぴり退廃的ですらあるように聞こえる。たとえ、ろうそくの光の下だとしても、読みたい本が読める。ろうそくや暖炉の炎に照らされながら、愛する人や意中の相手と過ごすことができる。屋外で寝ていたとしたら、星空に心を奪われてしまうかもしれない。しかし二一世紀の今日、眠らないままベッドで過ごすことを、ある種の「疾患」と定める医学用語があったとしても驚かないし、その生産性のなさが「アメリカ的でない」と受け止められても不思議ではない。実際多くの人にとって、ベッドに入っても眠れないという状態は、ストレスを感じる原因になっているのだろう。マッコールも指摘しているように、睡眠がさまざまな人間の行動と同じように理想化されていくのは、しかたのないことなのだ。

「セックスを例に挙げてみましょう。テレビや映画の性描写を見ると、『俺の性生活はこんなんじゃない。俺は大丈夫だろうか？』と、自分が不適格な人間のように感じてしまうことがあるかもしれません。眠りも同じです。睡眠を理想化しすぎて『これとまったく同じように寝ていなければ、あなたはどこかおかしいに違いない』と指摘すれば、誤った基準を広めることになるでしょう。私たちはそうやって見込み違いをしてしまうのです」

僕はマッコールに、自分はよく眠れる方だと告げた。しかも、八時間眠ると断然すっきりする。僕は長いこと、ある理想の暮らしを思い描いてきた。午前一時くらいまで夜更かしをして、暗い家や湖や庭のひっそりとした静けさを味わう……朝は五時に起床して日の出を楽しむ。僕は夜更けが好きだし、明け方が好きだ。そして、昼下がりにうたた寝できたらどんなにいいか。

「スペインに住むべきですね」とマッコールは言った。

本当にそうだ。スペインのシエスタ〔昼休憩〕とは、なんと素晴らしいアイデアだろう。[15] ただしこの伝統も、ランチタイムや昼下がりばかりか、必要とあらばどんな時間でも働くのは当たり前という資本主義世界の過熱する要求の下で、消えてなくなろうとしている。だが、もしも世の中が反対の方向に動き出したら、どうなるだろう？　真っ昼間に二時間の休憩をとるように推奨されて、世界中の人々がそのあいだに食事やセックスを楽しみ、昼寝をすることができたら？

しかし残念ながら、僕たちが向かっているのは、そちらの方向ではないようだ。マッコールによると、その代わりに人間が選んだのは、私的な夜の空間、つまり寝室に電灯を持ち込むことだった。「行動という点だけを見れば、電灯は私たちを誘惑の道に誘い込む『エデンの園のりんご』です。おかげで私たちは、テレビを見たりインターネットをしたり、眠りを妨げるあらゆる行動に引き寄せられてしまうのです。電灯を手に入れたことで、人間には、夜遅くまで起きて、睡眠時間を短くするという選択肢が与えられました。そしてそのうちに突如として、夜中に目覚めるのは異常だと言われるようになってしまったのです」

電灯があるから夜遅くまで起きているという選択肢は、閉塞性睡眠時無呼吸症候群（ＯＳＡＳ）のような、深刻な睡眠障害の一因になりえるとマッコールは推察している。「通常、ＯＳＡＳにつながる主な危険因子は肥満です。だからアメリカに肥満が蔓延している限り、ＯＳＡＳも蔓延することになります。国内に肥満がこれほど多い理由は、数え切れないほどあるでしょう。では、人工光もそのひとつなのでしょうか？　人工の光を利用することで、私たちの食生活はどれほどの影響を受けているでしょうか？　もし一〇〇年前にミネソタ州の真っ暗な丸太小屋で寝泊りをしていたなら、冷蔵庫をあさることもなく、アイスクリームを片手にテレビの前に座る理由もなかったはずです」

夜間の光と肥満の関係に対するマッコールの意見は正しい。シフト勤務者が肥満になる可能性が高いことは統計調査からわかっており、マウスを使った研究からも同様の結果が示されている。[16]問題は夜中に目覚めることではなく、夜に光の中で目を覚ましていることなのだ。

だからこそマッコールは、患者が「暗闇の中でも焦らず、安心していられる」手助けをしようとしている。不眠症の数ある解決法のひとつは、真夜中の覚醒を自然のなりゆきと受け止めることだと信じる彼は、患者が考え方を切り替えられるよう支援を続ける。「大切なのは、それが何を意味しているかと問うことではなく、そうした状況で自分は何ができるかと問うことなのです。自分に何ができるのか、そう考えることで困った状況もチャンスに変わっていくのです[17]」

アリゾナ大学のルビン・ナイマンは、睡眠障害の蔓延を、夜と暗闇に対する姿勢を見直すチャンスと考えている。ナイマンはトゥーソンに住んでいて、彼の家はソノラ砂漠周辺に生息するサグアロサボテンに囲まれている。僕たちはトゥーソンのとあるレストランで落ち合った。背もたれの高い長椅子に素朴な木のテーブル、ミソスープの椀が二つ、炒めものが二皿。写真で見ていたので、すぐに彼だとわかった——この白髪とヤギのような白い顎ひげは見間違いようがない。

「面白いなあと思うのは、人は暗闇を光のない状態だと思っていること。私は光を暗闇のない状態だと思っている。裏を返せば同じことだけどね」とナイマンは言う。

「現代人の睡眠や夢は障害に満ちている。その見過ごされがちな最大の要因こそ、過剰な人工光の習慣的な使用である」、その結果、「われわれはいま、深刻な心理的・精神的夜盲症の合併症に苦しむ——人間の生活や健康、精神性において夜が重要だということが、広く理解されていないからだ」。ナイマンは著書『癒しの夜』[18]の中で、自らの仕事を「夜が神聖なものであるという感覚」を取り戻し、「夜への意識」を高める試みであると表現している。

夜への意識という考え方に、僕はその後何度も遭遇することになる。人は夜について改めて考えることがない。たとえば、国際ダークスカイ協会（ＩＤＡ）の創立者であるデイヴィッド・クロフォードは、光害問題を世界中の人に知ってもらいたい気持ちもあるが、まずはたんに「夜というものがあって、それはとても美しく、誰にとっても価値あるものだということを、再び人々に意識してもらいたい」と思っているそうだ。僕たちが人生の半分を過ごす夜という時と場所を人々にもう一度意識させたい——その考えを第一歩として、ルビン・ナイマンはこれまでのキャリアを歩んできた。その仕事内容は、がん患者の死や臨終の不安を克服することや、悪夢に苦しむアフガニスタンやイラクからの帰還兵に、助けの手を差し伸べることも含んでいる。彼は、伝統的な睡眠医療の現場に苛立ちをおぼえることがあると言う。そこに見るきっちりと枠にはめられた夜や眠りや夢は、あくまでも客観的な科学的現象であり、個人的または主観的な経験は排除されている。神聖で霊的な経験については言うまでもない。「睡眠障害を、哲学的な観点から説明することもできる」とナイマンは述べる。「人間は夜を差別するあまり、夜を抑圧し、追いやろうとしている。そこに価値を認めたくないという、否定の気持ちもあるだろうね。たとえば、人間がなぜ眠るのかを多くの科学者が解明しようとするのは、眠らなくてもいいようにするためだ。厄介な問題だよ。私たちは別の充電方法を身につけなきゃならない」

僕は、『スタートレック』シリーズに出てきた半人間・半ボーグのキャラクター、セブン・オブ・ナインと、未来の睡眠のイメージを思い出した。セブン・オブ・ナインは眠らない――彼女が第二貨物室にあるエネルギーポッド内に立つと、緑色の電気エネルギーが首から注入される。「あれこそ充電だね」とナイマンは笑った。「私的なものは一切なく、とても機械的で人間らしさの微塵もない。夜や暗闇には一見の価値もないという前提なんだろう」

実のところ、夜や暗闇には夢の材料が転がっている、とナイマンは述べる。そこは人間の理解を超えた空間なのだ。「そこに何かがあるという可能性について思いを巡らせるだけで、眠りに解き放たれるのがとても楽しみになるよ。しかしほとんどの人は眠りの海に沈み込むとき、その深部を目指すよりも、朝の目覚めに照準を合わせている。彼らは本当に眠りの世界へ旅立とうとはしていない。まるで一夜限りのミステリーツアーで、次の日の行き先まですでに決められている[19]」

ナイマンがこのことを話すと、聞いている人たちは、睡眠がたんなる八時間のオフタイムではないのかもしれないと考え始めるそうだ。むしろ、夜や「そこに潜むすべての悪魔と天使、そしてすべての本質」との関係を築くことができるかもしれないと、初めて気づくらしい。

自然と心を通わせたいと思っているときに、そのようなことが起こる場合もある。ナイマンはそれを説明するため、『森の生活　ウォールデン』から、ソローが月明かりを頼りに釣りをするシーンを引用した。「素晴らしい場面だ。ソローがボートを浮かべた水面には星の光が映り込んでいて、彼にはどちらが天でどちらが水面なのかわからなくなる」

僕もその場面は知っている。魚が突然釣り糸を引っ張ったとき、ソローは哲学的夢想に陥った。

暗い夜などはとくにそうだったが、思考がほかの天体の広大かつ宇宙進化論的な諸問題へとさまよい出ている折りなど、こうした夢想をさまたげて、ふたたび私を「自然界」へとつなぎとめるこのかすかな引きを感じるのは、かなり奇妙な経験であった。今度は釣り糸を水中に投げおろすばかりでなく、空中へ投げあげてもいいような気がした。水のほうがさほど密度が濃いというわけではないのだから。こうして私は、いわば一本の針で二匹の魚を釣ったのである。[20]

「美しい場面だ」とナイマンは言う。「それだけでなく、ここには意識の転換も示されている。そこに何かがあると考える心構えさえあれば、自然界からも、内面からもそれを得ることができるんだ」

夜が独自の性質をもっているというナイマンの主張に、僕は敬意を捧げる。それは昼とはまったく別のものであり、たんに光のない昼でもない。

ナイマンは頷いた。「命あるものには必ず動きがあるという考えは、真実とは違う。私は家の近くのこの丘を毎日登り降りしているけれど、サグアロサボテンはいつも微動だにしない。だけど春から秋の朝や、冬の夕方にこの場所をいくたびも訪れると、静けさのなかに動きが、活気が見えてくる。というのも、光や雲と戯れているのがわかるからなんだ。サボテンは生きていて、ほかとは違った方法で動いている。同じように、夜そのものに命を見出すことができるかどうかが問題なんじゃないかな。そのためには、ほかと比較をせずに向き合うこと、ひたすら耳を澄まし、感触を確かめ、命を感じることが必要なんだよ」

5 暗闇の生態系

人間も動物です。ほかの動物よりも高度な存在だと考える理由はありません。明暗のサイクルが、樹木の季節による変化や両生類の繁殖周期など、十分に確立されていたはずのリズムを狂わせたとしたら、自分たちにも同じことが起こると考えない理由はないのです。

——スティーヴン・ロックリー（２０１１）

ヘンリー・デイヴィッド・ソローが、一八四五年から四七年半ばにかけて居を構え、のちに『森の生活　ウォールデン』として結実する着想を育んだマサチューセッツ州の森は、彼が去った直後にきれいに伐採された。ソローが住んでいた一室だけの丸太小屋は農夫に買い取られ、穀物貯蔵庫として使われたあと、取り壊されて薪として利用された——将来、国定歴史建造物に指定されることになる場所としては、前途多難なスタートと言えよう。だが幸いなことに、森も今日では元の姿を取り戻して久しく、ウォールデン池州立自然保護区内には、丸太小屋の跡地も保存されている。(1)

その日、僕は日没が待ちきれなかった。だから夕暮れになる頃にはもう、町はずれにあるショッピングセンターの駐車場に車を停め、レストランの横をすり抜け、鉄道のフェンスを飛び越えて、池に通じる線路を歩き始めていた。

ウォールデン池に向かうソローは、さぞかし満ち足りていたことだろう。彼はコンコード村についてこう書いている。「遅くまで家にいてから……明るい村の客間なり公演会場なりショッピングセンターの駐車場なりをあとにして夜の闇へと出航し、森のなかの心地よいわが港をめざすのはじつに楽しかった」。もちろん、ショッピングセンター云々は僕が勝手に書き足したものだが、そんなことを考えながら森へ向かって枕木をひとつひとつ踏みしめているうちに、自分がソローの足跡を忠実になぞっているような気がしてくる。この道は孤独感をたしかに感じさせる(実際、『森の生活』のある章は孤独が主題になっている)。通り過ぎる家々は線路に背を向けていて、アルミと木のフェンスが線路と裏庭を隔てている。線路の続く先をじっと見つめたり、必要以上に後ろを振り向いたりしている僕は、一人ぼっちだ。線路脇の茂みからフワフワと浮かび上がる無数の蛍が、僕のまわりで黄緑色に明るく瞬いている。

ソローが同じような道を歩いた一八四〇年代半ばの暗闇は、現在とどう違っていたのだろう? 三〇キロほど離れたボストンにようやくガス灯がともり始めたその頃、コンコードには鯨油を燃料にしたランプより明るい照明はほとんどなかった。ソローは地元の村の夜について、「俗にいう『暗闇をナイフで切れる』ような闇夜には、村の通りでも迷う者がおおぜい出ると聞いたことがある」と記した。そのときと同じ景色は見られないことも、代わりに東のボストン上空には「広大な黄色い空」が当たり前のように広がっていることも承知している。コンコード最後の照明を通り過ぎて、ようやく僕の目は暗さに慣れ始めた。事前の調査から、ボートル・スケールのクラス5に近い空が見られたら幸運だと思っていたが、池周辺の森には、もしかしたら予想していなかったような光景が広がっているかもしれない。

ソローは日没後の森を独り占めしていた。彼いわく、「夜になると、家を通り過ぎたり戸を叩いたりする旅びとはひとりもいなくなり」、「夜の黒い中心が、近くにいる人間によってけがされることは決してなかったのである」。その理由は現在と同じだ。「多くの人間はいまもって、いくぶん暗闇を怖がっているらしい」、しかも「魔女たちは残らず絞首刑にされ、キリスト教とローソクがこの世にもちこまれたにもかかわらず」だ。まさしくそのとおりではないか。たしかに魔女たちはいなくなった。それでも僕は、道が間違っていないことだけを願いつつ、国道三号線の下を通って森へ通じる小道を歩きながら、自分の身の毛がよだつのを感じて小さな笑いを漏らさずにはいられなかった。

森へ分け入って丸太小屋で暮らした人物——ソローについて一般の人が抱くイメージはそんなところだろう。しかし彼は町での生活を完全に放棄したわけではなく、定期的にコンコードをぶらついて食事をしたり、必需品を買ったり、母親に洗濯をしてもらったりしていた。それらの事実が、荒野の聖者としてのソローの純粋性を汚すと考える人たちもいる。ソローが真にソローらしくありたかったなら、どこにも出かけず独力で生き延びたはずだ、と。だが彼は、自分の目を見開かせるために文明から距離を置いても、それを捨て去ることまではしなかった。いつでも戻る心づもりがあったことを隠さず認めているし、実際二年と二カ月と二日後にはそのとおりにした。『森の生活』は森での暮らしを描いた作品だが、同様に文明生活について論じた本でもある。むしろ、そちらの色合いの方が濃いのかもしれない。

ソローが「私が森へ行ったのは、思慮深く生きる」ためだと書いているのを読むたびに、「思慮深く生きる」とは、つまるところ、周囲の世界に対する意識や感受性を高めて生きることではないかと考えてきた。一八四〇年代のアメリカは、ある意味、現代のアメリカによく似ていた。速く、もっと速く、騒々しく、さらに騒々しく——新しいテクノロジーが、いたるところで日常生活に対する基本的な認識を変えていった。きっと思慮深く生きる時間などなかったのではないか。

外に出かけ、星や夜の音、夜の匂いに包まれることで得られる最もすばらしい、そして最も恐ろしい経験のひとつは、夜が独自の時間割に従っているのを身をもって知ることだ。月が昇る時間は人間の都合とは何の関係もなく、流れ星は流れる時刻を予告しない。音や匂いさえも気まぐれで、こちらから呼び寄せることはできない。ソローが森へ行ったのは、気が狂いそうな速さ、騒音、新しい発明から遠ざかりたかったからだ。そうして、自分が望んでいた気づきやものの見方を獲得する時間をもち、そこで得た成果（「人生が教えてくれるもの」）をコンコードへ持ち帰ろうとしていた。これはまさに、どの時代、どの文化にも見られる典型的な英雄譚である。主人公が旅に出て困難を経験し（そこにはいつも暗い場所や時間帯が登場する）、知恵と、時には富を手に入れて故郷に帰る物語。

「森のなかはふつうの夜でも、たいていのひとが想像する以上に暗いものである」というソローの忠告は正しい――僕はまもなく、映画『ブレア・ウィッチ・プロジェクト』のように、同じ場所をぐるぐる回っているような感覚に襲われた。さっきまでいた線路上にはまだ、あたりを見渡せるくらいの光が残っていた。東の空にはボストン周辺からのスカイグローも輝いていた。しかし森には急激に暗闇が押し寄せ、頭につけたライトの光が足元の枯葉をシュールな血の色に染める。ありがたいことに僕は、ソローが持っていなかった人工灯を利用できる。彼は、「しばしば道の上の木々のあいだから空を見あげて航路を確かめたり……自分が踏み均《なら》したあるかないかの小道を足でまさぐりながら進まなくてはならなかった」ようだから、その点ではこちらが有利だ。とはいえ、彼にかなわない点もある。ソローと違って、僕は自分が本当はどこへ向かっているのかわからなかったからだ。目的の池は、次の坂を下りたところか次の曲がり角の周辺にあるに違いないと思い続けているから、いざ坂道になったりカーブに差しかかったりすると「よし！」と思うのに、次の瞬間にはもうがっかりしている。悩ましいことはほかにもある。日中であれば、方向感覚はつかめなかったとしても、こんなに気を張りつめることはなかっただろう。小道の脇に見知らぬ人間が立っている想像もしなかっただろうし、小石につまずいたり、伸びた枝に顔を引っ掻かれたりする心配もなかっただろう。汗びっしょりになることもなかっただろうし、「畜生、なんとかしてくれ」なんて言葉が脳裏に浮かぶこともなかったはずだ。

カエルの鳴き声が聞こえてきたのは、そんなときだった。六月の暗闇を満喫した初夏のカエルたちが歌っている。その歌声をたどった先に、夜のウォールデン池はあった。

僕は池のほとりに歩み寄り、静かな黒い水の傍らにしゃがんだ。池の向こうに唯一見える明かりは、案内所にあるセキュリティーライトがひとつと、アスファルトを走るタイヤの音とともに、時おり車が遠くから放つ二本の白い光線のみだ――けれども黄白色に染まるボストン周辺の空を背景にした池の夜は、いましがた通り抜けてきた森の夜よりも明るい。ゴボゴボ、ゴフッ、ポンッと音を立てる夏の淡水池。犬が遠くで吠え、コウモリがパタパタと通り過ぎる。フクロウの声にソローの言葉を思い出し、僕はひとり頷いた。「フクロウというものがいることを、私はよろこんでいる……フクロウはあらゆる人間の内なる荒涼としたたそがれの気分や、満たされぬ思いを表象している」

暗闇について、そしてこのような森で夜を過ごす経験について、ソローには語りたいことがたくさんあったに違いない。死後に発表されたエッセイ『夜と月光』(2)に彼はこう書いている。「私たちの多くにとって、これは中央アフリカの深夜のようではないだろうか？　探検してみたいという気持ちに駆られはしないか?」」。一説によるとソローは死の直前に一冊の本を企画しており、その中で、そうした「探検」を実現しようとしていたらしい。池周辺のクラス1の空と、村のクラス2の空の下で、ソローはどのような発見をしたのだろうか？　僕はボストンの明るい空を遮るように両手を上げ、目をつぶった——彼が熟知していた夜を知ることができたら、どんなに素敵だろう。

カエルの鳴き声を聞き、池の場所に気づき、ほとりまで大股で下りるあいだに、様々な感情が奔流のように通り過ぎていった。(3)そしていま、僕は一人ぼっちの夜を経験している。ソローがここで幾度も孤独な夜を過ごしたことは知っているが、彼の気配を感じると言うつもりはない。しかし池のへりに立ち、そこから背の低い石柱に囲まれた丸太小屋の小さな跡地へあとずさると、森の中に彼の存在を想像せずにはいられない。ここ一五〇年のあいだ、この場所は数え切れないほどの観光客を迎えてきたのだろう。でも夜中の訪問者は、昼とは比べものにならないほど少なかったはずだ。

闇の中に一人でいると、時が過去へとさかのぼっていくような気がする。そして、たったいま僕がそうしているように、ソローがぽつんと座って考えごとをしている姿が目に浮かぶ。

「心地よい夕べだ。全身がひとつの感覚器官となり、すべての毛穴から歓びを吸いこんでいる。私は『自然』の一部となって、不思議な自在さでそのなかを行きつ戻りつする」

ソローの著作は、印象深い名言の宝庫である。なかでも最も知られているのは、エッセイ『ウォーキング』からの「野生の中にこそ世界は保たれる」というものだろう。この言葉を引用する際に、「野生(wildness)」を「荒野(wilderness)」としている人をよく目にするが、そこには大きな違いがある。(4)

図８　石柱に囲まれたソローの丸太小屋の跡地（3 × 4.5 メートルほど）。ウォールデン池に面している。（Paul Bogard）

「荒野」と聞くと、普通は特定の場所や、場所の種類を思い浮かべるが、「野生」はどこにでも見つけられる性質だ（実際ソローは、ある種の本、動物、人間の中にそれを、またはそれが欠けていることを見つけ出している）。たとえば、「荒野」の中に「野生」を見つけるのは筋が通っているけれども、「野生」は都会の中にもあり、僕たちの思想や選択、日常生活の中にもある。それにこのフレーズにおいては、「野生」の方がずっと力強く響く。西洋の歴史は、その「野生」を根絶やしにしようという試みの連続だった。つまり、未知なるもの、謎めいたもの、創造的なもの、女性的なもの、そして動物や暗闇を、僕たちは繰り返し踏みにじってきたのだ。ソローは、アメリカ社会が「野生は持続可能な生活とは対極にあるもの」と決めつけ、そのすべての痕跡を消去、拘束、消費、撲滅、遮断しようと躍起になっていると考えていた。

けれどソローは、野生によって世界は保たれると言う。では、その野生を保ってくれるのは何なのだろうか。『森の生活』の「孤独」という章で、ソローはある可能性をほのめかしている。

もうすっかり暗くなったが、風はあいかわらず森のなかを吹きながらうなり声をあげ、波は岸辺にうち寄せ、ある生き物は子守歌を歌ってほかの生きものたちを寝かしつけている。完全な休息など決してありはしないのだ。とびきり野性的な動物たちは、休息するどころか、いよいよ餌を探しに出掛ける。キツネ、スカンク、ウサギなどが、いまや恐れげもなく野原や森を徘徊している。彼らは「自然界」の夜警であり、生命が躍動する昼と夜とをつなぐ橋渡し役である。

照明と闇夜の生き物たち

それから一五〇年後、ウォールデン池から遠く離れたロサンゼルスでは、トラヴィス・ロングコアとキャサリン・リッチの二人が「アーバン・ワイルドランズ・グループ」という団体を設立した。この団体は、「都市部もしくは都会化の進む地域における生物種、生息環境、生態系の働きの保全」を目指し、なかでも夜間の人工灯に関連する問題を主要関心事と位置づけている。

ロングコアは言う。「二〇〇二年に戻ったとして、たとえば『野生生物に対する人工灯の影響』とか、『野生生物と夜の照明』なんかをネット検索してみたとする。そうするとたぶん、『鳥』や『ウミガメ』といった結果しか出てこなかったと思う」。この状況を変革すべく、ロングコアとリッチは光害と生態学に関する最新の研究を集めて一冊の論文集にまとめた。二〇〇六年のことだ。この論文集は『夜の人工光が与える環境への影響』[5]という題名で、鳥やウミガメの研究ばかりでなく、コウモリ、蛾、ホタル、爬虫類、両生類、サンショウウオ、魚、海鳥についての論文も収載した優れた仕事なのだが、意外にも内容にばらつきがあるのに驚かされる。たとえば「哺乳類」の項には論文が二つ、「魚」と「植物」の項には論文がひとつずつしか掲載されていない。その中にも書かれていることだが、「生態系が機能するには、昼間の光と同じくらい自然の暗闇が必要」なのに、「自然保護活動を仕事にしている人たちですら、その本当の意味をまだ理解していないことが多い」ようである。

しかし、世界に生息する脊椎動物の少なくとも三〇パーセント、無脊椎動物の六〇パーセント以上が夜行性であり、残りの多くが薄明薄暮性であることを考えると、「暗闇が必要」という指摘はとんでもなく重要である。大半の人間が家で眠っているときも、外の夜の世界では、多くの生き物たちがぱっちりと目を覚まし、交尾、移動、受粉、食事をしていることになるからだ。そしてこれは、生物の多様性を維持するために最低限必要な行為なのである。だが光害は、この生物多様性を脅かし、昼の光と夜の闇を頼りに発達してきた生物の習性や形態に、急激な変化を強いてきた（ほんの一例を挙げれば、人間の体内時計を左右している光受容体は、少なくとも五億年前から脊椎動物の網膜に存在している）。ばかげた姿に見える古代魚や、その生息地である深海、または光の射さない洞窟や土中の生態系は別にして、この世に存在するすべての生物は、明るい昼と暗い夜のなかで進化してきた。人工光の不意打ちに適応する時間はなかったのである。

ロングコアとリッチは、「天文学的光害」と「生態学的光害」[6]を意図的に区別しており、後者を「生態系に必要な自然の明暗を乱す人工光」と定義している。これについてロングコアは言う。「そうせざるを得なかったのは、光害という考え方が、多分に天文学や天文学者を念頭に置いて語られるものだからだ。光害対策用の照明を下向きに照らせば、空は暗くなるかもしれない。だがそれ以外の場所では、依然として大きな損害を与えている」

夜間の光は、大ざっぱに言って五つの面で野生生物に影響を与える。すなわち、方向感覚、補食、競争、繁殖、サーカディアンリズムだ。人工光と野生生物の問題に少しでも関心のある人なら、方向感覚については耳にしたことがあるだろう。たとえば、虫が街灯に集まったり、渡り鳥が明るく照らされたビルや鉄塔の照明に引き寄せられたり、砂浜で生まれたウミガメが海とは反対の方に這って行ったりするのは、すべて光によって方向感覚が狂わされたせいだ。街灯やホテルのネオンに惑わされたウミガメの赤ちゃんは、トラックにひかれたり、天敵に見つかったりして、命を落とす。

補食について言えば、数十億年かけて形づくられた現在の夜の環境に人工光を持ち込むことで、一部の生物は補食機会が増えたことに気づき、食料探しにあまり時間を費やさなくなる。加えて、光への適応能力には差があるので、種のあいだには新たな競争の圧力が生じる。また夜間の人工光は、交配相手を引きつけるホタルの発光などの繁殖行動を阻害するし、人間の場合と同様に、鳥、魚、虫、植物のサーカディアンリズムを狂わせる。もちろん、人工光の影響を受けるのは個々の生物種だけではない。たとえば、日照時間は季節によって増減するが、生物たちはその変化に合わせて自らの行動を変えていく。つまり、そこに人工の光が加わることがあれば、鳥の渡りのような季節に応じてなされる行動にも少なからぬ影響がおよぶのである。ある生物学者は僕にこう言った。「現代の夜は、自然の状態に比べて何百倍、何千倍も明るい。もしこれを昼に当てはめたらどうだろう。反対に昼の明るさを何百、何千分の一のレベルに下げたら、何が起こると思う？　大惨事になると思うよ。でもこれはたんなる計算にすぎない。結果を顧みず、みだりに自然に手を加えることはできないよ」

こうした議論が人間にとって重要なのかと疑問に思う人もいるかもしれない。しかし光害が生態系に与える影響について考えることは、結局、生態系の健康状態について考えることでもある。そして僕たち人間は、どこに住んでいようと、どんな立場にあろうと、誰もがその生態系の一部なのである。だとすれば、生態系の状態を知ることは、とりもなおさず自分たちの健康を理解することにつながるだろう。(7)

ロングコアは言う。「人数の多い入門クラスで教えているとき、学生に質問をしてみるんだ。『朝食のシリアルを三種類言える人？』と聞くと、全員の手が挙がる。『テレビのホームコメディーを三つ知っている人？』、やっぱりクラス二〇〇人のすべての手が挙がる。ところが『キャンパスにいる鳥の種類を三つ』と言うと、『うーん、あの黒いやつ？』、『じゃあ、植物を三種類』と言うと、『うーん、芝生？』なんて答えが返ってくる」とロングコアは笑う。「生徒たちをからかっているわけじゃなくて、この国で育つというのはこういうことなんだ。私たちはみんな都会人で、これらの質問に答えられたとしたら、それは田舎で育った人だろうね。都市で育った人間には、そんな知識は必要ないから」

学生たちの知識のなさを、ロングコアはよくない兆候と受け止めている。光害の申し子とも言うべき都市ロサンゼルスの環境団体で働く彼は、(8)自然に関する知識には、暗闇に関する知識が含まれると考えている。「自分が暮らす土地の自然にも目を向けないのに、住んでいない地域の自然を支援できる者はいないだろう。この国にあるすべての自然保護団体は、土地や自然との深いつながりに基づいて活動している。でも、空き地に行って毛虫と遊んだり、アゲハチョウを幼虫から育てたり、天の川を見たりする機会のないまま成長した人間が、それと同じようなつながりを感じることができると思うかい?」

夜の音、夜の匂い

ミネソタ州北部の湖に、僕は毎年欠かさず帰ってくる。一番古い記憶では、僕は父親と並んで桟橋に立ち、粉砂糖をまぶしたように散らばる星のあいだを、人工衛星がゆっくりと直線を描くのを眺めている。また別の記憶では、凍って雪の積もった湖面に寝そべって、買ったばかりの手持ち望遠鏡から月を覗いている。僕が子供だった七〇年代、この付近はボートル・スケールで言えばおそらくクラス2、「真に空が暗い土地」だったはずだ。三〇年前には、夜空がもっとたくさんの星で埋まっていたのをたしかに覚えている。いや、一〇年くらい前まではそうだった。いまでも、最も暗い時期はクラス3にはなるかもしれないが、近隣のブレイナード、ロングヴィル、リマーのような小さな都市の局所的な明かりによって、ボートル・スケールはクラス4に近づいている。これからどうなっていくのか、想像するだけでぞっとしてしまう。

それでも、僕にとって夜と言えば、やっぱりこの夜だ。桟橋の上から、森のはずれから、玄関のポーチから、あたりを眺め、夜の音を聞く。湖面が穏やかな夜には、ヒマラヤスギの下に置いてある古びたカヌーの出番だ。僕はそのアルミ製の舟を、重油のように濃密で、しかしきれいに澄みきった冷たい水の中へと押し入れる。星々を縫うようにカヌーを漕ぎ進めると、湖畔の黒い影が遠ざかり、木々のあいだから黄金の月が昇っていくのがわかる。ここで見上げる月も、世界のどこで見るのと同じように、大きくて、明るくて、美しい。月は厳然と装いを変えていき（月には新月を入れると八つの位相がある）、今宵も家の裏手の森から顔を出し、のんびりとした歩みで湖を渡っていく。その光は太陽からの贈り物、つまり地球の反対側で輝いている太陽の光を跳ね返したものだ。意外なことに、月の灰色の岩石が反射するのは、受け取った光の七パーセントにすぎず、アスファルトの反射率とそう変わらない。だがそれとても、森を照らすには十分な明るさだ。羽ばたき、狩りをし、鳴き声を響かせ、呼吸する無数の薄明薄暮性、夜行性生物の音や匂いは、その光の下で生まれ、森は瑞々しく息づく。世界中のどんな生態系においても、暗闇は隠れ場所を提供し、月は光を与える。そして、人間が閉じこもって家の番をしているあいだ、夜行性生物がこの世界を動かしている。

湖畔や桟橋に立つとき、澄んだ水を進むとき、湖はさまざまなことを教えてくれた。月が昇るのを待って、僕は夜の扉をそっと開ける。

月の光でカヌーがキラキラと輝いている。読書ができるほどの明るさだ。ミネソタツインズの野球帽をかぶってきたのは正解だった。湖のまんなかまで漕ぎ出しながら、僕は帽子をぐっと下げて月の光を遮る。水平線からペルセウス座が姿を現し、頭上では夏の大三角が瞬く。今度は仰向けに寝そべり、カヌーが回転しながら月から離れていくのに身を任せる。水しぶきにハッとする。魚に違いない。そして再びの静寂。浅瀬を通り過ぎるとき、カヌーの底を何かが引っ掻く音がした。子供だったら「水草だ！」と声を上げるところだろう。その気味の悪い音から逃れようと、僕はカヌーを慎重に進める。何もかもがとても静かで、とても粛然としている。そのとき、約一キロ半先の州道六号線からトラックの音が聞こえてきた。音は穏やかな水面を漂ううちに増幅され、水平線から水平線へ、何キロもの距離をシュウシュウとガスを吐くようにゆっくり行きつ戻りつしていった。

湖岸からはアメリカフクロウがホーホーと鳴く声、水面からはカエルの歌声や魚の飛び跳ねる音。まるで湖が無数の生命で脈打っているかのようだ。湖底の水草から吐き出される気泡が水面で弾ける音を聞きながら、カヌーの下でゆったりと泳ぎ回るウォールアイとノーザンパイクの姿を想像してみる。どこかでアビが鳴いている。鳴き声はあまりに悲痛に響き、その水鳥のことをよく知らなければ、助けを呼びに行く人もいるかもしれない。

ある夏、従兄弟たちと懐中電灯を持って夏の湖を泳いだ。白い光線が湖の黒い水をまっすぐ貫いていった。前年の冬に、凍った湖の上をスノーモービルで走行していた二人の友人が事故で亡くなっていた。その話を聞いていた僕は、スノーモービルに固定されたまま湖に飲み込まれた遺骨を懐中電灯が照らし出す場面を、どうしても思い浮かべてしまうのだった。

「物語には、自分はすべてを知っているわけではないという考えを反映させるべきだ。なぜなら、それが現実というものだから」と言ったのは、ホルヘ・ルイス・ボルヘスだったか。湖周辺の野生の夜には、未知なるものがあふれている。フクロウは暗闇の中、どうやって音もなく飛び回り、獲物を狩るのか。森をうろつくオオカミは、朝の光が射し込む気配をどのように察して、煙のように消えていくのか。

「イィーーーーァーーーウ」、家の裏でフクロウが、遠吠えのような長い鳴き声を放つ。その声がトレモロのように震えて消え、次に「ホーホー、ホーホォーー」と数回続けたかと思うと、湖岸にいた別のフクロウの低い声が呼応する。

永遠に続くかと思われる二羽のフクロウの会話を背後に聞いていた僕は、ある行動に出た。カヌーを二漕ぎして岸へと向け、櫂を置いたのだ。できるだけそっと漕いだのに、フクロウたちは鳴くのをやめた。裏手の森の月明かりに照らされた枝の上で、フクロウたちもまた僕の動きを聞いていたのである。

「暗い方がよく聞こえるんだ」。アメリカ先住民の血を引く、作家で教育者のジョセフ・ブルチャックは、夜の感覚について教えてくれた。「チェロキー族の友人が子供の頃に教わった伝統文化のひとつに、『夜の開放』と呼ばれるものがある。やり方はこうだ。昔の張り出し玄関のような暗い場所に出て座り、半径が腕の長さくらいの小さな円を自分のまわりに思い描いたら、その中の音を聞く。ひたすら意識を集中したら、次は円を倍の大きさにしてすべての音に集中し、その後も同じように円を倍にし続ける。するとそのうち、夜にじっと座っているだけで、一キロ半先の音が聞こえるようになるそうだ」

ブルチャックと話をしながら、僕はジョン・ヒメルマンが教えてくれたことを思い出していた。彼は、オーケストラを鑑賞するときに特定の楽器を耳で選んで聞くように、特定のコオロギやキリギリス（ヒメルマンいわく「葉っぱに脚のついたやつ」）の声に「波長を合わせて」聞くのが好きなのだという。『コオロギラジオ』(9)などの著書をもつヒメルマンは、樹木の生い茂った六〇〇〇坪の土地に住んでいる。「個々の鳴き声を識別できるのは楽しいよ。いまいる場所から意識が広がって、どこか別の場所へ連れて行かれるような感じ。まるで夜の森を探検しているような気持ちになる」

ヒメルマンは、コオロギやキリギリスの鳴き声、鳥の歌声、カエルの合唱のみならず、「夏には芋虫の糞が葉から跳ね返って、森の端の低木に沿ってカサカサと転がっていくのがわかる」のだという。

「なぜなら、とても幼いときから意識的に波長を合わせてきた」からだ。夜の虫の鳴き声を聞くツアーでガイドをする彼は、よく人々が感激する姿を目の当たりにするという。「家の中にいることに慣れている人たちばかりなので、ツアーに参加する時点ですでに冒険さ。僕たちは九時を過ぎるまでは一切何も始めない」。大人たちは、子供のようにワクワクドキドキしている。「一番耳にするのは、外の世界にこんなにたくさんのものがあるなんて気がつかなかったという感想だ。もしもひとつか二つのことしか発見できなければ、僕にはちょっと退屈な夜だけど、夜の散歩を本格的に経験したことのない人たちにとっては、感激以外の何ものでもないらしい」

アメリカの作家ヘンリー・ベストンは、一九二〇年のケープコッドを歩きながら、「あの何兆という説明不能な生き物たち、這い回りブンブン飛び回る強烈な存在」について思いを巡らせた。

昆虫たちが自然の光景に添加してくれる偉大な自然交響曲を、ぼくたちはないがしろにしているのではないかと思われてくる。実際、そうした音楽を当たり前のものと思っているから、十分に注意を向けることもなくなっているのだ。だが、草むらの中の小さなバイオリンにしろ、コオロギの笛の音にしろ、繊細なフルートにしろ、月明かりの夏の宵に耳にすれば、言語を絶するまでに素晴らしいものとなるのではないか。

虫の歌声は太古から途絶えることがなかったとヒメルマンは説明する。キリギリスやコオロギなど、音を発するキリギリス亜目の祖先の化石には、なんと二億五〇〇〇万年前のものもあるそうだ。こうした虫の声、つまりヒメルマンが言うところの「二枚の固くなった羽が摺り合わされ、何倍にも増幅されたもの」とは、人類が夜の一部としてずっと親しんできた音なのだ。キリギリスやコオロギは、昼間の捕食者を避けるために夜に鳴き、夜の敵から居場所を隠すために集団で鳴く。「鳴く虫は鳴かざるを得ない」とヒメルマンは記している。「黙らせたければ、背の上で羽を結んでしまうしかないだろう」。でも彼がその代わりに提案するのは、それらの音を「人間への贈り物と考えることだ。私たちはそうした音を聞くことに喜びをおぼえる。なぜ、何が、どうやってその音を出したのかは、必ずしも問題ではない。音は私たちの生活を豊かにしてくれるのだ」

同じことは匂いにも言える。夜の香りは豊かで芳醇だ。昼間は暖かい空気が立ちのぼり、大地の匂いを運び去ってしまうが、夜は涼しく風は穏やかで、匂いは地表近くに残り、そのメッセージを受け取ってくれる生き物を待っている。花粉を運ぶ生物や死骸をあさる動物、そして狩る者狩られる者にとって、大地の匂いは夜の世界の地図だ。「ここにおいで」と囁いたり、「近寄るな」と警告したりしながら、行く先を示し、種同士を結びつける。夜の空気は、嗅覚の限られた人間にも圧倒的な力をもっている。匂いによって僕たちは、一瞬のうちに国々や海を渡り、過去へとさかのぼることができる。

小さい頃、僕の部屋は二階にあった。北西に面した角部屋だ。ベッドを窓のそばに置いていたので、電気を消したあと網戸に顔を近づけ、目を閉じていろいろな想像をすることができた。湖や祖父母の家。過去、未来、もしくは自分の内部にあって決して到達できない場所——それがどこかはわからなかったけれども、ともかく行きたいと願っていた場所のことだ。

秋の夜を彩るのは、炎と薪ストーブの煙の匂いだ。両親の黒いフランクリンストーブが、湖から運んできたカバやオークの薪を燃やすと、夏の煙が秋の空気に舞い上がり、近隣に漂っていく。冬の空気は、雪と寒さを思い出させる。それはすでに国境の向こうの森や湖に到来しており、瞬きする間にこちらへ流れ込んでくるだろう。早春の気配を感じると、僕は窓を数センチ開け、ひんやりと湿った新鮮な空気を吸い込む。どこか南方から訪れる季節は、ショウジョウコウカンチョウやコマツグミの歌を運びながら、日ごとに近づいてくる。僕はくんくんと匂いを嗅ぎながら、我慢の限界に達する。うっとりするような匂いに酔いしれて、もうそこにじっとしていられなくなるのだ。

匂い。蛾にとっては、夜の匂いがすべてだ。それは、生き抜くための指針であり、交配の手がかりであり、もしかすると生きる喜びでもあるかもしれない。多くの蛾は、僕たちの使う電灯や炎にだまされて引き寄せられる。そして多くの人間は、ほかの夜の虫と変わらない印象を蛾に抱いている——照明設備の下の死骸、もしくは丸めた雑誌に叩き潰された死骸。人間の環境を維持するために多大な貢献をしている蛾を、当の人間がいとも簡単に殺してしまうのは皮肉なことだ。成虫の寿命は一〜二週間ほどだが、蛾は全体で世界の約八〇パーセントにおよぶ植物の受粉に関係している。また、一五万〜二五万種が生息していると推定されることから、人間が住む場所には必ず蛾がいると考えていいだろう。

農業に甚大な損害を与えかねず、仲間のイメージを悪くしている蛾もいるが、それは種全体のおよそ一パーセントにすぎない。たいていの蛾は無害なのに、夜に活動するからと見向きもされず、あるいは怖がられ、考えなしに叩き潰される。そのうえ、人工の光によって毎晩とてつもない被害を被っているのだ。蛾は、僕たちが利用したり楽しんだりする花や植物の受粉という欠くことのできない仕事ばかりでなく、食物連鎖においても極めて重要な役割を担っている。ルクソールで見たように、蛾を食べる生き物は、光に集まる蛾のおかげで束の間の利益を得る。だが実際それらの光は、掃除機のように生態系から蛋白源を吸い取り、食物連鎖のさらに上に位置する生物が依存する食物や栄養を奪っているのだ。

生態学者たちは、この現象がもたらす長期的な影響を、ようやく理解し始めたところだ。しかし、ヒメルマンが蛾のいない世界を「空虚」だと表現するのは、たんに実利的・実用的な理由からだけではない。彼はルナ・モスという蛾について次のように書いている。

この世のものとは思われない美しさ。しかしその命ははかなくて、成虫は一〜二週間を超えて生きることはない。落ち葉にくるまれた繭から姿を現すと、蛾は最初の四八時間以内に交尾をして卵を産む。そして、残りの夜は何もしない。生きる目的はなく、何も食べなければ何も飲まない。芋虫の頃に食べた葉っぱだけがエネルギー源なのだ。このエネルギーには限りがあり、補充されることはない。まるで、輪ゴムをくるくる巻いて飛ばすおもちゃの飛行機だ。いったん輪ゴムが巻き戻ると、プロペラの回転が止まり、地面に墜落する。[10]

こうした夜の出来事を、多くの人は目にすることがない。美しい色の羽と長い尾状突起をもつ蛾――月明かりを浴びる夜行性の蝶は、エネルギーが枯渇していくあいだ、何の目的もなく僕たちと世界を共有する。そう、美しさ以外は何ももたず。その美しさがただただ実用的なものだったら、交尾後すぐに死んでしまってもよさそうなものだろう。だがその代わりにルナ・モスは、その後いく夜か生き続ける。蝶のようなこの夜行性の生き物が、世界をもっと美しくすること以外に明確な理由をもたず、夜の世界で羽ばたいているという考え方が、僕は好きだ。

いつだったか、湖畔の家の寝室に小さな茶色い蛾を見つけて、とっさに握り潰そうとしたことがある。しかし僕は思い直して、注意深くその蛾を見た。二枚ずつ左右に分かれた四枚の羽、小さな目、触覚。蛾の研究をしている僕の友人は、このように羽が斜め下を向いている小さな蛾を「戦闘機」と呼んでいる。ところが、寝室のドアを駐機場にして羽を休めていたこのちっぽけな空飛ぶ生物は、戦闘機にはできないことをやってのけた。僕は手をカップのようにして蛾を捕らえ、そのまま胸にくっつけて運ぶと、夜の闇に解き放った。すると蛾は上昇しながら、燃えるようなオレンジ色の下翅を披露したのだ。ほかの蛾が、敵に捕食者だと信じ込ませるため、羽の部分に目玉模様を発達させたり、毒々しい羽の色を身につけたりするように、これらカトカラ属（シタバ）の仲間は、捕食者を驚かせるために下翅の色を発達させたのだろう。だがそれは代わりに、湖の野生の夜にオレンジ色の炎をともし、僕を驚かせた。

ある夏、地元のニュースがシンリンオオカミとオートバイの衝突事故を報じた。オートバイを運転していた六二歳の男性は側溝に投げ出され、年齢不詳のオオカミはオートバイの下敷きになって、それぞれ死んでいるのが発見されたという。湖からそう遠くない場所で、日の出前に顔を合わせた両者は、その瞬間ハッと息を飲んだに違いない。僕は前夜にオオカミの鳴き声を聞いていたかもしれないし、バイクが唸りを上げながら通り過ぎる音を聞いていたかもしれない。男性がヘルメットを着用していたかどうかはわからないが、夏の毛皮を身にまとったオオカミは、道路に上がり込み、ふと立ち止まった。何かの香りが鼻をとらえたのか、ある眺め、たとえば地平線のすぐ上に見える欠けゆく三日月のバラ色の鼓動に目を奪われたのか。いつもの朝なら、アスファルトを小走りに駆け抜け、黄色の中央線を飛び越えて、マツやオークの茂る森という名のすみかへ消えていくのに、この朝オオカミは道路の上で立ちすくんだ。そこへバイクに乗った男がカーブを飛ぶように曲がってきて、灰色の後ろ脚、銀色に輝く毛皮、琥珀色に光る目を察知する。いや、もしかしたら男も月を見ていたのかもしれない。もう朝なのになぜ月が見えるのだろう、と死の間際に考えながら。それとも、最後に思っただろうか。「ああ、なんという美しさだろう」

アメリカだけでも、一日に一〇〇万匹以上の動物や鳥が、一般国道や幹線道路上で命を落としている。[11]そして、この大虐殺の過半数は夜に発生する。夜行性または薄明薄暮性の生物の数は非常に多いからだ。こうした夜間の衝突事故はまた、人間にも計り知れない代償を支払うように強いる。とくに危険なのがシカの存在だ。少なくとも統計からは、ピューマやクマ、そしてオオカミよりもよっぽど危険なことがわかっている。アメリカではシカと車の衝突事故が年間一〇〇万件以上起こり、一万件以上の人身被害と、一〇億ドル以上の損害をもたらしている（もちろんシカにとってもちっともよいことはない）。しかしそれ以上に衝撃的なのは、毎年二〇〇人以上がこの衝突で亡くなっているという事実だ。研究が示すところによると、こういった事故を減らす目的で幹線道路に電灯を増やしても効果はなく、むしろ夜行性・薄明薄暮性の野生動物には、衝突を避けるのがずっと難しくなる。錐体細胞よりも桿体細胞の方が発達している動物の目は、暗闇や薄暗がりでもよく見えるようになっているが、ヘッドライトや街灯の下では目がくらんでしまうからだ。『夜の人工灯が与える生態学的影響』の中で、寄稿者のひとりであるポール・バイアーは述べている。「哺乳類の視覚については十分に解明されていて、動物の路上死を最小限に抑えるための道路照明は、少ないほどよいと断定できる」。街灯の数や明るさを調整して道路の人工光を低減することは、野生生物にとって都合がいいだけではなく、人間の安全にもつながるだろう――ヘッドライトが頼りなら、もっとゆっくり気を配りながら運転するはずだからだ。

とはいえ、街路や幹線道路の照明をどのように減らしていけばいいのか？　サンフランシスコのシヴィル・トワイライトという設計協同組合は、その問題に対して革新的な解決法を提案している。それは月光に反応する「ルナ・リゾナント街灯」というもので、賞まで獲得した優れたアイデアだ[12]。この街灯にはＬＥＤ照明と高感度光センサーが搭載されていて、照明の明るさを月光の明るさと常に調和させるようになっている。たとえば、月が出ていない夜や三日月の夜には、歩行者や運転手が必要とする十分な量の光を供給し、満月の明るい夜には、かろうじて点灯しているほどの薄暗さになる。シヴィル・トワイライトは、これによって街灯に費やされていた予算の四分の三以上が節約できると推定している。そのうえ、街路には月明かりの風情が戻ってくるだろう。

このアイデアは、特段新しいものではない。たとえば、一八世紀から一九世紀にかけての街灯は、日の長さや月の満ち欠けと密接に結びついていた。パリでは、ガス灯が登場した一八四〇年代以降も二種類のランプが使われ、ひとつは一晩中ともされたが、もうひとつは月光では通りが十分明るくならないときにだけ点火された。パリは「光の都」と呼ばれるずっと前から「月の都」だった。そしてこのことは、二〇世紀に入ってからも月の状態に合わせて照明の予定を組んでいた、多くの都市にも言える。月には人を魅了する効果もある。ジェイムズ・アトリーは著書『ノクターン』[13]に、こう記している。「まるでモノクロ写真のように、月明かりに照らされた景観は色彩を失い、建築物をよりくっきり浮かび上がらせるのだ」。ゲーテは一七八七年の『イタリア紀行』でこれと同じ経験をしている。

満月の光を浴びてローマを彷徨う美しさは、見ないで想像のつくものではない。個々の物の姿はすべて光と闇との集団に呑みつくされ、そして最も大きく最も一般的な形像のみが、われわれの眼に映る。すでに三日このかた、私たちは非常に美しい晴れ渡った夜を心ゆくまでに味わった……パンテオン、カピトル、ピエトロ寺院の前庭、その他大通りや広場もそんなふうに照らされているところを見ておくべきである。[14]

現代に生きる僕たちが、この効果を味わうことはもはやないだろう。近代都市では、月は人工光に圧倒されて、その動きはほとんど注目を集めない。だから人は、自然光がもたらす野生の美を忘れてしまう。いっそう残念なのは、それを経験する機会がなければ、懐かしむすべもないということだ。

コウモリのコロニー

今夜僕は、世界を代表するコウモリの専門家マーリン・タトルの話を聞きに、テキサス州オースティンのコングレス・アベニュー橋へやってきた。この橋の下からは、たそがれどきになると、七五万～一五〇万匹のメキシコオヒキコウモリが出巣するという。そんな野性味あふれる眺めが、コウモリと同じくらいの人口をもつ都市のまんなかで見られるのだ。タトルは国際コウモリ保護協会（ＢＣＩ）の創設者であり、この驚くべき哺乳類のことをもっとよく知ってもらおうと、三〇年以上にわたって力を注いできた。野生動物保護の世界では、マーリン・タトルと言えばコウモリを意味する。[15]

コウモリは暗闇に結びつけて考えられることが多く、人間の手によって計り知れない迫害にあってきた。迫害の根底にあるのは、いまも昔もこの動物に対する理不尽な恐怖だ。たとえば僕たちは、コウモリが狂犬病ウイルスをもっているとか（実際に保有しているのは〇・五パーセントにすぎない）、髪の毛に絡みついてくるとか（超音波で人間の髪の毛一本まで感知できる動物なので、「ハムシがたくさんくっついた頭を見せつけない限り、そんな事態は起こりえない」とオハイオ州天然資源省はホームページで訴えている）、襲いかかってくるなどと心配している（タトルは四〇年間この仕事を続けているが、コウモリが人間に攻撃的になった場面を見たことがないと言う）。だが落ち着いて考えてみれば、コウモリは蚊などの嫌な虫を空から一掃してくれるだけでなく、僕たちが大好きな花や果物の受粉をしてくれる。つまり、経済をはじめさまざまな面で、人間のために非常に役に立っているのだ。

それなのに世界各地で、銃、花火、ダイナマイト、火炎放射器、毒物、テニスラケット、ホッケースティック、その他の武器を駆使して、コウモリのコロニーが次から次へと破壊されている。それも、空を飛ぶ小さな夜行性生物が怖いという、ただそれだけの理由からだ。とくにひどいのはアメリカで、ひとつだけ例を挙げると、アリゾナ州南部にある世界最大と言われたコロニーでは、一九六〇年の初頭にコウモリの数が三〇〇〇万匹から三万匹に激減した。そのコロニーのある洞窟周辺の丘には、ショットガンの弾丸が散乱していたという。

しかし、タトルの根気強い働きかけによって、状況は変わってきている。彼はテネシー州の農夫の話を聞かせてくれた。農家の土地にはコウモリが生息する洞窟があって、タトルはその研究をさせてもらうことになったのだが、そのとき農夫に「洞窟に入るなら、できるだけたくさんのコウモリを殺してきてくださいよ」と言われたそうだ。だが、洞窟の床に死んだコロラドハムシ――最も嫌われるジャガイモの害虫――の羽がたくさん散らばっているのをタトルが指摘すると、農夫は即座にコウモリに対する考え方を変えたそうだ。タトルが最初にコウモリ関連の仕事を始めた頃、プレゼンテーションを行うときには、都市伝説が間違いであることを説明するためだけに、最初の一〇分間を費やさなければならなかったという。現在では、狂犬病や吸血コウモリ、そしてアメリカの無防備な都市でコウモリが集団攻撃を起こす可能性について、講演中にあえて誰も質問してこないことが多くなったそうだ。

タトルがオースティンに越してきた一九八六年頃には、コウモリが集団で襲ってくる日は近いと考える住民もいたようだ。当時、架け替えられてから六年しかたっていなかったコングレス・アベニュー橋の下は、数百匹のコウモリの最適なねぐらとなっていた。色めき立ったオースティン市民のなかには、住み着いたコウモリを根絶やしにしようと呼びかける人々もいた。「ＵＳＡトゥデイ紙に『狂犬病をばらまくコウモリ、オースティン市に大量侵入、市民を襲撃』なんていう見出しが載せられたこともあったよ」とタトルは言う。「でもいまや、『コウモリのコロニーがオースティンをがぶり！』と報じたオースティン・アメリカン・ステイツマン紙は、コウモリをキャラクターにしている。しかも『コウモリホットライン』というサービスまであって、電話をかけるとコウモリが飛び立つ時間を教えてくれるんだ」。いま、当時のことを書こうと思ってコウモリの根絶を叫んでいた人を探そうとしても、誰も自分がそうだったとは認めない、とタトルは笑う。

橋の上でコウモリの出巣を待っていると、欄干のそばにあらゆる年代の見物客が集まってくる。眼下を流れるコロラド川では、期待に満ちた顔をたくさん乗せた小さな遊覧船が揺れ、個人のカヤックに乗る人たちが防水カメラを準備している。橋の一端にはテキーラの広告板があり、バカルディ社の有名なコウモリのロゴがひときわ目を引く。すぐ近くでコウモリを見に来た人たちを迎えるのは、大きな黒いコウモリのオブジェだ。その傍らには「世界最大級・都市コウモリのコロニー」という文字がおどっている。そして僕の鼻先にしょっちゅう漂ってくるのは、「世界最大級」の香りだ——コウモリの糞の独特な匂いが橋の下から立ちのぼってきて、出発の準備が整ったことを知らせてくれているかのようだ。

ごくひと握りのコウモリが狂犬病ウイルスを保有していることは、人間がコウモリを嫌う正当な理由にはならない。タトルいわく、コウモリほど病気に関して徹底的に研究された哺乳類はいないが、おかげで最も安全な動物であることが判明しているという。「オースティンはもう大丈夫」とタトルは言う。「かつては、コウモリが人間を襲って狂犬病ウイルスを振りまくという公衆衛生の専門家の発言のせいで、市はコウモリを駆除しようとしていた。だから私は、『いいですか、コウモリには価値があるのです。そっとしておいてあげれば、こちらに手を出すことはありません』と教えてやった。それから三〇年近くが過ぎたけど、コウモリの襲撃はいまだに一度も起こっていないよ」(16)

人々のコウモリに対する認識を変えるためにタトルが用いた手段のひとつに、写真がある。彼は必要にせまられて、独学でその腕前を磨いたのだという。あるとき、ナショナルジオグラフィック誌に「世間の思い込みに反して、コウモリがどんなに小ぎれいで、どれほど害のない動物か」を訴える特集記事を寄稿したタトルは、内容に見合う写真を検討しに、ワシントンにあるナショナルジオグラフィック協会本部に赴いた。しかしそこで見つけたのは、歯を剥いて唸るコウモリの姿ばかりだった（目を開かせようと顔に風を吹きかけたため、刺激されて自己防衛の態勢をとったのだ）。それらの写真はコウモリをことさら恐ろしい存在に仕立て上げていた――「あれを見たら、とても好きにはなれないだろうね」。そこでタトルはスタッフに告げたという。「君たち、それと同じことをほかの動物にはしないよね？　人間だって写真を撮る前に何か刺激されたら、カンカンに怒るだろう？」。以来数年、タトル自身が撮ったコウモリの写真は世界中で使用されている。長く垂れた耳やずんぐりとした耳、満足そうな瞳、黒く透き通るような翼。それを見れば、コウモリを嫌う必要のないことがよくわかる。

コウモリには一〇〇〇以上の種があることが知られている――この数は哺乳類全体のざっと四分の一にあたる。それだけに、すべてをひと括りにして考えるのは難しいのだが、それでも僕はアーロン・コーコランに、コウモリの一般的な印象を聞かずにはいられなかった。「コウモリは、実に驚くべき生物です」、そう答えるコーコランは、コウモリと蛾の関係について研究する博士課程の学生だ。一番驚かされるのはどんなところかと聞くと、彼はにやりと笑った。「それを話し出したら一時間はかかりますよ。ひとつとは限りませんから。最初に思い浮かぶのは、コウモリの世界では感覚によって環境が認識されること、そしてコウモリが周囲の状況に反応する速さです。エコロケーション〔反響定位〕をする動物は、一秒間に一〇〜二〇〇回ほどの超音波パルスを放出します。音を出してから反響を聞き取るまでの一〇分の一秒弱のあいだに、コウモリはすべての情報を取り入れて処理し、次の行動を決定するんです。その時間尺度ときたらすごいものですよ。ある種のコウモリは、人間の可聴域のおよそ六倍にあたる二〇〜一二〇キロヘルツの周波数の超音波を、一〇〇〇分の三秒ほどのあいだ発します。そして反響音の特性から、目的物の質感やそこまでの距離、方向を感知して、その獲物を追いかけたいのかそうでないのか、即座に判断することができるんです」

一九三〇年代後半からコウモリの研究を始めたドナルド・グリフィンは、エコロケーションを発見した功績で知られるが、コウモリを観察するのは魔法の井戸を訪ねるのに似ていると述べている。六〇年間彼はその井戸に通い続け、そのつど新しい発見を汲み出したという。

ここでひとつ、注目すべき話を紹介しよう。一〇〇万匹以上が生息している洞窟から餌を探しに出た母親コウモリは、外から戻っても自分の子供を見つけることができる。三〇センチ四方あたり二〇〇〜五〇〇匹の子供コウモリが肩を寄せ合っているような、過密な状況にもかかわらずだ。タトルによると、高等霊長類やゾウと同じように、コウモリにも長期間にわたって継続する社会的関係があることが明らかになっているそうだ。また別の研究から、年の半分をまったく別の場所で過ごす冬ごもりのコウモリは、そこでもまだ互いを見分け、それぞれの「友情」の度合いに応じて接することがわかっている。

「それを友情と呼ぶかどうかはその人次第だけれど、おそらく人間の感覚とそう違いはないだろう。コウモリは本当に賢い生き物なんだよ」とタトルは言う。

コウモリがオースティンの夜に姿を現し、長い列をなして猛烈な勢いで飛び始めると、小さな歓声が上がった。観衆の多くは、大人も子供もくすくすと笑っている。出巣の場面に何度も立ち会っているタトルは、それほど感動しているようには見えない（「まだまだこれからだ」と彼は言った）。でも、一匹のコウモリにもワクワクしてしまう僕は、ものすごい数が潮のように満ちたり引いたりしていくのを目撃して、驚嘆の声を漏らさずにいられない。いま目に映っているのは、人間からあらゆる手立てで存在を否定されたのにもかかわらず、橋の下から舞い出て、喜びに満ちた様子で飛んでいく動物の姿だ。「まだまだ序の口だとしても、すでに圧倒されてしまいました」と言うと、タトルは笑った。「すごいときには、帯状の群れが何キロも続く。世界でも有数の野生の眺めが見られるはずだよ」

コウモリは黒い竜巻のように旋回しながら、アメリカタバコガやアメリカキヨトウ（タトルいわく年間一〇億ドルの損害をもたらす害虫）を食べに農地を目指し、東の地平線へと消えていく。近年の調査では、実にアメリカの農業ひとつを取ってみても、昆虫を食べるコウモリは少なくとも三〇億ドル相当の貢献をしていることがわかっている。夜の採食活動をしながら、コウモリは文字どおり山ほどの昆虫を食べ、農薬にかかる経費を減らしているのだ。ただ、三〇億ドルという数字はとても控えめなもので、実際は五〇〇億ドル以上の価値をもつ可能性もある。というのもこの調査には、人間に降りかかる健康障害や、昆虫が農薬への耐性を増すことによって起こる問題など、農薬使用が生み出す下流コストが含まれていないからだ。世界のいたるところで、コウモリは果実や花の受粉を助け、作物を食い荒らす害虫を駆除する。皮肉なことに、コウモリが人間社会にもたらす膨大な利益は、人間社会がコウモリを見るときの嫌悪感や恐怖に比例しているのかもしれない。[17]

タトルらによる擁護にもかかわらず、コウモリはまだ切実に助けを必要としている。相次ぐ人間からの迫害に加えて、ミシシッピ川以東の洞窟にすむコウモリたちは、感染すると鼻先や翼に白カビが生える「白い鼻症候群」の犠牲になって、数百万匹が死んでいる。また、移動中のコウモリは風力発電のタービンに対抗するすべをもたず、アメリカ国内だけでも二〇二〇年までに年間六万匹のコウモリが命を落とす恐れがあるという。鳥がタービンのブレード（羽根）に直接ぶつかって死ぬのとは異なり、コウモリは気圧外傷と呼ばれる障害で死亡する。これはダイバーにみられる「潜水病」のようなものであり、ブレード周辺で起こる急激な気圧の低下が、コウモリの肺を破裂させてしまうのだ。

コウモリがこのような死を迎える一因には、照明も関係しているのかもしれない。ブレードに近寄らなければ気圧外傷になることもないのだが、なかには風車の照明に集まった虫に引き寄せられるコウモリもいるからだ。もっと言うなら、人工光によるグレアや光侵入がコウモリの生息地を縮小させ、すでにストレス下にある彼らの生活をさらに混乱させているというヨーロッパからの研究報告もある。研究者たちは、白い鼻症候群や風力発電による死について解明しようと躍起になっているが、僕たちのかけがえのない力になってくれる生き物を助けるためには、人工光を抑制することが手っ取り早い方法ではないだろうか。

コウモリを救おうとするタトルの情熱は、彼の足を始終世界へ向けさせる。今日、僕が最初に自宅を訪れた夕暮れどき、タトルはまもなく行われるキューバでの講演に向けて、スペイン語の文章を暗記しているところだった（僕が到着したときにはちょうど、「コウモリの実態がこれほど明らかになっているのに、新聞社はいまだに彼らが危険な動物だという記事を発表しようとしています」という文章に取

図9　コングレス・アベニュー橋の下からメキシコオヒキコウモリが出巣する様子。テキサス州オースティン。（©Randy Smith Ltd.）

り組んでいた）。その夜、橋をあとにした僕たちは、テキサス州会議事堂の照明に集まる蛾を狙うアカコウモリを見に車を走らせた。空ではコウモリたちが蛾にむらがり、足元では一匹の蛾が羽をパタパタとさせて休んでいる。タトルは「コウモリ探知機」を持参していた。トランジスタラジオのような外観のその装置は、プップツ、ビボボ、チュピチュピなどさまざまな音に、コウモリの行動を変換する。僕たちが夜空を見上げながら音を聞いていると、若い女性が笑顔で歩み寄ってきて、探知機を見るなり頷いた。「コウモリと話をしているのね？」

この問いに対して、マーリン・タトルは常に「イエス」と答え続けてきた。たとえそれがどこの国の言葉だとしても。

ケープコッド

六月終わりのある晴れたたそがれどき、僕はケープコッド（コッド岬）国定海浜公園の駐車場に車を停めて歩き出す。ブヨの大群を掻き分けながら浜辺に向かっていると、海の方からやってきた女性も「最悪！　このブヨってば狂犬病のキツネみたい」と友だちに漏らしているのが聞こえてくる。大股歩きで夜に近づいていく気分は、とても甘美だ。ヘンリー・ベストンの『ケープコッドの海辺に暮らして』を読んで以来、僕が憧れ続けてきた夜。浜辺では火が焚かれ、あちこちから鳥のさえずる声が聞こえる。打ち寄せる波はしぶきを上げて砕け、夕闇のカーテンは海上から東の空を覆っていく。ここがベストンが暮らした海辺だ。

ヘンリー・ベストンほど夜を雄弁に語った人物を、僕は知らない。一九二八年に出版された彼の著書は、この海辺に自らの設計による二部屋の小さな家を建てさせ、そこに単身で暮らした一年間を描いたものだ。夏のケープコッドをたびたび訪れていたベストンは、一九二六年の秋にはそこから離れがたくなっていた。「この陸地と外海の美しさと不思議がぼくをとりこにしてしまい、ぼくは家を離れることができなくなってしまった」。求愛していた女性からの「あなたの本の出版までは、結婚はおあずけ」という言葉も、彼に特別な意欲を与えたのだろう。それから四つの季節がめぐるあいだ、ベストンは今日では無視されている「自然の長大なリズム」――とりわけ昼から夜へ、光から闇へと移ろうリズムをじっと観察し、その本質的な価値が認められるよう呼びかけた。「我らが素晴らしき文明は、自然の多くの局面との接触を失ってしまった。とりわけ、夜との接触を完全に絶ってしまった」とベストンは述べる。「明かりを使うことで、更なる明かりを使うことで、ぼくたちは夜の神聖さと美しさを森と海に追い返してしまった」

「明かりを使うことで、更なる明かりを使うことで」という懸念を一九二八年の時点で抱いていたベストンには、飛び抜けた先見の明があった。アメリカの多くの農村に電灯が普及するのは、それから数十年もあとのはずだから、もしもその時代に戻ったなら、僕たちの多くはまだ真っ暗闇の世界を見て目を疑っただろう。同時代の人々へ語りかけるベストンの口調は、まるで現代の僕たちに語りかけているかのようだ。「夜の詩的性格が少しも分かっていない人、夜を見たことさえない人が今日の文明には満ち溢れている。だが、そんなふうに生きるなんて、人工的な夜しか知らないなんて、人工的な昼しか知らないのと同じように馬鹿げた邪悪な事柄だ」。「滋養を補給してくれる自然の詩的な精神」に心から同調した彼は、何時間もかけて海辺を歩き、そこで目にした自然の姿について思索した。時には星が輝き、時には月に照らされた、いつでも暗い夜空も、ベストンが思いをめぐらせたもののひとつである。

　なかでもベストンが心を通わせたのは、ケープコッドの鳥たちだった。「群《むれ》が鳥の星座に変わり、思い思いの位置を占めながら、つかの間の昴《すばる》になる」様子を観察したベストンは、それを足場に「秋、海、鳥」という章に印象的な一節を残した。彼は問いかける。「デカルトがずいぶんと昔に提唱したように、こうした鳥たちはすべて『一つの装置《マーキナ》』だと信じなければならないのか」。彼はまた、「私たちはより賢明な別の動物観、おそらくはより不思議に満ちた動物観を持つ必要がある」と言い、「人間界よりも古くて完全な世界に住む動物たちは、完成した姿をしており、我々人間が失った感覚、もしくは獲得し得ない鋭敏な感覚を与えられて、我々には聞こえない声に従って生きている」と論じている。ベストンは科学者たちが同様の主張をするずっと前から、鳥がもつ素晴らしい感覚能力について言及していた。自分が暮らす世界を注意深く観察しているうちに、それに気づいたのである。

　ある夜、ベストンが午前二時過ぎに目を覚ますと、部屋には「四月の月明かりが満ち溢れていて、あまりの静けさに、時を刻む時計の音まで」聞こえてきたという。浜辺へ歩いていくと、「鈴の音を思わせるすてきな切れ切れのコーラスが聞こえてくる。静かな夜、満月の下、北に向かうガンの大群の声だ」。この様子を「生命の川が空を流れている」と表現するベストンは、自分が偉大な鳥たちの春の渡りを目撃していることに気づいていた。夜を旅する鳥たちは、これまで何千年もそうしてきたように、年に二回の飛行を闇に紛れて行うのだ。「大群のときもあれば、小群のときもある。空が空っぽに見えるときもあれば、喧騒に満たされているときもある。それが、ゆっくりと海上に消えていく。翼の羽ばたきが聞こえることも稀ではない。ときおり、急いで飛行している鳥の姿も見える。だが、その姿を認めた次の瞬間、彼らはもう月明かりの空に、点となって消えてしまう」

ベストンが今日も生きていて、「我らが素晴らしき文明」が、この「生命の川」を次第に蝕んでいく様子を目の当たりにしたとしても、きっと驚きはしないだろう。アメリカ国内では、毎年少なくとも一億羽の鳥が人工構造物のせいで命を落とすと推定されている。だが実のところ、ミネソタ大学ベル自然史博物館の鳥類専門職員ボブ・ジンクが言うように、「年間推定死亡数には、一億羽から一〇億羽まで幅があります……言ってしまえば、私たちにはわからないのです」というのが現状だ。(トラヴィス・ロングコアも、「死んだ鳥の調査を行っている場所は多くないし、たとえ行われたとしても、たまにしか調査が入らない」と証言している)。

僕たちにわかっているのは、この国の空をちくちくと刺すように建っている約七五〇〇万基の鉄塔のほとんどが、照明に照らされ、支線と呼ばれるワイヤーの力を借りて直立を保っているということ(このワイヤーも鳥にとっては致命的な障害物となる）。そして灯台、石油プラットフォーム、大煙突、風力タービンが、陸にも海にも散在していることである。しかしそれよりも脅威なのが、都市部の高層ビルだ。こうしたビルは、一箇所に集まっては複雑極まりない迷路を作り出し、鳥たちに航路を見失わせる。どんな鳥も、これらの建造物が組み合わさってできた命がけの障害物コースを生き抜くようには進化していない。それが夜ならなおさらのことだ。

「鳥類の夜の移動が太古の昔から行われていたのは、はっきりとしている」とコーネル大学のアンドリュー・ファーンズワースは言う。「さまざまな人間活動の影響、たとえば一〇〇年前までは真っ暗だった夜空を照らすといったようなことは、劇的かつ深刻な結果を招きかねない」。照明は鳥たちを引きつけ、混乱させたあげく、人工構造物へと衝突させてしまうようだ。そうした事例から、最も印象的なものをいくつか挙げてみよう。一九五四年のある夜、ジョージア州の空軍基地から地面をまっすぐに照らす光線が、五万羽の鳥を惑わせて死亡させた。オンタリオ州では一九八一年のある週末に、大煙突に衝突した一万羽の鳥が命を落とした。一九九八年には別の一万羽が、カンザス州にある電波塔の支線に当たって死んでいる。最も間近な例では、二〇一一年暮れの夜に、ユタ州南部の空を移動していたカイツブリ一五〇〇羽が、雲に映る街の明かりに混乱させられたのか、池と間違えて駐車場の地面に体当たりした。ありがたいことに、このような大事故は例外の域に入る。しかし、ここで一羽死に、あそこで数羽死に、とても運の悪い夜には一〇〇羽以上が死に、それらが積み重なると大量死になって、全体に深刻な損害を生み出す。膨大な数の鳥が死ぬ原因を、すべて人工光に直接結びつけることはできないし、人工光と鳥の死亡率の明確な関連性について、僕たちにはまだ理解していないこともたくさんある。それでも、クレムゾン大学のシドニー・ゴースローは言う。「人工灯の使用が増えることによって、鳥類の生息数、とりわけ夜に移動する鳥の数に悪影響を与えていることは、あらゆる証拠から明らかです(18)」

ファーンズワースいわく、北アメリカだけでも四〇〇〜五〇〇種ほどの鳥が、夜に渡りを行うそうだ。「そうした鳥は、サギ、カッコウ、海辺の鳥、鳴禽類など、本当に広い範囲におよんでいる。カモメやアジサシも夜に渡りを行うし、アビ、カイツブリのような多くの水鳥もそうだ」。その多くは主に昼行性だが、渡りのシーズンだけは夜に行動するようになる。ただファーンズワースによると、シーズンと言っても、渡りを行う鳥はたくさんいるので、実際一年のほとんどの時期がそれに該当するという。「鳥の渡りと聞くと、春と秋と考えがちだけれども、夜の渡りはほぼ年中見ることができる。それも北アメリカに限っての話で、世界に範囲を広げれば、間違いなくその数は増えるだろう」

死んでいく鳥の数だけでももちろん衝撃的だが、より影響が大きいのは、特定種の鳥が命を落とすことだ。つまり、もしも五〇〇〇羽のハトが死んだら、それはそれで一大事だが、アメリカムシクイのなかのある特定の種が五〇〇〇羽死んだとしたら、また別の問題が持ち上がるだろう。ファーンズワースは言う。「夜に死なせてしまったたくさんの鳥が、絶滅の危ぶまれる種だったとしたら、ネコマネドリやアカフウキンチョウなどのもう少し数が多くて生息域の広い種の場合とは、状況が違ってくる」。だからこそファーンズワースとその同僚たちは、頭上を流れる「生命の川」にたくさんの「水」が流れるよう取り組みを続けている。夜間の鳥の大移動は、以前からレーダーを用いて発見できていたが、その鳥の種類まではわからなかった。しかし近年では、音響モニタリング技術（マイクを使って録音した渡り鳥の声をコンピューターで分類する技術）の進歩によって、群れにどんな鳥がいるかを突き止められるようになってきた。「それぞれの種は、渡りの際に独特の声を出す。そうした声はリアルタイムでも聞けるし、アルゴリズムを使ってあとから自動でデータ処理をすることもできる。それによって、夜の渡りがどのように構成されているかを探る手がかりが得られるんだ」

ファーンズワースらは最近、9・11メモリアル広場から空に向かって照らされる「トリビュート・イン・ライト（追悼の光）」の近くで、そのようなモニタリングを行った。その夜はとてもたくさんの鳥が光に引き寄せられたため、追悼を一時中断しなくてはならなかったという。「何千羽もの鳥が光線の中にいて、ものすごい鳴き声が飛び交っていた。ところが照明を消した途端、声を出す行為がほぼぴたりとおさまった」。ファーンズワースは鳥の鳴き声が激減した現象を、「照明の影響で移動の習性のさまざまな側面が大きく変わってしまうことを示す特筆すべき例」だと述べている。

トロントの顔であるCNタワーは、一九七六年の完成以来、長年照明に照らされ続けてきた。そう教えてくれたのは、トロントにあるフェイタル・ライト・アウェアネス・プログラム（FLAP）の創設者マイケル・メジャーだ[19]。「何度も現地に足を運んだ。そして何千羽とは言わないまでも、何百羽もの鳥が光の束に閉じ込められて、塔のまわりを旋回する様子を観察したよ。あまりにもすごい数で、コンクリートに激突する鳥もいれば、お互いに衝突する鳥もいた。そして、午前一時をまわって照明が消えると、光の中に閉じ込められていたすべての鳥は、地上へ舞い降りてくる……まるで、あたり一面に鳥の雨が降るように。なるほど、と思った。明るく照らされた部屋にいるとき誰かがスイッチをパチッと消したら、目が慣れるまでに時間がかかる、あの感じだ。それと同じように、鳥たちも一羽一羽体勢を立て直して、再び暗闇へ飛び立っていった」

都市部に住みながら、夜の渡り鳥にこれほど助けの手を差し伸べることのできる人物は、FLAPのメジャーをおいてほかにいないだろう。

「前々からその問題は聞いていたけど、とても信じられなくて、自分の目で確かめずにはいられなかった。僕は一九八九年の明るく晴れた朝に早起きをして、気がつけば、ああなんたることか、明け方のトロントの街路に散らばった鳥たちを拾い上げていたよ」。FLAPは一九九三年の創設以来、トロントに生息する鳥の大量死問題に重要な進展をもたらしてきた。建築家、技師、ビル所有者に向けたガイドラインを作成したり、すべての新築建造物に衝突予防対策を義務づけたり、企業の建物向けに美観を損なわない窓用カラーフィルムの開発を促進したりしてきたのだ。FLAPの先例にならって、ニューヨーク、シカゴ、ミネアポリス、カルガリーなどの都市でも同じような団体が活動を始めた。昼間に建物にぶつかって死ぬ鳥の数は、夜間のそれよりも多いのだが、FLAPは双方に直接的な結びつきを見出しているそうだ。「夜明け後に拾い上げる鳥の圧倒的多数は、そもそも都会の夜の環境に引き寄せられてきた。もしも鳥たちがライトアップされた夜の建造物との衝突を免れて、疲労を回復したなら、次には日中の光を反射する建物の外壁と闘わなければならない」

これまでの成果やこれからの仕事について話すとき、「ささやかな一歩」とか「忍耐強く」という言葉を選ぶメジャーだが、よい兆候に見える二つの変化も挙げている――建物の照明にかかる電力コストの増大と、新しいビジネスの形の出現だ。たとえば「旧来のビル清掃は、終業時間から開始して徹底的な掃除を行っていた。その結果、夜の半分はビル全体の明かりをつけていたことになる」。メジャーは、近頃では日中の清掃が人気を集めるようになってきたと言う。「プライバシーの問題から避けられていたこともあるけど、実際のところテナントは、自分たちのオフィスを掃除してくれるスタッフとの交流をはかる機会がもてると喜んでいるよ。結果として、夜の照明も必要なくなるしね」

メジャーは、都市における鳥の大量死問題を解決するのは、そう難しくはないと主張する。「もしもこれが湖の汚染や森林の激減だったら、湖や森林を蘇らせるために、何年にもわたる努力と莫大な費用が必要になるだろう。でもこの問題は一晩で片がつく。そんないいことってあるかい?」。オフィスビル内にスペースを借りている人なら誰でも、ビルの照明を変えるよう要求することで、変革を起こす助けになれるとメジャーは言う。すでにトロントでは、オフィスを借りたいという事業主が、ビル側の鳥への配慮について聞いてくるのが当たり前になりつつあるそうだ。「これがビル経営の基本になるのも時間の問題かもしれないよ」

メジャーの夢は、カナダをはじめとした北アメリカのすべての都心で、新しい建物にも既存の建物にも、渡り鳥を保護するための義務的な対策が施されるのを見届けることだ。すでにいくつかの夢は実現されているし、今後すべき仕事も自然と頭に浮かんでくる。「路上の鳥を拾うなんて、たいていの人は一生見ることのない光景だろうけど、拾い始める瞬間、すべてがよみがえってくる。僕がいまどんな目的で、何をしようとしているのか、心の痛みとともに思い出すことができるんだ」

僕はいま、どんな目的でベストンの暮らした浜辺を歩いているのか? 彼が表現した世界を本当に見たいと思うなら、日没後まで待たなくてはならない。言うまでもなく、たった一晩（もしくは一週間、一カ月、そうでなければベストンと同じ一年）をケープコッドで過ごしたところで、ベストンが知り尽くしていた夜を完全に理解できはしないだろう。彼の知る世界は影を潜めてしまったのかもしれないし、もう見分けがつかないほど衰えてしまったのかもしれない。でも、僕がここに来たもうひとつの理由は、それがどれだけ残っているのかを確かめることでもあった。

僕が歩いている海辺は、ボストンの「広大な黄色い空」を挟んで、ウォールデンとは反対側に位置している。つまり、スカイグローが西の水平線全体を覆い、空高くにある星々を消し去っているのだ。さらに残念なのは、南を向くと、遠くの岸にたくさんのセキュリティーライトが輝いていることである。ケープコッドくらい自然に重点を置いた地域社会で、このように不覚な照明が許されているのは驚きだ（とは言っても、所詮ここはアメリカだ。デイヴィッド・ゲスナーは、読者の心に訴えかけるエッセイ『夜への不法侵入』[20]の中で、ケープコッドに越してきた新しい隣人のことを書いている。隣人は「三五個の多様なスポットライトと、地中埋込み照明、プール用照明で浜辺をライトアップする計画」を推し進めようとした。彼は「悪党のような愛国者のマント」を羽織って、自分の所有地を好きなように照らす権利を主張したのだ。ゲスナーが妻とケープコッドに来たのは、「野生の感覚」に引きつけられたからだったのに、彼はこう漏らさずにはいられなかった。「新しい光が野生の地にもたらしたすべての結果がそこにある。自然は飼い慣らされてしまったのだ」）

ありがたいことに、少なくともここから岸辺の一帯を見渡す限り、光はない。僕は、飼い慣らされた自然を感じなくてすむよう願う。しばらくすると、焚き火までもが消された。僕は大きく回り道をしながら、ノーセット沼沢地を通り抜け、割れた空っぽのカニの甲羅や、怪我をした鳥の擦り切れた羽がついた古い骨のそばを通り過ぎ、フエコチドリやアメリカコアジサシ（ベストンはどちらもよく知っていたに違いない）の巣を守るために閉鎖された区画の周辺を歩いた。まわりにはほとんど人がいない。浜辺を共有している二人の若い釣り人の竿は砂浜に埋め込まれ、釣り糸は波打ち際までピンと伸びている。暗くなるとストライプドバスの大群が岸辺まで押し寄せるのだ。陸地の先端まで来ると、湿った滑らかな砂の上にたくさんの海鳥の足跡を見つけた。Ｙの字のような三叉があちらこちらに広がっている。

これ以上南へは進めない――ベストンの家があった砂浜は時の経過に流されて、いまや水中に沈んでいる。だが建物そのものは浜辺から少し離れた場所に移築され、一九六四年には国立文学史跡に指定された。妻のエリザベス・コースワースとともに（彼女の提示した結婚の条件はとっくに満たされていた）その式典に出席したのが、ベストンの最後のケープコッド訪問となる。ベストンはその四年後に亡くなり、一九七八年には、移築された彼の家も激しい大嵐で海に流されてしまった。

水平線はいまや、暗い空と層を分かつひときわ暗い線にすぎない。とどろき、波が砕け散る海からは、星が静かに昇ってくる。北からはノーセット灯台の回転する光が一定間隔で射し込み、東には少数の釣り用ボートの明かりが揺れている。南方の弱々しい光は断崖の場所を知らせ、西の空は絶えずスカイグローに包まれている。それでもやはり、この場所は暗い。その十分な暗さに、大きな奥行のある天の川が水平線とほぼ平行に走り、空をアーチ状に覆うのが見えるほどだ。

四つの季節をほぼすべて経験し、「自然の長大なリズム」に親しんだベストンは、浜辺での一年を終えようとするとき「創造がいまだに行われているということ、創造の力が今なお昔と変わらず巨大で強力だということ、明日の朝もこれまでの朝と同じくらい英雄的なものになるだろうということ」を感じた、と本の終わり近くに書いている(21)。

砂浜の一部が飲み込まれ、家や星空が洗い流されてしまったとしても、夜のケープコッドはいまだにベストンの時代を思わせる雰囲気がある。僕がこの海辺を歩こうと思ったのは、ベストンの生きた古い世界の息吹を感じたかったからだ。僕は知りたかった。当時ほどの力強さではなくとも、鳥たちは相変わらず夜に渡りを行い、魚の大群は岸辺近くまで押し寄せ、天の川は夜空に弧を描いているのか。そうした野生が存在できるほどの闇がここには訪れ、そこではいまだに新しい世界が創られているのか。この暗い空、砂浜、海を見て、僕はそれが続いていることを理解した。

「夜を称えること、夜に対する卑俗な恐怖を捨てることを学ぶべきだ。人生から夜を追放すれば、宗教的な感情も詩的な気分も消えてしまい、人の営みがずいぶんと浅薄なものになってしまうからだ」とベストンは言う。僕は波打ち際まで近づき、仰向けに寝そべって目を閉じた。波の音がバスドラムのように砂の下から響き、巨大な生命が間近で息づいているような気持ちになる。人工の光をもたず、たった一人でこの地に暮らしたなら、季節、一日のリズム、天気、自然の音への感覚がきっと研ぎ澄まされるはずだ。海のすぐそばに、空のすぐ下に生きる。それはまるで、愛する人に寄り添い、その呼吸、血の流れ、心臓の鼓動を感じるようなものなのだろう。

4 夜と文化

けれども暗闇はすべてを抱いている
いろいろなものの姿や焔や動物や私を
闇は人々やもろもろの力を[1]
自分の中に引き入れている

——ライナー・マリア・リルケ（1903）

車が約二〇キロにおよぶ荒れた未舗装道路に入ると、ニューメキシコ州のチャコ文化国立歴史公園へ続く最後の直線に達したことがわかる。[2] 多くの人がたんにチャコと呼ぶその場所へ向かってガタガタと走る僕の車は、白い砂埃を巻き上げながら、夕方前の公園に到着しようとしていた。いまならまだ太陽の光のもと、チャコ・キャニオンを見て回ることができる。アルバカーキから北西へ三時間半ほど車を走らせた場所にあるチャコは、西暦八〇〇年代半ばから三〇〇年間にわたって、文明が栄えていたことで有名だ。観光客は、グレート・ハウスと呼ばれる複数の遺跡や、峡谷に広がるキヴァという儀式用の穴を見学して歩く。[3] なかでもプエブロ・ボニートの遺跡はグレート・ハウス最大のもので、その半円形の建物には四階建ての部分もあり、六〇〇以上の部屋が集まっている。車で一周すれば主要な遺跡のほとんどは楽に見学できるのだが、へんぴな場所にあるチャコを訪ねる客は少なく、一〇〇〇年前は活気ある都市だった場所に、気がつけばたった一人で立っていることも珍しくない。

僕は、大きな円形のキヴァがあるカサ・リンコナーダにいた。古代の岩や峡谷の壁を、夕日が燃えるようなオレンジ色に染め、紺碧の空はさらに深みを増していく。夕暮れの到来を知らせるコオロギの声と、日中の終わりを告げる鳥のさえずりを聞きながら、僕はチャコの夜に思いを巡らせていた。一〇〇〇年前の亡霊に囲まれた廃墟のまんなかで夜を過ごすのはどんな気持ちだろう？　遺跡の片隅、中庭、小部屋、石壁は、唯一の照明である月明かりに照らされてどのように見えるのだろうか？

あいにく、チャコ・キャニオンは日没とともに閉園し、来園者がいなくなるとゲートには鍵がかけられる。それも当然かもしれない――昼間ですら監視のつかない峡谷で、パークレンジャーは入園者が道に迷ったり怪我を負ったりする心配がなくなるうえ、遺跡を破損から守ることができるし、照明費用を支払う必要もなくなるのだ。しかし、夜空に造詣の深い文化を称えるための公園なのに、夜には峡谷に立ち入ることができないなんて、なんとなく不自然で残念な、もったいない気がしないだろうか。少なくとも僕は、最初にそんな印象を受けた。


僕が初めてチャコを訪れたのは一五年前、ミネソタからニューメキシコに引越してきた直後のことだ。その頃はまだ、砂漠を理解しようとしている段階だった――メサ〔卓状大地〕や山地、川に侵食された赤褐色の峡谷、真っ青に晴れ渡った朝、そしてもちろん青唐辛子《グリーンチリ》。僕はそのすべてを気に入ったし、いまでも大好きだ。だけど、チャコまであと数キロの未舗装道路は覚えていたのに、どうやら砂漠の遺跡がもつ独特の味わいは忘れていたようだ。岩や空気や光が伝える昔日の面影。まるで、つい最近まで人が住んでいたかのような佇まい。その感覚を再び味わえるのは本当に嬉しい。なぜなら僕は、現代よりもずっと暗闇に親しんできた文化に身を置いてみたいという一心で、今回ここを訪れたからだ。

チャコが観光客を引きつける最も大きな要因のひとつは、建造物のほとんどが、天体や月の配置を念頭に設計されたように見えるところだ。峡谷や建物の壁に残されているたくさんの絵文字は天文現象を表しているらしく、そのなかにある「超新星爆発の壁画」は一〇五四年の出来事を描写したと考えられている。とはいえ、本当のところは誰にもわからない。たしかに、遺跡やその配置は観光客を引きつけるかもしれないが、この地の真の魅力は謎に包まれている。

「『超新星爆発の壁画』とは仮の名前にとどめておいた方がいいかもしれないわね。だって確かめるすべがないんだから」と言うのは、アンジー・リッチマンだ。国立公園局の天文考古学者である彼女がとりわけ興味を示しているのは、チャコのような古代文明に空が果たした文化的役割である。リッチマンはしかし、次のように語る。「チャコ周辺には、古代の人々が空を念入りに観察して、その移り変わりを知っていた形跡がたくさんあるの。岩絵に描かれているのは彗星や日食かもしれない。空が彼らの日常生活において明らかに重要だったのは、それによって時の経過を把握し、作物を植え収穫する時期を知ることができたから。そのほかには、スピリチュアルな意味もあったでしょうね。夜空を見上げて、太陽と月は神であり、星は魂の導き役であると考えることは、彼らという人間のあらゆる側面に影響したはずよ」

プエブロ・ボニートから小さな渓谷を挟んで少しだけ東へ行ったところに、カサ・リンコナーダ遺跡がある。これはアメリカ南西部でも最大のキヴァのひとつで、太陽の方位と関連づけられた代表的な建築物として、観光客の人気を集めている。遺跡を囲む円形の壁の内側には二八個の四角い窪みが並び、真北と真南には、人の出入口となるT字型の大きな穴が向かい合った形であいている。夏至に太陽が昇ると、東側の壁にあいた穴から光が差し込み、二八個の窪みのひとつをまっすぐに照らす。あたかも夏至に合わせたようなこの配列には、世界中から訪れた観光客が魅了されるという。こうした現象が意図したものなのか、それともただの偶然なのか、誰一人本当のことはわからない。これには、キヴァの壁に対して行われた一九三〇年代の大規模な修復工事も影響しているだろう（ダブダブのズボンと探検帽を身につけた、まさしくインディ・ジョーンズ風の人々が立ち働いていた）。それでもここには、大昔に栄えた文化としては、目を見張るような建築技術がいくつも見られる。こうした場所で自分の生活すべてを注ぎ込んで、星や月や太陽、季節の動きを理解しようと努めれば、空とは疎遠となった現代人には謎に思える多くの事柄も、なんとか解き明かすことができるのかもしれない。

壁面の高さと曲がり具合に関して言えば、チャコはアメリカ南西部の多くの峡谷に見劣りするが、空を眺める場所としては、これ以上のロケーションを思い浮かべるのは難しい。東西に走る峡谷は、両端が狭く中央が広がり、側面にはのっぺりとした砂岩の絶壁が同じ高さにそそり立っている。そのため、一年のほとんどの期間、太陽と月は峡谷の一端から昇り、反対側の端に沈む。壁が地平線を作り出してはいるものの、峡谷そのものは十分に広く、もっと狭く深い峡谷から見るよりも空は広い。結果として、チャコ・キャニオンに立つことは、空を観察するためのスタジアム、もしくは古代の巨大なプラネタリウムにいるようなものだ。チャコの人々が仰向けに寝そべって、立体的な宇宙を見上げている姿が容易

図10　スローシャッターでとらえた夜のカサ・リンコナーダ（チャコ・キャニオン）。（Tyler Nordgren）

に想像できる。そこでは星々が地球に向かって降り注ぎ、峡谷の端から端へと流星が流れていくのだ。

長いあいだ遺跡の保護に力を注いできた国立歴史公園だが、チャコ文化と空との関連性を守ることも、ますます重要な課題になってきている。リッチマンは、チャコのパークレンジャーを二五年以上務めるG・B・コーニュコピアとともに、チャコ古来のこの伝統が現代人への注意喚起の一助になるよう尽力している。一九九八年以来、リッチマンとコーニュコピアは公園のビジターセンターの近く、遺跡へ向かう道を閉ざすゲートのすぐ手前で、夜間の天文学プログラムを開催してきた。望遠鏡の寄付と天文愛好家によるボランティア活動のおかげで、いまでは毎週さまざまな夜間プログラムが受けられる。

僕が訪れたその夜、コーニュコピアは集まった数十人の観光客を楽しませていた。その日彼らは、月の周期を早送りした映像（まるで脈打つ心臓のように見える）や、公園で一番大きな望遠鏡越しに見る

M13（数十万個の星が密集した球状星団で、ふわふわしたきらめく雪玉のよう）の眺めを公開していた。僕らの後ろには峡谷の壁がそびえ、その黒いシルエットの向こうから星空が昇ってくる。コーニュコピアはこの空を、チャコの古代文化と僕たちを「最も直接的に結びつけるもの」、「一〇〇〇年前と同じ空」と呼ぶ。そして、周囲の町からの増え続ける光害にもかかわらず、チャコは「それでもまだとても暗い場所」であり、夜の遺跡に囲まれていると薄気味悪くも感じられ、「自分が何世紀にいるのかわからなくなる」錯覚に陥ることもあるのだという。

遺跡の中に入ってその光景を見てみたいと思う者は、僕だけではないはずだ。でも、ここに長くいるうちに、やはりそっとしておくべきだという気持ちが強くなってくる。とりわけコーニュコピアの言うように、チャコが昔の姿を取り戻すのが夜だとしたら、ゲートをくぐるのはやめておいた方がいい。かつてそこに暮らした人々への敬意から、というのもひとつの理由だが、それだけではない。大きな月や満天の星空の下、プエブロ・ボニートやカサ・リンコナーダに立つのはどんな気持ちか――それは謎のままにしておいた方が、チャコの魅力は増すだろう。ウォールデンではまったく気兼ねなく、恭しい気分でソローの丸太小屋跡を訪ねた。またそうすることで、自分の内なる一面に働きかけるような気がしたものだ。ここでは、そうできればもちろん嬉しいけれど、なんとなく場違いな雰囲気は否めない。峡谷に立ち入れないのが「不自然で残念でもったいない」という最初の印象は、だからこそ、いつのまにか消えていた。人影がまばらになり、望遠鏡が片づけられるあいだ、僕は西の峡谷を眺め、古代チャコ人が果てしない空を見つめている姿をいま一度想像した。本当にもったいない状況が生まれるのは、人間がいつでも好きな場所に行けて、一部の夜をそっとしておくのをやめたときかもしれない。

谷崎潤一郎は、哀調を帯びた随筆『陰翳礼讃』(4)の中で、西洋人を「蝋燭からランプに、ランプから瓦斯燈に、瓦斯燈から電燈にと、絶えず明るさを求めて行き、僅かな蔭をも払い除けようと苦心をする」と表現している。谷崎いわく日本文化において陰影は極めて重要な役割を果たしてきたが、この随筆が発表された一九三三年当時、それは電灯の氾濫によって脅かされていた。『陰翳礼讃』を読むと、まるで昨日書かれたばかりのような新鮮さを感じる。谷崎は、近代生活に必要な照明や暖房や洗面所の設備(「日本の厠は実に精神が安まるようにできている」)を斥けようとしたわけではなく、「無用に過剰なる照明」が「美を亡ぼす」ことを世に知らしめ、「われわれが既に失いつつある陰翳の世界」を認識させたかったのだろう。谷崎の西洋批判や、東洋に独自の科学文明が発達していたならば「光線とか……の本質や性能についても、今われわれが教えられているようなものとは、異なった姿を露呈していかも知れないと思われる」という考え方に、僕は強く心を打たれた。

現代の西洋人とは異なる暗闇の見方をする文化があるということが、いつまでも僕の心に残っていた。しかし、暗闇や夜に対する考え方の文化的な違いを探すなら、時代をさかのぼったり、海を渡ったりする必要はない。

五〇〇以上の民族がもつ哲学を一般化することはできないが、大まかに言って、西洋文化に表現される夜と、北アメリカ先住民のさまざまな文化に表現される夜は、まったく違う場合が多い。西洋では何世紀ものあいだ、自然に対する恐怖、もしくは超自然的な夜の恐怖（狼人間や吸血鬼など）から、ドアに鍵をかけ、窓の鎧戸を閉め切ってきた。ところがジョセフ・ブルチャックは、アメリカ先住民の文化は暗闇に大いなる精神を見出してきたと言う。「たとえば、儀式のためにスウェット・ロッジという小屋に入るとき、その中は真っ暗だ。僕たちは母親の子宮へ戻って、暗闇に抱かれ守られる感覚を味わう。それに、夜空に浮かぶ天の川は『魂の道』と呼ばれていて、この世とあの世の架け橋と考えられている」。アベナキ族の血を引く語り部であり、七〇冊以上の本を執筆しているブルチャックは、伝統的な先住民文化において夜は癒しの時間であることが多く、さまざまな祝い事や儀式が夜間に行われる、と教えてくれた。彼はまた、夜空は可能性の宝庫だと言う。「僕たちは、夜空にとてもたくさんのものを見つける。月がかげって、何者かが血を吸いに来るのを待ってるわけじゃないんだよ」とブルチャックは笑った。

西洋文化が善と悪の対立をことさら明示する一方、「アメリカ先住民文化はずっと曖昧だ」とブルチャックは言う。「または少なくとも、ほかの生き物や出来事に対して、ずっと広い視野をもっている。グレーにもいろんな濃さがあって、何かを明白な悪と呼ぶのはとても難しい。善ではなかったとしても、西洋人の言う絶対的な悪でもない」。闇と光が分かれているという概念さえ、一般的でないことが多い。また黒が悪とは限らないし、白が善とも限らない。「お互いにバランスを取り合っているんだ。陰と陽みたいなものだろうね。アベナキの伝説では、グルースカップという英雄が、片側に白いオオカミ、反対側に黒いオオカミを伴った姿で描かれる。一方は昼を、他方は夜を表していて、グルースカップや人間たちにとっては、どちらも同じように重要な守護者であり仲間なんだ」

もちろんブルチャックは、昔ながらの夜との強い結びつきが、現代社会にそのまま置き換えられるとは思っていない。事実多くの場合、夜とのつながりは希薄になっているという。「だんだん一般的ではなくなってきた。西洋社会では、夜と言えば家族との外出よりも、犯罪行為の方が一般的だからね」。アリゾナ州東部にあるキャニオン・デ・シェイ国定公園を訪ねてみるといい。果てしなく続く峡谷の絶壁に建てられた古代住居が有名なこの公園には、現代のナバホ族コミュニティが、公園のパンフレットいわく「偉大な歴史や超自然的な重みをたたえた景観と結びつきながら」暮らしている。ところが、居住地を照らす剥き出しのセキュリティーライトは、アメリカ中の納屋の前庭や私有道路を思い出させ、見る者を唖然とさせるだろう。そこに住むナバホ族が「超自然的な重み」をたたえたこの景観と「結びついている」という事実を思えば、彼らはもはや僕たちと同じくらい光害に鈍感なのかもしれない。

それでも、先住民族コミュニティの多くの場所で、伝統はしっかりと残っている。イロコイ族の作家、ダグ・ジョージはこんなことを教えてくれた。「夜があるから、地球は休息することができる。夜があるから、天の川という星の小径《こみち》が見られるし、七姉妹の名を冠したプレアデス星団を見つけることができる。夜があるから、さまよい出た魂は肉体という器を感じることができ、夜があるから、時空を旅した魂が、ほかの魂を訪ねて助言を得ることができる。夜のおかげで、私たちは別の世界や別の時間、過去や未来へ入り込むことができる。肉体は夢を見ることが必要だ。この現実は無限に続く現実の一部にすぎず、夢を見ることを通してのみ、事実と折り合いがつけられる。私たちは孤独ではなく、肉体に制限されることもない。夜の力を借りて、自分のいる場所を正しい目で見つめている限りは」

では、正しい目とはいったい何なのだろう？　ブルチャックによると、ひとつには、闇と光が互いに補い合っていると心で理解することが挙げられるという。「まずは暗闇に飛び込むこと。でもその反対側では、暗闇から這い上がらなくてはならない。そうするうちに、それが周期であることに気づくだろう。ちょうど昼が夜に変わり、夜が昼になるように、周期は巡ってくる。これは人間として経験していくべきことのひとつなんだよ。自分自身にとって、子供たちにとって、そして文化にとって便利すぎる世界を作ろうとするなんて、重大な間違いだ。シャイアン族の長老は教えてくれた。『人生とは困難なもの。しかしそうでなければ、そのありがたみをまったく感じなくなる』」

エリック・G・ウィルソンは、大学教授としてはこの上ない成功を収めたと言える。まだ四〇代半ばなのに、寄付基金教授の肩書きをもち、数冊の著書も世に評価されているのだから。だがそんな彼は、何のためらいもなく、幸福に反対している。少なくとも彼の書いた本のタイトルを見れば、みんなそう信じてしまうだろう。著書『幸福反対』(5)の中で、ウィルソンはアメリカ社会に蔓延する一種の幸福依存症に抵抗を示し、次のような疑問を投げかける。「多様な抗うつ剤は、いつの日か甘美な悲しみを過去のものにしてしまうのだろうか……人間は自己満足の笑みに満ちた社会を築こうとしているのだろうか。パステル調の通路を歩く人々の顔は甘ったるい表情に塗られ、幻惑させるようなネオンが行く手を照らす」。また、人工の光によって、「私たちはいまこの瞬間、憂うつを根こそぎにしようとしている」とも書いている。

それにしても、「憂うつ」とはどういう意味なのだろう？　現代の辞書を調べると、「悲嘆」、「失望」、そして「うつ病」といった同義語が載っている。どれも、今日の「抗うつ剤の国」では、医師が普通に薬を処方する症状だ。ところが、昔からそうだったわけではない。『精神疾患の分類と診断の手引』という、心理学者や精神科医が使用するマニュアルの一九五〇年代版と六〇年代版を見ると、悼み、悲しみ、嘆きといった、人間の自然な感情にページが割かれている——どれもごく自然な憂うつ状態としてだ。ウィルソンら批評家は、こうした自然な状態があまりにも頻繁に、臨床的うつ病であり、薬で治せるものとして扱われていると主張する。「幸福か、あるいは臨床的にうつ状態か……でも、その中間の状態はどこに行ってしまったんだろう？　そこが重要なのは明らかなのに。僕にとって、憂うつは避けられないものだ。だから、幸福に対しての見方を改めたかった」

ロマン主義文学を専門とするウィルソンは、長年の研究対象であるブレイク、ワーズワース、ディキンソン、キーツといった一八、一九世紀の詩人に関連づけながら、自分の思考を組み立てていく。著書について話を聞かせてもらうため、ウィルソンに連絡を取った僕は、話を伺うなら彼の愛する作品に囲まれた仕事場が最適だろうと考えていた。そこに憂うつの研究者にぴったりな環境を思い浮かべるのは、僕だけではないはずだ——ドアをノックして押し開けると、ろうそくの明かりしかない暗い小部屋からは香の匂いが立ちのぼり、埃だらけのスピーカーからオルガン演奏のフーガが流れてくる。無数の紙片と古くさい韻文が積み上げられた使い古された机の前では、陰うつな顔をした教授が、背中を丸めて苦悶の言葉を紡ぎ出している。しかしウィルソンが提案したのは、都市のアート地区にある流行りのバーでの待ち合わせだった。宵を楽しむことにかけては専門家の若者たちが集う場所でのご対面である。「悲劇的としか言いようのない世界で幸福だけを願うのはごまかしだ。それは、具体的な状況を無視した非現実的な抽象概念に甘んじることだ」と書いた男も、旨い地ビールを好むらしい。

実際のところ、憂うつについての議論は、公の場で楽しんでいる人々に囲まれながらするのが一番だ、とウィルソンは言う。というのも、憂うつは「充実した人生には必ずついてくる」ものであり、その暗い性質を何らかの失敗や嘆かわしい病気と考えるのではなく、バーの窓の外で夕闇が降りていくように、人生にとって自然なものとみなすべきだからだ。また、憂うつにロマン主義の重みが反映されているのは、行き過ぎた啓蒙思想への反応でもあるのだという。「文学史の観点から言えば、一八世紀後半は詩人たちが、『おい、原因ばかり見ていると、俺たちに人生の意味を教えてくれる深く豊かな経験を見逃してしまうことになるぞ』と言い始めた時期だった。ブレイクはニュートンの考えに恐怖を抱いていた。なぜならニュートンは、数学的な予測可能性を用いて、地球は空間を動き回る原子にまで還元できる、この世界は基本的に機械仕掛けと同じである、と説いたからだ。言うまでもなく、ロマン主義はとても多様な文学的概念なので、それをたったひとつの考え方にまとめようとは思わない。だけど、その最も主要な担い手たちは、感情、気持ち、憂うつ、暗闇、混沌、可能性、自由に重きを置いていた。そしてそのすべてが、たそがれや夜と関係している」

ウィルソンは憂うつを、「いままでよりもさらに、世界と豊かにつながりたいという積極的な願望」と表現する。彼はイギリスの詩人ジョン・キーツが一八一九年に創作した『憂愁についてのオード』を例に挙げて説明した。「キーツは、世のすべての複雑さと美しさを真に理解する唯一の方法は、すべては消滅するという事実を悲しむことだと言った。陶器のバラを手に取ってみても、本物のバラのような美しさはない。なぜ本物のバラが美しいのか？　それは、はかなく、もろく、繊細で、目の前で朽ちてしまうからだよ」。キーツにとって、世の中の美的価値を鑑賞する力は、すべてが「暗闇に帰す」という深い理解から生じるのだとウィルソンは言う。だからこそ人間は、物事が滅びず永遠に続くことを願うが、永遠を切望することによって、今度はそれをもっと独占したいという欲求が生まれる。「時の経過を憂うことは、美を見つめるための正しい姿勢なんだ」とウィルソンはロマン主義の詩人を代弁する。

憂うつを、幸福への執着という人工の光と、絶望という何もかもを消し去る深い闇とのあいだの「たそがれ状態」と呼ぶウィルソンは、そのすべてを知り尽くしている。成功したキャリアを歩み、夫や父親としての役割も果たしてきた彼だが、人生の大半をうつ状態と闘ってきた。『永遠に翻弄されて』[6]という回顧録には、「あまりにも深い絶望」に襲われた経験を書いている。「死よりも辛かった。死んでいるのでも生きているのでもなく、くつろいでいるのでも精力的なのでもない。私はその中間をうろつく幽霊だった」。こうした困難な事情を知ると、憂うつに対する彼の考察に、より重みが増すような気がする。僕たちはよく「困難は人を鍛える」といった安易な決まり文句を口にするが、そうした言葉の裏には永遠の真実が隠されている。つまり、最も困難な経験は、最も深く人生を理解する契機となるのだ。「私は自分が正真正銘の本物で、生きていると実感する」、憂うつに取り憑かれた心情をウィルソンはそう描写する。「そのときすべての欺瞞が剥げ落ち、私は人生の中心に立つことになる」

比喩的な暗闇の価値は、詩、宗教、文学、芸術など、どこにでも見つけることができる。しかしそれは、探そうとすればの話だ。うつ状態までとはいかなくても、誰もが苦しい暗闇の時間を経験し、何か無限のもの（たんなる毎日の時の経過を含む）を失っていく。美とはかなさが共存したとき、自然な反応として憂うつが生まれる。それを臨床的うつ病[7]と同一視するのは、悲劇的な間違いではないだろうか。「悲嘆」、「失望」、「うつ病」などの言葉に、憂うつがもつ豊かで神秘的な性質は入り込めない。物事は刻一刻と変化を遂げ、愛するすべてのものは滅び、すべての人は死んでいく。それを知っていればこそ、僕たちは限られた時間のなかで感謝の気持ちを共有できる。憂うつとはそうした繊細な理解のことを言うのではないだろうか。

「何かに心から動かされるとき、それはいつも悲しみの感情だ」とウィルソンは言う。「もしかしたら、悲しみですらないのかもしれない……僕は、キャロライナ・チョコレート・ドロップスというフォークバンドの、郷愁を感じさせる弦楽器の調べが大好きなんだ。二週間前に彼らの演奏を聞きにグリーンスバラへ行ったんだけど、曲が流れているあいだ、心をかき乱されるような気持ちになったよ。なんていうか、人生はとてつもなく大きくて、素晴らしくて、奇妙で、到底理解するにはおよばない、そんな感覚。これは素敵な感覚だよ。美しいものを見たとき、僕は何か奥深くて計り知れないものが目の前に開かれたように感じる。刹那的、と言ったらいいかな。同じものは二度とない。でも、別の何かが必ず続いていく。そこは暗いけれども、その暗さはまだ先があることを示唆してくれる。まるで地図にも載っていない未知の大地、それこそが暗闇だと僕は思う。われわれは地図では決して表すことのできない場所を、自分たちの中にもっているんだよ」

静寂について

いつか、グランドキャニオンのサウスリム〔南壁〕を訪れたことがある。そのとき僕はスモッグだらけの景色を前にして、こんなの間違っている、と思いながら立ち去ったものだった。だが、ノースリムを訪れたのは今回が初めてだ。僕はこの歴史ある広大な公園へ、夜を探しにやってきたのだ。

満月が昇る場面を見に行く予定だから、遅れるわけにはいかない。カイバブ高原の美しい草地を抜けて北側から公園へ入りながら、バイソンの群れやポンデローサマツの木立を通り過ぎ、キャンプ場を見つける。夕刻間近の渓谷では大勢の人が、日没前のロッジで夕食を楽しんだり、東向きの眺望が見られるスポットへ続く遊歩道をぶらぶら歩いたりしている。僕は歩道から降りて、ゴツゴツとした薄茶色の岩を登った。ちょうどいい眺めを得るには岩をよじ登らなくてはならなかったが、それでもロッジからそんなに遠ざかってはいない。褪せていく夕暮れの青空を背景に、琥珀色に照らされたロッジの窓が浮かぶ。夜が天蓋を徐々に覆い、昼の空を西へ追いやり小さな半ドーム状に縮めるにつれて、僕はフリースジャケットの心地良さを肌に感じた。サウスリムから届くいくらかの明かりは星と同じくらいの大きさだが、それは高圧ナトリウム灯のオレンジ色をしている。そのほかに人間の存在をほのめかすものは、ジェット機の点滅する光と飛行機雲だけだ。

月はまず、炎のような揺らめくオレンジ色を放ってメサの平らな地平線から昇る。その後濃いピンクの玉となって燃えながらこちらに向かい、森林をぐんぐんと進んで西へ移動する。厳密に言えば、地球は時速およそ一六〇〇キロという速さで夜に向かって回転しているのに、僕たちがそれに気づくことはない。もしも気づくとすれば、月が昇るスピードの方だ。それは人間の時間感覚からすればイライラするほどゆっくりだが、動いていることがわかるくらいの速さではある。煌々と燃える完全な球体は、いまや地平線のかなり上から、でこぼこした白っぽいベージュの岩を照らしている。月はほかの場所で見るよりも小さく、空は果てしなく広い。それがなぜなのか、僕にはわかった。ここからは周囲がほぼ完全に見渡せて、ロッジの方向を振り返ったときだけ、岩とマツが三六〇度の眺望を遮っている。それを除けば、僕が立っている場所はまるで海のまんなかの管制塔だ。周囲を囲むまっすぐな地平線、頭上を覆う満天の星。その眺めに僕はめまいをおぼえる。膝がガクガクして立っていられない。僕は岩の上に仰向けになった。昼間にこれらの岩を見ると、海の生物の化石をたくさん見つけることができる。僕たちはかつて海底だった場所から夜空を見上げているのだ。

まだ日が残っていたときには、一〇〇メートルも歩かされたと文句を言うでぶっちょのアメリカ人たちや、小さな子供を背負うフランス人の若夫婦、金色のテディベアを握りしめながら「下を向いちゃダメよ」と話しかけるイギリス人の女の子などがいた。しかし夜になると、ほとんど誰もいなくなった。見渡す限りの渓谷に昇る荘厳な月を眺めているのは、二組のカップルだけだ。しかも、時おり聞こえるシャッター音とフラッシュだけがその存在を示している。夜の自然光の中で、岩の層はよりはっきりと見え、永遠という時間への感覚は研ぎ澄まされる――いにしえの岩の上に、いにしえの月が昇り、僕たち人間はただそこを通り過ぎていくだけなのだ。

ここでも砂漠は静かだ――静けさは暗さと密接に関係している。少なくとも、そうであるべきだ。光害と騒音の関係も同じで、どちらかが存在すれば、もう一方も容易に見つかる。

僕にとって、夜の静けさは長年の友人だ。大学生の頃は明かりを消すなり、ルームメイトを起こさないようスピーカーを耳にくっつけて、ラジオに聞き入った。ミネソタ・パブリック・ラジオで午後一一時から午前五時まで流れていた『ミュージック・スルー・ザ・ナイト』の司会者アーサー・ヘインの声は、低く穏やかで深夜の放送にはぴったりだった。ベッドに横たわって耳を澄ましながら、僕は海を渡り、時を越え、いろいろな夜に赴いた。少年時代に戻って、イリノイ州南部にある祖父母の家の地下寝室へもぐり込んだり、一八歳になって一〇〇〇年の歴史をもつヨーロッパの街路を歩いたり、湖へ北上して桟橋に立ち、一面に広がる星空を仰いだりしたものだ。しかし太陽の下では、その魔法は消え去った。昼間に僕の小さなラジオから流れる音楽は、出来合いの人工的な音に聞こえた。それが夜になると、階下の晩餐会で囁かれている秘密の話を床板越しに聞くように、小さなスピーカーに凝縮された音の質そのものが、音楽を身近にするのだった。

槌骨《つちこつ》、砧骨《きぬたこつ》、鐙骨《あぶみこつ》という三種類の骨は、人体のなかで最も小さい骨であり、音を聞くために日がな一日素晴らしい仕事をしてくれる。なのに僕らはしょっちゅうそのありがたみを忘れて、ほとんど気づくことがない。僕の場合、それに気づいたのは夜だった。小さなラジオを通して、そして夜間の外出を通じて学んだのは、夜が奏でる自然の音は、ひとりぼっちで、ふわふわと浮遊しているということだ。僕だけのために発せられていると感じることもあるくらいだ。

ジェームズ・ギャルビンの美しい回顧録『草原』(8)が頭に浮かぶ。ギャルビンは隣人のライルについてこう書いている。「ライルは、シンと静まった極寒の夜には、星がそれぞれ異なる音を発しているのがわかると教えてくれた。彼には、どの音がどの星から聞こえるかまでわかるという。だがそれはいつもというわけではなく、冬の夜に限ってのことだ。そして六〇歳くらいになったとき、彼はもう音は聞こえないと悲しげに認めた。おそらく年のせいだろう」

こんな砂漠の夜や、湖畔の澄み渡った冬の夜には、星の音が聞こえたという意味が僕にもわかるような気がする。とりわけ、近くの星はもっと近く、遠くの星はもっと遠くに見えて、手を伸ばせば届くような、または地球から落ちたら星の中に埋もれてしまうような錯覚に陥るくらい、星が立体的な美しさをたたえているときには。そして疑問が頭をよぎる。僕にその音が聞こえないのは、暗い国へあまり足を踏み入れた経験がないからなのだろうか？　もしくは騒音に囲まれて暮らしているから？　それともたんに、気にとめていないだけなのだろうか？

この世界は騒音にあふれている。それは僕たちから美しい静寂を奪い去るだけではない。健康被害の面で、大気汚染に次いで二番目に大きな環境要因となっているのだ。過度の騒音にさらされると、血圧が上昇したり、睡眠が妨害されたり、病につながるストレスが生じたりすることがわかっている。こうした状況を受けて、ＥＵの執行機関である欧州委員会は、夜間の最大許容騒音レベルを四〇デシベルに定めた。これは図書館内とほぼ同程度の騒がしさだ。一方アメリカはと言えば、夜の静けさを守るという点で大きく遅れを取っている。一九八二年にレーガン大統領が環境保護庁の騒音抑止プログラムを廃止したが、それ以降も、連邦政府からわが国の夜の静寂を守ろうという動きはほとんど出ていない。

都会では二四時間、数え切れないほどのエンジンが、僕たちのまわりで一斉に唸りを上げている。森や山や田舎道でさえ、一台の車や頭上の飛行機が発するエンジン音によって、自然の静寂が破られてしまう。だが少なくとも騒音に関しては、隣人が度を越して騒ぎ出したなら、警察に通報すれば対処してもらえるだろう（光では、そういうわけにはいかない）。

だけどこんな夜には、世界中の人々の聖域であるこんな場所には、まだ静寂が残っているのだ。(9)

デイヴィッド・セトレに初めて会ったのは、僕がウィスコンシン州アシュランドに引越してきたときだった。前に書いたように、僕はその町の小さな大学で三年間教師として働いた。彼は大学のキャンパス・ミニスター〔学内で活動する聖職者〕であると同時に、宗教学の教授でもある。しかしそんな肩書きだけでは、大学と町の両コミュニティでセトレが果たしている重要な役割を十分に伝えきれるものではない。たとえば昨春には、人望の厚かった学部長ががんで亡くなり、それから一カ月もしないうちに、僕もよく知っていた人気者の四年生が、真夜中過ぎの凍ったチェクワメゴン湾で交通事故のため不慮の死を遂げるという悲報が届いた。その期間にコミュニティが葬儀等の導き役として頼ったのが、セトレだったのである。国中の、いや世界中のどんなコミュニティにも、デイヴィッド・セトレのような人間は欠かせない。部外者にとっては何者でもないが、内部にいる人間にとっては絶対的な存在なのだ。誠実で、心から生活を楽しんでいるこの男性と、僕は光と闇について話をしてみたかった——とりわけその隠喩的な側面について。

「私は小さな町のはずれで育ちました。あの頃の小さな田舎町の子供社会には、いまでは失われかけている自由がありました」とセトレは語り始めた。「とても幼い時分から、日が暮れても遊んでいたし、寝る時間まで暗い中を歩き回ることが許されていたのを覚えています。近頃では、そんなことを許可する親はめったにいないようですけどね。自由があっただけではなくて、親しみのようなものもありました。地球への思いやりや関心について聞かれたら、私は同じ話をするんですよ。本当の思いやりは、親しみが形になったものです。だから、その親しみをどうにかして育てなくてはなりません。私は幸いにも、森や土や大地とともに成長することができました……暗闇についても同じです」

セトレの幼少時代について聞きながら、僕はリチャード・ルーブの『あなたの子どもには自然が足りない』[10]という本のことを考えていた。ルーブは、現代アメリカの子供たちが暮らす環境は「自然離れ」しており、その結果もたらされた「自然欠損障害」が、子供の健康にも社会全体にも深刻な影響をおよぼすと主張する。これと同じことは、子供と暗闇の関係にも言えるだろう。ジョセフ・ブルチャックも「もちろん、『暗闇欠損』という問題もあると思うよ」と指摘しているとおりだ。もしも幼い頃に実際の暗闇に触れる機会がなかったら、暗さを文字どおりにも(たとえば夜の暗さ)、比喩的にも(たとえば人生で直面する暗さ)理解しないまま大人になっても、決しておかしくはない。セトレの言うように、「私たちは知らなくてもいいとは教育されていない」にもかかわらずだ。

その公的な立場をよそに、セトレは組織的な宗教に対して賛否の入り混じった感情を抱いている。「キリスト教や体系化された宗教の大半に対して私が困難を感じているのは、それがあまりにも多くを語ろうとしていることです。明らかだと考えられていることに関しては、とくにそう言えます。過度に主張をすることで、必要な曖昧さを破壊しようとしているのです」。彼はそれを「偽の明快さへの執着」と呼ぶ。世のすべての物事は「一点の曇りもない光の下に持ち出す」ことができるという考えだ。セトレは「人生の矛盾とも言うべき曖昧さとの出会いを理解する」手段として、宗教の探究に惹かれ続ける。その出会いこそが「人間経験のまさに核心」と考えるからだ。実際彼は、人々の生活に聖なるものの可能性を示すことだけが、コミュニティにおける自分の役割だとは思っていない。「疑うという行為の本質的な特徴である、曖昧さや疑問を守っていくこと」にも力を注いでいる。

疑うこと。確信しないこと。曖昧さを受け入れること。リルケの言うように「問い自身を愛する」こと。(11) 少なくともアメリカ国内において、セトレは政治家としては成功しないだろう。この国の文化は、疑うことや知らないことに対して寛容ではないからだ。一方でアメリカ人は、車のバンパーにメッセージ入りのステッカーを貼りつけるのが大好きだ。そのメッセージは、複雑な問題を単純極まりないものに矮小化してしまう。白と黒、善と悪。答えを求む、それもなるべく簡潔に。

「光は善、闇は悪」というのも、誰もが理解できるバンパーステッカー的なメッセージのひとつだ。これはキリスト教神学の伝統的な解釈かもしれないが、セトレが懸念する「偽の明快さ」を反映しているだけでなく、ひどく不完全で、あまりにも単純だ。

光対闇——光は善で闇は悪、神聖な光と邪悪な闇——という強力なメタファーは、ユダヤ・キリスト教の教えのごく一部から生まれたものだ。事実、聖書の物語に光と闇の記述を探そうとすれば、もっと違うイメージが浮かび上がるだろう。たとえば旧約聖書では、人間が神の存在を感じるのは夜（暗闇）であることが多い。

創世記三二章を見てみよう。ヤコブが「見知らぬ人」、もしくは「天使」と夜通し格闘する物語だ。夜が明けようとする頃、見知らぬ人物を押さえ込んだヤコブが「私を祝福してくださらないなら、あなたを去らせません」と言うと、彼はヤコブを祝福し、新しい名前、つまりは新しいアイデンティティを授けた。ヤコブは新たにイスラエルと名づけられたのだ。通常これは、ヤコブが神と格闘した物語と解釈されていて、夜は人間が神と遭遇する時間であり、そのとき神は最も生き生きと実在的な生命の形態をとることが示されている。

サムエル記上三章では、幼いサムエルが「サムエルよ、サムエルよ」と呼ぶ声を聞いて夜中に目を覚まし、育ての父親エリのもとへ駆けていく。同じことが三回起こる。三度目にエリは、お前を呼んだのは自分ではないから、今度声が聞こえたらじっと耳を澄ますようにと告げる。するともう一度同じことが起こるが、それはサムエルを預言者にさせようとする神の声であった。

セトレは言う。「聖書に夜や暗闇の経験が描かれたとき、それは悪や罪が訪れる場面ではなく、人間が存在の深い謎と向き合う場面であることがとても多い。光を剥奪することには、登場人物に、最も深く神聖な形で現実を経験させるような何かがあるのです」

そこに映し出されているのは、ユダヤ・キリスト教の戒めとはまるで違う概念だ。このような例はほかにもたくさんある。たとえば、イエスが最も深く神と関わるのは、夜のゲッセマネの園に神の御使いが現れたときのことで、マタイ、マルコ、ルカの福音書には、イエスがその乾いた地に、何度も足繁く祈りを捧げに訪れたと記されている。古代ヘブライ人の物語で最も壮大な、出エジプト記の過越祭の話でも、死の天使が現れるのは夜である。

「ユングの元型論によると、出エジプトの物語は、古い習慣、この場合は奴隷制への執着を捨て去ることによって、すべての人々が解放されるようになったという話だそうです」とセトレは言う。「古い習慣への執着を捨て去る」という言い方を僕は好ましく思った。夜は、これまでとらわれていた古いやり方から離れるチャンス、つまり人生を変えるチャンスを与えてくれる。「夜は解放の時間です。光という威圧的な存在から自由になれる時と場所なのです。逆に言えば、光があると、物事に秘められた深い真実を体験する妨げになることもあります」

キリスト教において、夜が重要な経験をもたらす時間であることを示す最良の例は、十字架の聖ヨハネの文学作品に見つけられる。十字架の聖ヨハネとは一六世紀のスペインの修道士で、「暗き夜に」という言葉から始まる処女詩『霊魂の暗夜』[12]でよく知られている。この官能的な詩は、霊的なひらめきから生まれたものだという。

セトレは十字架の聖ヨハネの作品を愛している。「詩の中の出来事は、『暗き夜に』、『すでに我が家は静まりたれば』という時間帯に起こります。ですが、私たち自身が人生を経験するのはほとんど昼のあいだ。昼間見つけられるのは義務だらけの生活です。義務に縛られた生活はあまりに抑圧的で、そのうち息が詰まってしまうでしょう。変容による解放――深く愛されることで変容する、あるいは聖ヨハネの言う「愛する者は愛される者に変容する」――を経験するには、夜の暗さが必要です。なぜなら、昼間は責任の重圧に満ちているから。光のせいで、私たちは型にはまった偽りの自分に戻り、義務を果たすための仮面をかぶらなければならないのです」

セトレは微笑む。「とはいえ、それは人間にとって必要なことなのですよ……夜だけに生きることはできませんからね。昼間の自分が、完全な自分ではないとしても」

西洋ではいまでも、光は善、闇は悪というたとえが幅をきかせている。しかしセトレは、夜（闇）は魂が「本当の自分」や「変容をもたらす愛」に出合う場所であり、昼（光）は「重責、苦役、義務に満ちた偽の明快さ」のための場所だと主張する。だからといって、光と悪を結びつけようとしているわけではない。そんな二元論は時代遅れもいいところだ。人間には光と闇の両方が不可欠だということ、日の光の下では義務に縛られているから、本当の自分を経験するには夜が必要だということを、彼は論じているのだ。

しかし、神は「光あれ」と言ったのではなかったか？　セトレによると、創世記のこの有名な一節も人々が思うほど単純ではないという。「創世記は、闇が光に先立って存在し、神と呼ばれるものの創造への衝動が、闇から生まれていることを示唆しています。まるで暗闇が、創造に欠かせない要素を含んでいるというように」。ここから、創世記が僕たちに世界を照らす許可を与えたと考えることはできるだろうか？「それは曲解ですね。聖書からそのような結論は導けません」

セトレのメッセージは、どうやらスペインまでは届いていないようだ。聖ヨハネが暮らし、詩に残した街々は、一六世紀には世界のほかの地と同じくらい暗かったが、過剰なまでの電灯に照らされている現在では、ほかの地と同じように明るい。僕は「霊魂の暗夜」に通じるひらめきを感じたい一心で、聖ヨハネが歩いた土地を踏みしめた。まずはマドリード郊外のトレド。ここは、聖ヨハネが幽閉され、彼の「暗夜」体験が始まりを告げた街だ。そして次は、アルハンブラ宮殿の陰で詩を書いたグラナダの街。スペインの都市が明るく照らされているのは覚悟のうえだったが、それでもやはり失望感は拭えない。とくにトレドは、夜間の照明に気を配っていたなら、もっと多くの人々を魅了できることだろう。なにしろ、丘の上に建つ石の街でユネスコの世界遺産[13]、細く曲がりくねった道には大聖堂からの鐘の音が響き渡る――そんな素敵な場所なのだから。しかしトレドは、その思いを知って知らずか、どの都市の照明とも寸分違わぬ光を放っている。現代の詩人は、何世紀も前に聖ヨハネがインスピレーションを受けたような、文字どおりの暗闇を経験する絶好の機会を逸してしまった。いまここにあるのは「濁って色あせた灰色の夜」にすぎない。聖ヨハネの作品を手に取る未来の読者たちにとって、「霊魂の暗夜」という概念はいつか意味すらなさなくなってしまうのだろうか。

もっと突き詰めたくて、僕はセトレに最初の質問に立ち戻ってもらった。「聖職者としての自分の役割ですか？　さっきも言ったように、日常のなかに聖なるものを受け入れる場所を作ること。それから、疑うための余地を残しておくようにすること。なぜなら、疑いは信仰生活にとって邪魔どころか、不可欠なものだからです。疑いなくして信仰はありえません。信仰の反対は疑いではない、確信なのです。人々が私を必要としてくれる三つ目の理由を付け加えるなら――その対象は危機に直面した団体だったり、孤独な個人だったりさまざまですが――人々が自らの悲しみや嘆きや喪失感を理解できるよう手を差し伸べ、それらを人生という旅路に組み込む手助けをしようとしているからでしょう。どうすれば否定や勝利主義を避け、悲しみ悶える瞬間にも弱い自分を認めることができるのか？　それをともに解決していくのが現代の、そしておそらくほぼすべての時代の聖職者の仕事だと思います」

おそらくセトレは、学生や学部長の死など、比較的最近の悲しみを思い浮かべているのだろう。でも僕は同時に、生態学者のアルド・レオポルドが一九四九年に発表した『野生のうたが聞こえる』から、自然界の破壊を嘆いた一節を思い出していた。彼は「環境教育」についてこう記している。

環境教育に伴う不利益は、傷ついた世界で孤独に生きることである。土地に与えられたダメージの多くは、素人目にも一目瞭然だ。エコロジストはますます用心深くなって、科学がもたらした結果は自分たちに関係ないような振りをするか、もしくは、自分が健康そのものだと信じ込むコミュニティに死の宣告をする医者にならなければならない。

レオポルドが、自らの哲学と経験を傾けて『野生のうたが聞こえる』を執筆したのは、最晩年のことだ(彼は六〇歳で急逝している)。現代の僕たちにとってレオポルドは、「環境倫理学の父」もしくは「野生生物管理の祖」であり、死後六〇年たったいまも、環境保護の考え方に影響を与え続けている。[14] ロデリック・ナッシュの包括的な仕事『荒野とアメリカの精神』[15]では、レオポルドのために割いた章のタイトルがずばり「預言者」となっている。レオポルドは、ほかの誰もが見もしないもの、もしくは見たがらないものに目を向けた。彼の目にはたくさんの悲しみが映ったことだろう。何かを愛したら、それが破壊されるのを嘆かずにいられるわけがないからだ。

興味深いことに、『野生のうたが聞こえる』の草稿では、先に引用した一節が序文に置かれていたが、その陰うつなメッセージに読者がうんざりするのを心配したレオポルドが、のちにそれを削除してしまったという。[16] しかし少なくとも僕にとって、人間による破壊が存在しない「振りをする」ことは、解決策にはならない。きっとレオポルドもそうだったはずだ。僕たちの海が決壊していく、陸が完全に毒されていく、世界が恐ろしい勢いで熱くなっていく――それを知っているのに、どうしたら喜びに満ちた生活を送れるというのか?[17]

僕は失ってしまった世界を嘆くよりも、まだ残っている世界に畏敬の念を抱きながら日々を過ごすことが多い。二、三歩先の枯れ枝にとまるヒメレンジャクのアイマスクを着けたような顔、凍てつく冬の真昼にまぶしく輝く太陽、東の夜空に昇るオリオン座。毎日、毎晩、新しい何かを気づかせてくれる偶然に感謝を捧げている。美はいたるところにあり、あまりの美しさに僕はしゃべらずにはいられなくなる。あまりの美しさに僕は笑い、僕の一日は幸せなものになる。

それでも、もしも望むなら、人間は際限なく嘆き悲しむことができるだろう。お腹の空いた子供たちや家庭内暴力、いい大人たちが繰り広げる終わりのない戦争を持ち出すまでもない。ただ自然界に降りかかる困難について考えるだけでも、そうできるのだ。しかしリルケはこう書いている。「これまでごらんになったことのないほど大きな悲しみがあなたの前に立ち上がるとき……おびえなさってはいけません。あなたは、何かがあなたの身に起こっている、人生はあなたを忘れているのではない、人生はあなたを手に持っているということを考えなければなりません、人生はあなたを落としはしないでしょう」

レオポルドについて、リルケについて、僕はセトレと話し合った。そして、彼らが「ソラスタルジア」という言葉を知っていたら、何を思ったかについても。ソラスタルジアとは、愛する場所を失ったときの感情だ。その場所はまだ存在しているが、かつていたはずの鳥や植物や動物はもうそこには生息していない。ラテン語のソラシウム（慰め）とギリシャ語のアルジア（痛み）を組み合わせた造語で、あとに残してきた場所ではなく、まだ住んでいる土地に対する思いだという点で、ノスタルジア（郷愁）とは異なっている。[18] 今後、この言葉はもっとポピュラーになるだろう。なぜなら、どこに住んでいようと、地球全体の気候は変動しており、それは今後も変わることがないからだ。終わらない自然破壊に対する悲しみは、自分自身や家族の死に次いで、僕が恐怖を感じる暗闇である。

ある晩、家を目指して暗い夜道を歩いていた一〇歳のデイヴィッド・セトレは、その途中で、いつも家族で礼拝に通っているルーテル教会に足を踏み入れた。鍵のかかっていない教会は真っ暗で、誰もいない。少年は聖餐台《せいさんだい》に向かって歩いていった。「私はまだ幼くて、わかっていたのは教会の聖餐台が神聖だということだけでした。そこに近づいてはいけない。当時の精一杯の頭では、近づけば死んでしまうか、神聖なものを侵してしまうような気がしたからです。あのときの、高揚感と恐れが入り混じる矛盾した気持ちをいまでも覚えています。ずっとあとになって、ルドルフ・オットーの『聖なるもの』を初めて読みました。その本では宗教的体験を『戦慄すべく、かつ魅惑する神秘』と表現していました。神秘に遭遇したとき、人は恐怖におののきながらも、あらがえないほどの魅力に心をつかまれるというのです。『その感覚なら知っている』と私はひとりごちました。神の御前に立って震えながらも、尽きることのない魅惑にとりつかれるその感覚は、聖なる恐れという典型的な宗教体験だったのです」

「それは暗闇への恐怖に通じていますか?」と僕は聞いた。

「暗闇のとらえ方次第でしょうね。というのも、とくに西洋において、それは暗闇との最終的な遭遇を象徴しているからです。その瞬間、死への恐怖を感じなくてすむように、人はここでも再び一点のかげりもない光を求めます。私に言わせれば、避けられない恐怖なのですが」

「『よい恐れ』と言えるような?」

「ええ。とても大切で、貴重な恐れです。ちょっと前に、『No Fear（恐れ知らず）』というブランドの服が流行りましたね。ある日私は学生に『No Fear』とはどういう意味なのか、なぜそんなロゴの入った服を着ているのかと尋ねたことがあります。すると何人かの学生が危険を冒すということについてしゃべり始めました。本気で生きようとするならば、恐れを抱いてはいけない、と。だから私は答えました。『とんでもない。もしも君たちが本気で、本当の意味で生きているのなら、死ぬほど怖がりながらも、とにかく進まなくてはならないはずだよ。波乗りをするときもそうだし、塀によじ登るときだってそうだ。恐れを知らないということは、経験がないということだから、それこそ危険を冒してみるべきじゃないかな。バックパックを背負って旅をするもよし、カヤックで急流くだりをするもよし。とにかく、恐れを知ること。それからそのシャツの『No Fear』を、『Know Fear（恐れを知ろう）』に書き直した方がいいだろうね』」

「悲しみも同じことですか？」

「それも『No Sadness（悲しまない）』ではなく『Know Sadness（悲しみを知ろう）』にすべきでしょう。悲しみに親しまない限り、自分自身や他人、または世界と深く関わることはできません」

「そして、『Know Darkness（暗闇を知ろう）』ですね？」

「そのとおりです」

ウィスコンシン州北部のこの小さな町で、モーニングコーヒーを買いに車を走らせていると、道路脇をのろのろと歩くアカギツネや、衰弱した子ジカとすれ違うことがある。横たわった子ジカの枝のような脚と、しわの寄った白い水玉模様の毛皮は、まるで捨てられたバグパイプのように見える。ある年の春には、材木を積んだトラックにクマがひき殺される事故があった。ハイウェイの黄色い破線は数メートルにわたって、どす黒い血と黒い毛で汚れていた。

ここでの死がいつもそれほど劇的なわけではない。蚊やトンボのようなごく小さな生き物、ヒキガエルやウサギやカメのような小動物が上を向いて死んでいるのは、日常茶飯事だ。魚は口を開いたまま、岸に向かって流れてくる。森の中では、鉤爪がついたままのクズリの前脚が一本、轍のそばに転がっている。しかし人間の死となると、憂うつや悲しみや暗闇がそうであるように、僕たちの文化はできるだけそれを包み隠そうとする。月の満ち欠けや潮の満ち引きのような、人間の生活のごく当たり前の風景としてではなく、忌避すべき事柄として扱ってしまうのだ。

僕は人の死に立ち会ったことがない。祖父母は四人とも遠く離れた場所で亡くなっている。だから最後に会ったときは元気だったのに、本人の葬儀で再会したときには、すでに言葉の届かない遠いところに行ってしまっていた。別に文句を言っているのではない。むしろ、死があまり頻繁に訪れないことに感謝しているのだ。僕は、時間がたてば死は誰にでも訪れることを承知している。ところが、海外に暮らす大切な仕事仲間からのメールで、彼女が進行の早いがんと診断され、この秋から化学療法を始めると知らされたときには、頭をうなだれて考えた。「自分は死について何を知っているというのだろう？」

「あまり思い詰めてはいけませんよ」とセトレは言う。「不安に打ち勝つのが課題ではありません。大切なのは、不安を知り、それを抱えながら、ともに生きるすべを学ぶことです。人は、未知なる死という不安を知ることで、『悪い恐れ』による不安を克服し、『よい恐れ』をもって不安を受け入れることができるのです。げんに私はそうした例を幾度も見てきました。リック・フェアバンクスもその一人です」

リック・フェアバンクスは、僕がセトレと出会うことになったこの小さな大学の学部長で、教師として働く初めての機会を与えてくれたのも彼だった。ある年の春、学部長室に何度か足を運んでいるうちに、彼の体重がごっそりと落ちていることに気がついた。どこか不吉なものを感じさせる痩せ方だった。そういえば誰かが、学部長はクロスカントリーに入れ込んでいると言っていた。そうか、それならいいのだが――僕はそう考えたのを覚えている。だが、実際はそうじゃなかった。病の宣告を受けてから約半年後に、彼は息を引き取った。

「リックは経験を積んだ哲学者で、ものの考え方も一風変わっていました」とセトレは言う。「でも、死に向かっていく彼の思索は本当に深遠なものでした。ある時点で彼は哲学書を読むのをやめて、まだ本が読めるあいだは、自分の好きな小説にとりかかっていました。『無限の可能性とか、人間の多様さを描いた物語が読みたい』とおっしゃっていましたね。寝たきりになって、もう何も読めなくなってしまってからは、人に話をしてもらうのを楽しみにしていたようです」

彼の死後しばらくのあいだ、町では次のような噂が囁かれていた――リック・フェアバンクスが亡くなったその日、彼は自分の娘にボート漕ぎの話をしてほしいと頼んだそうだ。そこで彼女は、スペリオル湖で一緒にボートを漕いだ思い出について語り始めた。その日、初めのうちは穏やかで漕ぎやすかった湖は、次第に荒れてきたという。「ちょうどいまみたいな状態かもしれないわね。海は荒れていたの」という娘の語りに、そのときすでにしゃべることすらままならなかった彼の口から、「私はその荒波がけっこう好きだよ」という言葉が漏れたそうだ。

セトレは言う。「自分の言葉が二重の意味をもっていることを、彼は明確に意識していたはずです。彼は死について多くのことを考え、その真っ只中に飛び込みました。死を学びながら、それにつきまとう恐怖のような感情から目を背けなかった。そのなかに生きることができたのです。恐れを抱かなかったわけではありません。死を知っていたからこそ、近づきつつある死の可能性を知り、恐れを知っていたからこそ、彼はもはや支配されることなく、恐れとともに生きることができました。私たちが言う暗闇への恐怖や死への恐怖は、未知のものへの恐怖というだけではなく、まさに支配を失うことの恐怖でもあるのではないでしょうか」

それでも、と彼は続ける。暗闇に対峙する機会をすべて避けようとすれば、人間は偽りの世界に暮らすことになるだろう。そこでは思いのままに自然を操ることができ、恐怖を経験する必要がない。「だとしても、暗闇が怖いことには変わりないのです。そこから逃げてはいけません。恐れを知り、暗闇を知ることです。リックの話に戻りますが、彼は死の夜にこのような気持ちを経験したのではないでしょうか。『もはや死を恐れない』。言い換えれば『もはや、死に抵抗しない。これから自分の身に何が起こるのかはわからない。たぶん、凄まじい旅路が自分を待ち受けていることだろう。しかし私はそれを受け入れながら生き、それを受け入れながら死んでいく』」

それからセトレは、僕を見て微笑んだ。「もっと私が機転が利いていれば、さっきあなたが死についてほとんど何も知らないと言ったとき、こんな言葉をかけてあげられたでしょうね――では、暗闇について知っていることを話してみてください。だって、暗闇と死は深く結びついているのですから」

3　ひとつになろう

人間の自分勝手な経済的観点だけに基づいた自然保護体制は、どうしようもなく偏ったものである。これでは、土地という共同体のなかの、人間の商売の役には立たないが（われわれ人間の知る限りでも）その共同体の健全な機能に欠くことのできないと思われる数多くの要素をないがしろにし、ひいては絶滅させてしまう結果になる。これは、生物共同体のなかの人間の経済に役立たない部分はなくなったって、役に立つ部分はちゃんと機能するという前提に立ったやり方だが、この前提がそもそも間違っていると、ぼくは思うのだ。

——アルド・レオポルド（1949）

イギリス海峡に浮かぶサーク島は、海からひょっこり飛び出したような姿をしている。高さ九〇メートルの断崖に囲まれた島。その上を覆う緑地では、濃緑の生垣が縦横に伸び、きれいな格子模様を織りなしている。まるでイギリスのかけらが海を漂ってきたみたいだ。しかし、そうした景色も昼間だけのことである。夜の訪れとともに、この島は暗闇の中に身を隠してしまうからだ。島内には街灯も車もトラックもなく、昼のように明るいガソリンスタンドもない。あるものと言えば、パブ、農場、六〇〇人の島民たちの住居だけ。この島から光が放たれることはほとんどない。イギリスの一一〇キロ南に位置し、フランスからはその半分ほど北にあるサーク島は、面積わずか五・二平方キロメートルほどの小さい島だ。だが、島として世界で初めて「ダークスカイ・コミュニティ」に認定されたこの場所から、人々は実際のサイズ以上に大きなインパクトを受けるだろう。

一年くらい前まで、僕はサーク島という名前すら聞いたことがなかった。思うに、世界に暮らす約七〇億人のほとんどが同じ意見ではないだろうか。しかし、その状況もいまでは少し変わってきている。二〇一一年に国際ダークスカイ協会（ＩＤＡ）から「ダークスカイ・コミュニティ」の認定を受けたことにより、この小さな島の知名度も多少は上がっているようだからだ。

ＩＤＡは二〇〇一年に、夜空を保護する優れた取り組みを称えるためにダークスカイプレイス・プログラムを開始し、アリゾナ州のフラッグスタッフを世界最初の「ダークスカイ・シティ」に指定した（その後「ダークスカイ・シティ」は「ダークスカイ・コミュニティ」と分類を変更）。ＩＤＡはそのほかにも、「ダークスカイ・パーク」、「ダークスカイ・リザーブ」という認定を設けているが、そうしたプログラムを実施している機関はここだけではない。たとえば、カナダ王立天文学協会は「ダークスカイ・プリザーブ」という独自の制度をもっており、ユネスコも「スターライト・リザーブ」プログラムを採用している。それぞれの取り組み方には若干の違いがあるものの、どのプログラムも「人工灯の増え続ける世界で暗闇を保護する」という目的をもって活動している点では共通している。(1)

サーク島でとりわけ感心するのは、そこが無人の地ではなく、暗闇を恐れ、安全を求め、発展を望むはずの人間が実際に暮らしている土地だということだ。文明に汚されていない原初の空を保護するのも重要である。だが、人間が居住する地域の暗さを守ってこそ、光と闇に対する姿勢は変わっていくのではないだろうか。

「真っ暗な場所をただ記録していきたいだけなら、心ゆくまでやればいい。世界をダークスカイ・パークで覆い尽くすことだね」と語るスティーヴ・オーウェンズは、サーク島が二年間におよぶＩＤＡの審査を通過するのに一役買った人物である。「でもそれじゃあ、人工の光に何ひとつ影響をおよぼさない。一方サーク島では、光の作業が必要だった」。彼の言う「光の作業」とはつまり、ＩＤＡの認定を受けるためにサーク島のコミュニティが行う必要のあった仕事である。既存の照明の一覧表を作成し、過度のグレアやスカイグローをもたらす照明を別のものに変え、光源を新しく設置するときには光害防止ガイドラインに則したものを選ぶ約束をする、といったようなことだ。そうした作業のなかで、サーク島はＩＤＡが定義した「適正な照明に関する規則、アウトリーチ活動、住民の支援などにより、非常に優れた夜空保護の取り組みを実践している町・市・地方自治体・その他の行政区分」というダークスカイ・コミュニティの条件を満たしていったのである。

オーウェンズは説明を続ける。「ＩＤＡはちょうどボーダーライン上にある土地を求めているんだ。素晴らしい場所になるはずなのにまだそうではない土地、屋外照明を適切に使うことで素晴らしくなる土地のことだよ。最初から真っ暗な場所は対象にならない。だってそれじゃあ、照明の改善という彼らの目標は達成されないからね」。暗闇や適切な照明は、国立公園や天文台の専売特許ではなく、ごく一般的な地域でも手に入れられるものである――ダークスカイ・コミュニティは、その実例として、人々の理解を深める一助となっているのだ。

スティーヴ・オーウェンズは、スコットランドのインヴァネスにある有名なネス湖のほとりで生まれ育った。長じてから天文学に興味をもつようになった彼は、「客がものを爆発させたり、火をつけたりするような」サイエンスショーを開催する劇場を運営していたという。現在は、ダークスカイへの意識を高めるための支援を地域社会に向けて行い、それが仕事のひとつとなっている。その手腕が最初に発揮されたのは、IDAがスコットランド南西部にあるギャロウェイ森林公園をヨーロッパ初のダークスカイ・パークに認定したときだった。ギャロウェイ森林公園はボートル・スケールではクラス2に分類されているが、オーウェンズは、これを皮切りに今後たくさんのイギリスの公園がダークスカイプレイスに認定されることを期待している。「期待しすぎだとは思わないよ。なぜって、イギリスの国立公園は『ほっとできる場所』と呼ばれていて、落ち着ける公園ほどよい公園だと考えられているんだから。人が何を落ち着くと考えるかについては何度も調査が行われているけど、そのたびに上位三位に入るのが、光害のないきれいで晴れ渡った夜空なんだ」

公式に認定されるのはめでたいことかもしれないが、地域の人々の協力が得られない限り、ダークスカイプレイスとしての最終的な成功はありえないとオーウェンズは考えている。ギャロウェイ森林公園で行われる天文プログラムにこぞって人が集まり始めた頃、近所に住む人々はそこがヨーロッパでも最高の星空が見られる場所のひとつだと、人づてに聞いたという。そのときの住人の反応を、オーウェンズは笑いながら教えてくれた。「あら、知らなかったわ。私はヨーロッパでも有数の星空が見える場所に住んでいたの？　大したものね」。このあとに認定のニュースは徐々に広がり、地元の人たちを大喜びさせたという。(2)

「教育は本当に大切だ」とオーウェンズは言う。「人々が暗い空をちゃんと意識しているかどうかが問題だよ。多くの人は、比較的最近まで意識していなかった。著しい変化、大きな前進は、ダークスカイ・パークから始まったような気がする。ギャロウェイ森林公園は、これから数年のあいだに来園する何十万人もの観光客に影響を与えるだろう。さらに世界中では、一億六〇〇〇万人もの人々が、この公園の取り組みについて知るようになった。イギリスのメディアの光害問題に対する態度も、それを機に、よい方向にがらりと変わったはずだ」

オーウェンズによると、ダークスカイプレイスという考え方が支持されているのは、物事のよい面に目を向けたい気持ちが人々にはあるからだ。「環境保護、経済、観光、天文学についての明るい話題を、メディアが喜んで伝えたがっていたのは確かだ。そのうえイギリスではいま、暗い夜空を守る運動や天文学への関心が猛烈に高まってきている。でもそれは、照明の欠点をくどくど説教することから始まったわけじゃない。『空の状態がよければ、こんなに素敵な眺めが見られますよ』というところから生まれたんだ(3)」

今夜、僕はサーク島までやってきた――パリから列車に乗ってフランスの港町サン・マロへ、そこからフェリーでガーンジー島へ、タグボートでサーク島へ、トラクターで村の中心へ、そこから未舗装の一車線道路に馬車を走らせ、自転車に乗り継ぎ、真夜中までにアニー・ダッシンガーの話を聞くため、はるばる旅をしてきた。それなのに、空は雲に覆い尽くされ、星はひとつも見えない。

「まだわからないわよ」とアニーは笑う。「ここに来る前に、よい魔女に相談するべきだったわね」。サーク島には、観光客をもてあそぶ悪い癖があるのだとアニーは教えてくれた。「一日中雨や霧雨が降っていたのに、帰りのボートに乗る頃になると、太陽が顔を出すの。ひどい、なんて意地悪なのって思うわ」

アニーの小さな家の門には、「The Witch Is In（魔女在宅中）」という手書きのプレートがかかっている。島民のなかには、馬車で観光客をここまで乗せてきて「ここには私の継母が住んでいます」と案内する者もいるそうだ。アニーは六〇代で、髪の色はくすんだ茶色。かすれ気味の声でしゃべり、会話の途中に時おりライターの蓋をパチンパチンと開け閉めする。「何にします？　コーヒー？　紅茶？　それともウイスキー？」。彼女はサーク島にある小さな団体で、島がダークスカイ・コミュニティに認定されるための活動をしてきた。

「この島で見る星は本当にすごいの」。僕たちは大きな窓から外を眺めた。薄暗い部屋を照らしているのは、二本の白いろうそくの炎だけだ。「ある晩、ゴッホの『夜のカフェテラス』そっくりな星空を見たわ。星はなぜか、私がちょっと飲んでたからかもしれないけど、みんなとても大きくて燃えているようだった。私はめまいがして、家の壁に必死にしがみついた」、アニーはかすれた声で笑った。「一番いいのは、星がとてもきれいな夜に野原へ行って、ごろんと仰向けになって空を見ること。最初は三〇〇か四〇〇くらいの星しか見えなくても、そのうちだんだんよく見えるようになって、しまいには空全体が星に埋め尽くされてしまう」

アニーは一九七〇年代にロンドンからこの島にやってきた。そのときに見た暗闇は、それまで経験したことのないものだったという。「初めてここに来たとき、五〇〇年前の世界に逆戻りしたかと思ったわ。まるでビロードみたいな闇。だけどそれは包み込むような暗闇で、ちっとも怖くなかった。その中にいると、目が覚めているのに、眠っているような感じなの」

農家のトラクターのほかは、自動車もトラックもないこの島では、暗くなり農作業が終わると、畑や馬車道に静寂が戻ってくる。目覚めて「何の音？」と思ったら、自分のまつ毛がシーツに擦れる音だった、なんてこともありかねないとアニーは言う。「本当に真っ暗だから、それくらい小さな音も聞こえてしまうの。体の芯から休まり、太陽とともに目覚めるというのは、とても素敵よ。そのおかげで、自分の鼓動や、生命力の存在を強く感じることもできるし」

アニーは、サーク島への愛情を繰り返し口にする。「ここはとても安全な場所でもあるのよ。私は女性だけど、島のコンサートへ出かけて、夜中に二キロほどの道のりを一人きりで帰宅するのもへっちゃら。月が輝いていれば月明かりの下を歩くし、そうじゃなきゃ、強い味方の懐中電灯が活躍してくれる」

魔女と名乗ることについては、こんなふうに話してくれた。「私は私だし、やりたいことをやるだけ。魔女というのは賢い女の人なの、本当よ。古くは治療を行い、お産を助け、地域の人々の面倒をみる役割を担っていた。その根底にあるのは、古代の宗教である汎神論。つまり、すべてのものに神が宿っているという考え方だった。ここでは真夜中に庭へ飛び出して、言いたいことをちょっと口に出してみてもとがめられない。お望みならば、裸のまま星をまとって、外を歩くことだって」

サーク島の星空を見ていると世界に対する考え方が変わっていく、とアニーは言う。「たとえば、人間って何だろうと考えたとする。あの大きな星空を見ていると、自分は巨大な動物にくっついて生きている一匹のノミなんだって思えてくる。身の程を知ってしまうのね。でも現実には、人間は傲慢で、短絡的で、自分たちの将来はおろか、ほかの生き物の未来も考慮していない。私も人間の一人で、そのプロセスに加担していると考えると、心がしおれていく。まるで間違った方向に彫り進められた彫刻のよう。私たちを彫り刻んでいる神が誰なのか知らないけれど、きっと怪物を仕上げようとしているに違いないわ」

そしてアニーは再び笑顔を見せた。「気にしないで、ポール。ちょっとひねくれてみただけ。夜更けが訪れると、なぜだか魔女のような気持ちになるのよ」

アニーに別れを告げると、僕は年代物の自転車にまたがり、生垣に挟まれた一車線道路を引き返した。あたりは闇に包まれ、風の音があちこちから聞こえてくる。アニーが住む大きい方の島は大サーク島と呼ばれているが、僕が今夜泊るコテージがあるのは、小サーク島だ。あちら側へ行くには、「ラ・クーペ」という細長い道を渡らなければならない。一九四五年にドイツ人の戦争捕虜の手によって開通したこの通路は、幅がおよそ三メートルしかなく、その両側は切り立った崖になっている。二〇世紀初めに手すりがつけられるまで、今日のような風の強い夜には、八〇メートル下の波打ち際まで吹き飛ばされないよう、子供たちが四つん這いになって渡ったそうだ。

無事にコテージに戻り自転車を降りたところで、一六キロ西にあるガーンジー島の照明が目に入ってきた。最初、その光はサーク島の暗闇と同じくらい僕を驚かせたが、丘の斜面の野原に足を踏み入れた途端に状況が一変した。ガーンジー島からのまぶしい光が勾配に遮られて、サーク島がなぜ比類なき場所なのかということに改めて気づかされたのだ。この島の空は見事なまでに暗いが、陸地はそれにも増して暗い。波の音、渦巻く風、野原で鳴く羊の声――すべてが耳に入ってくるのに、僕に見えるのは、内からも外からも照らされていない宿泊コテージのシルエットだけ。そしてその屋根が終わるところから、星空が始まる。アニーが予想したとおり、僕をぐるりと囲む地平線や水平線上の空は、次第に晴れ渡ってきた。

空と陸、もしくは空と海の接する付近に見える星々ほど、刺激的なものはないだろう。というのも、通常それらの星は大気に邪魔をされ、めったに見ることができないからだ。生垣と細い砂利道、馬小屋で眠る馬の姿。この島は人々を大昔の世界に連れ戻す。車やトラックがないことだけが理由ではない。そこには、地球の果てでしか見られない星空があるからだ。

目が暗闇に徐々に慣れていくにつれて、真上に見える雲だと思っていたものが、星の大群であることに気づいた。どうりで、いつまでも消え去らないわけだ。飲み込まれてしまいそうなくらい、天の川が近づいてくる。原初の感覚なのか、そうだ、この感覚は覚えてるぞ、と魂がささやく。四方を切り立った崖に囲まれた小さな島で、僕は星々のあいだに置かれた台座の上にいるような気持ちになる。

明日は、ディーゼル船に揺られてガーンジー島へと向かう予定だ。そこで僕は、コブラヘッド型の街灯や遮蔽されていない照明を見つけ、現代社会を支配するエンジンの轟音をひっきりなしに耳にすることだろう。だがいまはまだ、サーク島の野原に仰向けに寝そべり、空一面の星を見つめている。誰かが僕を探そうと思っても、その姿は闇に紛れて、ほとんど消えかけているに違いない。

アルド・レオポルドが『野生のうたが聞こえる』を執筆したとき、その中心には「土地倫理《ランド・エシック》」という考え方があった。「土地倫理」とは、他人を尊重するときと同等の倫理をもって、人間以外の自然を尊重すべきだという考え方で、それは「共同体」という概念を基盤にしている。レオポルドは、人間が目先の損得だけで自然界を扱ってしまうのは、自分が自然の共同体の一員であることを理解していないからだと考えた。僕たちは、人種、性別、民族などの壁を取り払って人間の共同体という概念を発展させることには目覚ましい躍進を示してきたのに、土地に対しては同じように取り組んでこなかったというのだ。「これまでの倫理則はすべて、ただひとつの前提条件の上に成り立っていた。つまり、個人とは……共同体の一員であるということである」と彼は書いている。「土地倫理とは、要するに、この共同体という概念の枠を、土壌、水、植物、動物、つまりはこれらを総称した『土地』にまで拡大した場合の倫理をさす」。

レオポルドは、シカやマツの木など、明らかに経済的価値がある共同体の構成員を尊重するだけでは十分ではないと信じていた。なぜなら、「対象とする土地共同体の構成員のほとんどが経済的には何の価値もない」か、もしくは簡単に価値を定義できないからだ。その代わりにレオポルドは、人間がその価値を理解しているか否かにかかわらず、すべての構成員は有益だとして、相応の待遇を呼びかけた。「ひとつひとつの問題点を検討する際に、経済的に好都合かどうかという観点ばかりから見ず、倫理的、美的観点から見ても妥当であるかどうかを調べてみることだ。物事は、生物共同体の全体性、安定性、美観を保つものであれば妥当だし、そうでない場合は間違っているのだ、と考えることである」

二〇世紀初頭の数年をアメリカ南西部の砂漠で過ごしたレオポルドは、素晴らしい暗闇を経験していたはずだ。一九二四年にウィスコンシン州へ移ったあとも、マディソン市から六五キロ離れた場所に建てた「掘立小屋」で、本物の夜を味わっていたに違いない。『野生のうたが聞こえる』の中で暗闇について直接言及した箇所は見当たらないが、それでもレオポルドは、暗闇を失う代償を認識していたと思われる。「共同体という概念の枠」が広がることを願っていた彼は、それに続いて夜の価値が重んじられることを望んだのではないか。生態系においても、それはとても大切なことだ。たとえば、僕たちが本当に夜行性および薄明薄暮性の生物を尊重していたのなら、その生息環境を人工灯で破壊したりはしないだろう。レオポルドの考えはまた、暗闇の経済的価値は必ずしも自明ではないという事実にも通じる。ウミガメや海鳥の移動を助ける夜の価値、次世代のゴッホにインスピレーションを与えるかもしれない星空の価値を、僕たちはどうやって数値化すればよいのだろう？

現代社会の人工灯の扱いは、レオポルドが期待していたような思慮深いものではない。彼が望んでいたのは、僕たちが倫理に基づいて選択をするようになることだった。わが家の明かりは隣家の寝室に入り込んではいないか？　コウモリや蛾や渡りをする鳥が頼みにする暗闇は、照明によって薄らいではいないか？　健康上のリスクを伴うことを重々承知しながら、主として弱い立場である人々に、夜間労働をますます押しつけてはいないか？　電灯が当たり前になりすぎたいま、僕たちはその技術がどんなに便利で、どんなに美しくなりえるかを忘れてしまったような気がする。それだけではない。使い方によっては共同体に悪影響を与えてしまう事実に、まるで気づかないでいるようだ。

期待は裏切られるものだ――よい意味でも、悪い意味でも。

よい意味で言えば、そこでの体験はほとんどの面で事前の期待を上回るものだった。サトウカエデ、キハダカンバ、モミ、マツの豊かな森に覆われた山がちなこの土地は、ハイキングコースに事欠かず、ルナ・モスのようなはかない生き物や、ヘラジカのように存在感のある動物が出没する。しかし、明らかに期待はずれだったこともある。星がまったく見えないのだ。

とてつもない暗闇。案内役の男性と天文台を出ると、自分の顔の前にかざした手が見えない。暗闇の中で二〇分ほど話をしたあとでさえ、一メートル先の相手の姿はぼんやりとした影のままだ。残念なことに、壮麗な星空を誇るモン・メガンティックも、今日は雨ともやと羊毛のような厚い雲にすっかり覆い隠されている。これでは滞在中にひとつの星も見られないだろう。それでもなお、ここを立ち去るとき、僕はモン・メガンティックをある意味最も印象に残る場所として記憶することになる。

モン・メガンティックは、アメリカのメイン州と国境を接する、カナダのケベック州南部にある国立公園である。ＩＤＡは、この場所を二〇〇八年に最初の「ダークスカイ・リザーブ」として認定した(4)。ダークスカイ・リザーブ（ダークスカイ保護区）は、「自然のままの光、そして夜空を回復するための意識向上運動や行動改善を尊重する『コア地域』を、保護・保全するための取り組み」と定義されているが、これを読むと、まるでモン・メガンティックの職員がそれを目指したというよりも、彼らがこれまで続けてきた努力をそのまま書き連ねたように思える。そう、モン・メガンティックは二一世紀の社会のニーズを満たしながらも、未来の共同体のあるべき手本となるべく、暗闇や夜空を守ってきたのだ。

それにしても、この公園にいると、どこか遠い国にやってきたような気がする。その変化は、アメリカから北上していくうちに突如として訪れる。全員がフランス語をしゃべり始め、交通標識さえフランス語になるのだ。もちろん、そんなことは前もってわかっていたし、その変わりぶりを楽しんでもいた。ただ言葉が違うと、保護区に対してもっていたイメージも変わっていくのが意外だった。一例を挙げると、公園入口の看板には「ダークスカイ・リザーブ」ではなく、「Réserve international de ciel étoilé（国際星空保護区）」と書かれている。ここの人々には、こちらの方が耳あたりがいいようだ。

違うのは言葉だけではない。モン・メガンティックでは、ほとんどの国立公園では例がないようなことも行われてきた。たとえば、一〇年にも満たない期間に、一六以上の周辺コミュニティから暗い空を守るための支援を取りつけている。また、照明に関する法律を導入し、地域内の三〇〇〇基以上の照明器具を付け替え、五〇万人以上の来園者に光害や暗い空について啓発してきた。その結果、カナダで二番目、北米大陸全体でも七番目に大きな都市モントリオールのわずか一六〇キロ東という位置にもかかわらず、モン・メガンティックはボートル・スケールのクラス3を維持している。

この星空保護区には、科学観測用の天文台、一般向けの天文台、展示や講演などを行うアストロラボが置かれている[5]。一般向けの天文台の外で話をしていたとき、僕の案内役を引き受けてくれたバーナード・マレンファントが、こんなエピソードを聞かせてくれた。三三年前に彼がここに赴任したとき、天文台の周囲で何か作業をするには懐中電灯が欠かせなかった。しかし二〇年後、その必要はなくなっていた。空を見上げれば、光害が倍増していたからである。それが過去数年間のがんばりによって、「空の状態は一九七八年当時よりもよくなった。地方自治法とか規制によって、むやみに照明を置くことが禁じられているからだよ。二〇〇年後、ここは世界最後の暗闇になるかもしれない。そうでないことを願うけどね。チリのアタカマ砂漠のような無人の暗い土地は、これからも残っていく。じゃあ、人間が暮らしていて空が暗い場所は？　それを実現するには、とても気の長い計画が必要だろう。だとしてもやはり、私たちの目標のひとつは、孫の代までこの夜空を守っていくことなんだ」

モン・メガンティックの成功に、謙虚で人を楽しませるのが上手なマレンファントの果たした役割は大きい。自分はただの夜警だと謙遜するが、アストロラボの設立者で所長でもあるマレンファントの仕事は、実際にはずっと多岐にわたっている。たとえば彼は、保護区内にある施設の企画や建設に関与してきた。彼の発案であるアストロラボで催されるイベントには、夏のあいだたくさんの人が集まってくる。マレンファントは「ケベックシティから五時間かけて運転してきて、望遠鏡を五分覗いただけで帰る」という来園者を何人も見てきた末に、そうしたイベントの必要性に気がついたのだという。

現在、星空保護区では、七月にダークスカイフェスティバル、八月に流星フェスティバルを開催して、年間数万人もの来園者を喜ばせている。そして、こうした対外的な活動こそが、モン・メガンティックの比類なき特色なのだ。たしかに保護された暗闇は、二つの大学が共同で所有する科学観測用の天文台の役にも立っている。しかしそれは、光害の少ないほかの多くの場所でも言えることだ。それらの場所があくまでも天文台に焦点を合わせ、それ以外の人々が得られる利益を二の次にしているのに対して、モン・メガンティックはその逆を感じさせる点で、ほかとは一線を画しているのである。

　正直なところ、主要な天文台というのは、ともすれば面白みのない場所である。たいがいは大変な思いをしてたどり着き、一般に開放している時間は、あっても限られている。また、一般向けの望遠鏡があったとしても、そこでたいていの人々は、マレンファントが表現したとおりの経験をするだろう――長時間の運転、つかのまの観測、そして家に帰るために長時間の運転をもう一度。一方、モン・メガンティックは毎年、アストロラボと一般向け天文台でガイドをする大学生を雇っている。多くは天文学を専攻する学生か、星に夢中な一般の若者たちだ。そして来園者はそのおかげで、宇宙に関する知識のみならず、情熱にもあふれたスタッフたちと、個人的に交流する機会をもてる。ここでは展示物も上映作品も面白くて勉強になるものばかりだが、毎年たくさんの来園者を引きつけ、彼らに再び足を運ばせるのは、この個人的な交流なのである。来園者の多く、とりわけ都会から来た人々にとって、モン・メガンティックを訪問することは、星空の下に集うという何千年にもおよぶ人類共通の経験を味わうチャンスだ。ガイド役のスタッフもしかり、とマレンファントは言う。彼らの多くは、たとえほかの職場に移っても、天の川の下で同じ空間を共有し、キャンプファイアを囲んで夜通し語らい、ともに歌ったりする経験を楽しむためだけに、毎年ここへ戻ってくるそうだ。

　マレンファントが夜の集いについて話すのを聞きながら、僕は暗闇がいかに人々を親密に結びつけてくれるかを考えていた。森の中でのキャンプファイア、ろうそくをともしてのディナー、愛する人と寝室で過ごす時間。ロマンチックで、親しげで、いつまでも忘れられない思い出の多くは、炎や月明かりといったほのかな光に照らされていなかっただろうか？　僕たちは日中、明るい太陽の光を身にまとい、鏡に映る己の姿を見つめ、他人の心中を想像し、自分の考えや肉体や恐れをさらけ出すのを嫌がる。ところが、暗闇は警戒心を緩めてくれる。自分の欲しいもの、したいことが素直に口に出せるし、視力ばかりに頼る昼間とは違い、触覚や味覚や聴覚などの感覚が研ぎ澄まされる。そんな暗闇の中で温かな光をともす状況さえあれば、人はより親密な関係を築くことができるのだ。

子供の頃、僕が通っていたミネアポリスの中心街にあるルーテル教会では、クリスマスイブにキャンドル礼拝が行われた。礼拝の終わりに近づくと照明が落とされ、参列者のろうそくからろうそくへと炎が受け渡されていき、しまいには教会全体が小さな炎でいっぱいになる。あるとき幼い僕は、列の前方に盲目の男性が並んでいるのを見た。彼は両手で持ったろうそくを顔に近づけ、まぶたを閉じて微笑みながら、炎の温かさを感じていた。

母が毎年クリスマスツリーに巻きつける小さな赤い電球のコード、僕がものを書くときに机の上でともすメープルの香りがするキャンドル、過ぎ去りし日々の暖炉やキャンプファイアや月明かりの思い出、そんな楽しみがこの先も訪れることへの期待。でも、そうしたものはすべて、部屋のスイッチをパチンと入れた途端、まぶしい光に飲み込まれてしまうのだ。

二〇〇三年にアウトリーチ・コーディネーターとしてクロエ・ルグリを採用して以来、モン・メガンティックは、人と暗闇との結びつきをより重要視するようになった。もともと半年契約で雇われたルグリだが、結局は五年間勤め上げ、その活躍によって二〇〇七年にはカナダ放送協会が選ぶサイエンティスト・オブ・ザ・イヤーに選ばれている。エンジニアとしての訓練を受けた彼女は、生まれもったカリスマ性を発揮しながら、モン・メガンティック国立公園が目指す理想と地元コミュニティの現実を結びつけるため、粘り強い活動を行った。意外にも彼女は、この仕事に就いたときは、光害についてほとんど何も知らなかったという。それが勉強を始めた途端、本人いわく「このプロジェクトと恋に落ちてしまった」のだそうだ。彼女はまた、問題を真剣に受け止めてもらうには相当の努力が必要だということを即座に理解した。「星や光害についての個人的な感情は抑えたの」とルグリは言う。「心がけたのは実際的なアプローチ。もし自分が電気技師だったらどんな話を聞きたいかって考えてみた。私は商品を売ろうとしていたわけじゃない。ただ照明を改善することがどれほど理に適っているかを説明しただけ。そして実際的な人たちは、問題を聞きたがるのではなく、解決方法を知りたいだけ。電気技師たちはこう言ってた。『天文学者の話はやめてくれ。俺たちは釣りでもして、星が眺められれば満足なんだ。で、何をすればいいんだい？』」

ルグリは六年近くかけてモン・メガンティック周辺エリアを隈なく回り、政治家や企業のリーダーに会ったり、良質な明かりについての勉強会を開いたり、照明に関する条例を導入するよう自治体に促したり、既存の電灯を改良するための資金を集めたりした。「なんでもやったわ」と彼女は言う。カナダの連邦政府が、エネルギー効率を高めるよう指令を出したのも助けになった。それによってハイドロ・ケベック電力公社が基金を設立し、照明器具を目的に見合うものに変えるなど、省エネのための新しい取り組みを支援してくれたからだ。

毎晩見ている空の素晴らしさを、地元の人々に気づいてもらうよう手助けすることも、ルグリの重要な仕事のひとつだった。「住民たちに空の美しさを教えなければならないという点で、ここは特別よ。

だって、彼らにとっては当たり前の光景なんだから。じゃあ地元の人は自分たちの町で何を見たいか？マクドナルドでしょう。なんていうのは冗談だけど、あながち的はずれでもないと思う」とルグリは白い歯を見せた。それでも彼女の努力は徐々に実を結び、あるときは微笑ましい形で人々の心を動かした。山のふもとにあるノートルダム・デ・ボワという小さな町の町長が、心境の変化が起きた瞬間のことを彼女に話してくれたという。夜中に地元を運転していたときのことだ。「笑っちゃう話だけど、町長はどうしてもトイレに行きたくなって車を停めたんだって。そして道端で用を足しながら、空を見上げた瞬間にこう思ったそうよ。『本当だ。私たちの空はとても美しい。見慣れすぎていて、こんなに素晴らしいものだとは気がつかなかった』」

現在ルグリは、国立公園周辺では最大の都市、一五万人以上の人口を抱えるシェルブルックの近郊でエンジニアとして働いており、自分の仕事の成果である照明設備を身近に見ることができる。しかし彼女の話ぶりからは、それがまるで他人の手柄のように聞こえてくる。これまでの仕事で一番誇らしいものは何かと尋ねると、ルグリはこう答えた。「周囲からの応援と協力でしょう。とてもたくさんの地域住民から、本当に多くの支援を受けたの。みんなが積極的になって、前に進む覚悟をしてくれたことを、私は誇りに思っている。自分一人じゃとてもできなかった。まさに地域全体で勝ち取った成功よ。講演会で現状を説明する機会があると、ほとんどの人が『私たちに何ができますか？』と聞いてくれたわ」

ルグリは続ける。「元気をもらえるような仕事だった。宇宙を見る力を守り育てるなんて、ただ橋を架けるだけの仕事よりも刺激的でしょ」

モン・メガンティックの教育担当ディレクターであり、アストロラボでは科学コーディネーターを務めるセバスチャン・ジゲールは、自らの仕事を「星空保護区の使命を人々に伝えること」だと表現する。「あちらは科学の実践」と彼が指さすのは科学観測用の天文台だ。「で、僕たちのは科学の共有。科学といっても、方程式とか白衣とか、そんなことだけを指してるんじゃない。宇宙に存在することの不思議、要するに、なぜ僕たちはここにいるのか、なぜそれがそんなに素晴らしいのか、ということさ」。朗らかな人柄のジゲールと話していると、彼の情熱やひたむきさがひしひしと伝わってくる。そのことを本人に言うと、「朗らかな人柄だけじゃない、感動するためのたくましい筋肉もあるよ」と彼は笑う。「感動筋なんて単語は英語にないかもしれないけど、僕はいつもガイドたちに言うんだ。『ここは大学の授業をする場所じゃない。僕たちは、来園者に自然の壮大さを感じてもらうためにいる。それにはこちらの目が生き生きしていないと。あらゆるものへの感動をいつも表現していないとね』って。そしてよく『感動しない人生を送るのは、死んでいることと同じだ』という言葉を引用する。アインシュタインの言葉だよ」

彼は、数人のガイドたちとニューヨークのヘイデン・プラネタリウムを訪ねた話をしてくれた。それはとても楽しい経験だったが（あの予算をちょっとでも分けてもらえたら！）、ジゲールはこうも付け加えた。「ヘイデン・プラネタリウムのテクノロジーはすごかったけど、僕たちみんなにとって衝撃的だったのは、その驚きや感動を分かち合える人がいなかったっていうこと。一緒に語り合えるスタッフがいないんだ。ただそれは、ニューヨークに限ったことじゃない。モントリオール・サイエンスセンターも同じだった。スティーヴン・ジェイ・グールドの『私たちは愛していないもののためには戦わない』という言葉が僕は好きだ。自然とのつながりは、知性によるものだけでなく、感情に基づくものだということを思い出させてくれるから」

ジゲールに出会って最も印象深かったのは──それは僕がモン・メガンティックで学んだことを大きく反映しているのだが──彼が天文台で科学にまつわる仕事をしているにもかかわらず、たんに天文家のために空の眺めを守ろうという以上に、暗闇の保護に献身的に取り組んでいるところだ。

「いまでこそ『星空保護区』という名前で親しまれているけど、このプロジェクトの当初の目的は、ここで行われる科学的な観測実験を継続可能にすることだった。でも数十年後には、プロジェクトの最も素晴らしい遺産は、本物と言えるような夜空を体験する可能性を守ってきたことだったと気づく日がきっと来る、そう考えたいんだ。

都会から来た多くの人たちは、空にはこんなにたくさん星があったのかと、驚きに目を疑う。外に出ると、めまいを感じて座り込んでしまうほどさ。中国から帰ってきた僕の同僚の話と比べてみるといい。中国ではいたるところで大気汚染が進んでいて、太陽光のわずか一パーセントしか地表に届かない地域もあるらしい。つまり、僕たちは夜の星が見えないと言って嘆くけど、昼に輝く大切な星が見えない場所もあるんだ。太陽を見ずに育った子供は、いったいどんな人間になってしまうんだろう？」

レオポルドの言う「環境教育」を受けた結果の不利益を、彼なら理解できるかもしれない。

「いまの状況をわきまえながら、どうすればポジティブでいられるかというのは、重要な問題だね。僕の場合は、世界に対して自然な驚嘆のようなものを抱いている。たとえ現状を目の当たりにして気が滅入ったとしても、それが消えてなくなることはないよ。それに僕は、自然に囲まれて仕事ができることを幸せに思っている。ここには心を動かされ、自然を愛おしく思う機会が常にある。満天の星空や、山や湖、鳥や動物たちのことを思えば、大都会へ戻るのは難しいね。交通渋滞や公害があって、商店やら道路やらで埋め尽くされた場所には、もうなじめないと思う。

僕は話をすることで自分の役割を果たそうとがんばっているけど、まだ満足がいかない。付き合っている彼女には、あんまり気負いすぎるなって怒られるよ。でも、現在の危機的な状況を知ったらどうだろう？　かつてないほど広範に人間が影響を与えているのに、多くの人がそれに気づいていないだなんて……」、ジゲールは声を潜めて語り続ける。

「僕は思うんだけど、空から星が消え続けている現状は、人間と自然の関係、人間のこの星での暮らし方を考え直すきっかけになるんじゃないかな。空という宇宙への唯一の窓が閉ざされている。それはきっと、人間が自然からどれだけ離れてしまったかを示す、格好のシンボルになるはずだ。人々は都市の中に閉じこもり、それゆえ自然のことを知らない。小さい幻想の世界にとらわれているようなものさ。これ以上宇宙を見ることができないというのは、いまの僕たちにとって一番危険なことではないかもしれない。それでも強力なシンボルにはなるんだよ」

地元のホッケーチームでゴールキーパーをしているジゲールは、「好奇心《ワンダー》」をもつことの大切さを何度も口にするあまり、「ワンダーキーパー」と呼ばれている、と笑いながら教えてくれた。「好奇心は自然界に向けるだけじゃなくて、人間にも向ける必要がある。いまの危機的状況を考えれば、天文学より環境保護の方が大事だ、という人もなかにはいるだろう。でも、とてつもない宇宙進化の物語を知れば知るほど、生命の神秘を深く意識できるし、宇宙の広大さや空っぽさに気づけば、地球というちっぽけな青い点を見たときに、しっかりとした責任感が芽生えてくるはずだ。だってこの星は奇跡と言っていいほど希有で、美しい存在なんだから。宇宙を旅したほぼすべての宇宙飛行士が、そこでの最も尊い経験は、ただ地球を見ること、その貴重さを知ること、そして国境の頼りなさを感じることだと言っている。『私たちは月を探索するために出かけ、実際には地球を発見した』というのは、『地球の出』という有名な写真を撮った宇宙飛行士のウィリアム・アンダースの言葉だ[6]」

天文台を出て山から下りる頃には、もう真夜中を過ぎていた。霧がとても深く、ヘッドライトは目の前の道路をようやく照らしている。急勾配にゆっくりと車を走らせ、カーブを曲がる。この道をはるばるやってきた目的は、星空を眺め、その暗さをサーク島やケープコッド、あるいは心の故郷であるミネソタ州北部の湖と比較することだったのに、それは叶わなかった。でも同時に、思いもしなかったものを見つけた——モン・メガンティックをいまの姿にするために情熱を注いだ大勢の人々だ。マレンファント、ルグリ、ジゲール、ガイドの若者たち、そして科学者や運営スタッフ。その一人ひとりが重要な役割を果たしてきた。僕はモン・メガンティックの人々に親近感を抱く。その親近感には少なくとも、レオポルドの言う「傷ついた世界で孤独に生きる」寂しさを癒す作用があるのだろう。周囲の共同体を助けるために全力を尽くそうと決めた人々の共同体は、やがて自分たちの豊かさに気づく。それこそが僕がこの地で学んだことだった。

「空を愛している。それが私の悩みです」

シプリアーノ・マリンは、昼食の席でそうつぶやいた。スペイン領カナリア諸島にあるテイデ国立公園で、「パパス・アルガダスのモホ・ピコンとモホ・ベルデ添え」を二人でつついていたときのことだ。このせりふを、僕は決して忘れることはないだろう。これまで実に多くの人たちが、さまざまな表現で同じことを言うのを聞いてきた。空――もしくは別の何かでも――を愛すれば、それが危険にさらされたとき、人は苦悩に陥るほかない。

シプリアーノは知っている。スペイン本土の南西、モロッコ沖に位置するカナリア諸島で生まれた彼は、光害のない真っ暗な空の下で育った。五〇代後半になり、髪に白いものが増えつつある現在までに、彼は徐々に暗さを失う空を見てきた。なかでも、ラス・パルマスやサンタ・クルス・デ・テネリフェといった都市の照明の影響は大きい。この島々で育ったからこそ、喪失感もひとしおだと彼は言う。「島民は空をとても大切に思っている。私たちがもつ天然資源はたった二つ、空と海だけ。島では空が景観の一部でもあり、アイデンティティの一部でもある」。世界にとって幸運なことに、シプリアーノが夜空のために行っている活動は、彼の愛する島々のはるか遠くまで影響をおよぼしている。彼はユネスコに二〇年間勤務し、二〇〇七年にはカナリア諸島での国際会議開催に携わった。この会議によって、「暗い夜空と星を見る権利を守る宣言」が採択され、「スターライト・リザーブ」と呼ばれる画期的なプログラムも新設されることになった。

そんなわけで僕は、シプリアーノに会いに、「パパス・アルガダス」つまりシワシワの茹で芋をつつきに、そして暗闇の保護について話をするために、カナリア諸島まで赴いた。しかし僕にはもうひとつ目的があった。世界的に有名な夜空を見ることである。

ここで思い浮かべている夜空とは、見る者がハッと息を飲むような、または星について勉強したくなるような、思わず詩を書いたり踊ったりしたくなるような空のことだ。この島にやってくる数ヶ月前、つまり休暇中のヨーロッパ人観光客を満載した飛行機に乗って、マドリードから二時間の空の旅に出る数カ月前、ある写真家がカナリア諸島の風景をインターネットに紹介した。(7) それは低速度撮影をした空の映像で、その存在を知ったのは、僕がこの本を書いていることを承知しているほぼすべての人が、メールで教えてくれたからにほかならない。それもたいていは、「絶対ここに行くべき!!!」なんていうコメントとともに。夜空の映像を実際に自分の目で見たものと比べるのは、さまざまな理由から公平ではないだろう。たとえばカメラには、光を集めるために長時間露出したり、画面の中央だけでなく全体にピントを合わせたりする機能があるからだ。それでも僕は、カナリア諸島で見る空が、その映像にかなり近いものであることを願わずにはいられなかった。

そう思うのは僕だけではないようだ。というのもカナリア諸島には、世界最新、最大口径の望遠鏡「カナリア大望遠鏡(GTC)」があるからだ。ラ・パルマ島の火山の尾根にロケ・デ・ロス・ムチャーチョス天文台のほかの望遠鏡と並んで建つGTCには、世界各地から天文家がはるばる訪れてくる。だが、この島を特別なものにしているのは、桁はずれに大きな望遠鏡ばかりが理由ではない。カナリア諸島は、夜空の観察に適した世界でも有数の場所なのである。

都市部の成長や無秩序な広がり、またその結果として生じる光害によって、都市とその近郊の天文台は廃れつつある。パリ、ロサンゼルス、ロンドンのような都会にも天文台は存在するが、利用者は少ない。たとえばパリ天文台は、歴史に興味があって過去の世界に思いを馳せるのが好きな人なら、訪ねるべき魅力的な場所だろう。町はずれの畑の中に建設された優雅な建物、絹の靴下やかつらなどで着飾った人々が、空をうっとりと眺める光景。それがいまは、コンクリートの畑や、フランスの首都にあふれる電灯の白い花々に取り囲まれている。(8)

光害がないということは、優秀な天文台としての必要条件のひとつでしかないのに、近年それに当てはまる場所は世界でもほんの数カ所しかない。カナリア大望遠鏡のような光学望遠鏡にとってとくに重要なのは、地球大気の揺らぎ（もしくは揺らぎのなさ）である。揺らぎがあると、安定した像を保つのが難しくなるからだ。よって地球上で最も適しているのは中緯度付近、とりわけ西から東への大気が海からスムーズに流れ込む、大陸や島の西海岸となる。天候のよさ（雲や雨が少ないこと）も重要で、砂漠は絶好の場所であることが多い。アクセスのよさ、安定した地盤（活火山がない）、適度な緯度などさまざまな必要条件を加えていくと、カナリア諸島、ハワイ諸島、バハ・カリフォルニア半島、チリ北部、南アフリカ共和国を含む、世界中でひと握りの地域が浮かび上がるだけだ。また、それらの場所にある最新の天文台は望遠鏡ネットワーク――シプリアーノいわく「宇宙に開かれた窓のアンサンブル」を築いており、地球から見た宇宙のベストな眺めを常に提供してくれる。

外交官の家に育ったのでない限り、シプリアーノ・マリンのような人と多くの時間を過ごす機会はめったにないだろう。彼が「権利を守るための宣言」に使われそうな言葉でしゃべっても、陳腐さや単純さは微塵も感じられない。実際シプリアーノにかかれば、星空を見ることは清潔な水や選挙権を得ることに並ぶ基本的人権だという考え方が、一〇〇パーセント正当なものに聞こえる。自己決定権が尊重されているアメリカという国において、多くの人は星空を見ることを「権利」だと考えていないように思える。しかしユネスコは、「光害のない夜空は人間に喜びを与え、空に関しての思索をもたらすものであり、ほかのあらゆる環境的、社会的および文化的権利と同等に、人類の奪うことのできない権利である」と宣言している。シプリアーノは、こうした権利を守ることの難しさを認める。その概念に対する思想的な支持を得ることはたやすくても、法的な支援を得るのは容易ではない。そのためには、誰かが立ち上がる必要があるからだろうか？

「そのとおり《シー》」

そう答えるシプリアーノだが、光害問題への国際的な意識を高めるために、見事な手腕を発揮してきた。二〇〇七年の国際会議の報告書には、スペインの環境大臣、欧州議会の副議長、その他大勢の取締役や代表者、事務総長からの支持声明に続き、科学者、芸術家、組織運営者——トラヴィス・ロングコアやクロエ・ルグリのような人々——が書いた星空を見る権利を守るためのエッセイが、四〇〇ページにわたって掲載されている。それらは総じて次のように論じている。「人類はいまも昔も、星明かりを眺めることによってインスピレーションを得てきた。また、星空の観察はあらゆる文化や文明の発達に欠かせない要素であり、歴史を通じて、空について思索することは多くの科学技術の発達を支え、進歩を約束してきた」。シプリアーノは夜空について、「急速に失われつつある文明や文化にとって不可欠な存在であり、その損失は世界各国に影響するだろう」と述べている。

最も印象的なのは、大西洋の小さな島出身のこの男性が、世界をひとつにするためにあらん限りの力を注いでいることだろう。ただ島に閉じこもって何も気にしない方が、気楽には違いないのだから。シプリアーノの情熱は、どんなに走っても、逃げても、車を走らせても、光害から逃れる場所はないという認識から来ている。この点で彼は、気候変動による海面上昇の影響を危惧するほかの島国の人々とよく似ている。多くのアメリカ人が海面上昇の問題に危機感をおぼえるのは、何十年も先のことだろう。「ところが島の人間にとって、世界は非常に閉ざされた場所になっている。それは問題ではあるけれども、強みでもあるんだよ」

シプリアーノはテーブルの上にワイングラスを置いた。「海のまんなかに浮かぶ私の故郷の島民で、作家のラファエル・アロザレーナは、ユネスコの宣言の全精神を美しい短詩にまとめている」

ぼくがうけついだのはほんのわずかな土地
でも空にかんして言えば宇宙はすべてぼくのもの

スターライト・リザーブの概念で最も有意義なもののひとつは、その範囲、分類、基準、提案のきめ細かさである。シプリアーノや、同じ志をもつ一〇〇名以上の国際的な専門家たちは、スターライト・リザーブが必要な理由と、それらの保護区がこうあるべきというビジョンを、斬新かつ説得力のあるやり方で示してきた。保護地域すべてが、単純に同じ理由で保護されるのではなく、スターライト・リザーブにはいくつかのタイプが想定されている──「スターライト・自然サイト」は夜行性生物の生息地を、「スターライト・天文サイト」は星空の眺めを守る目的で設立された。「スターライト・遺跡サイ

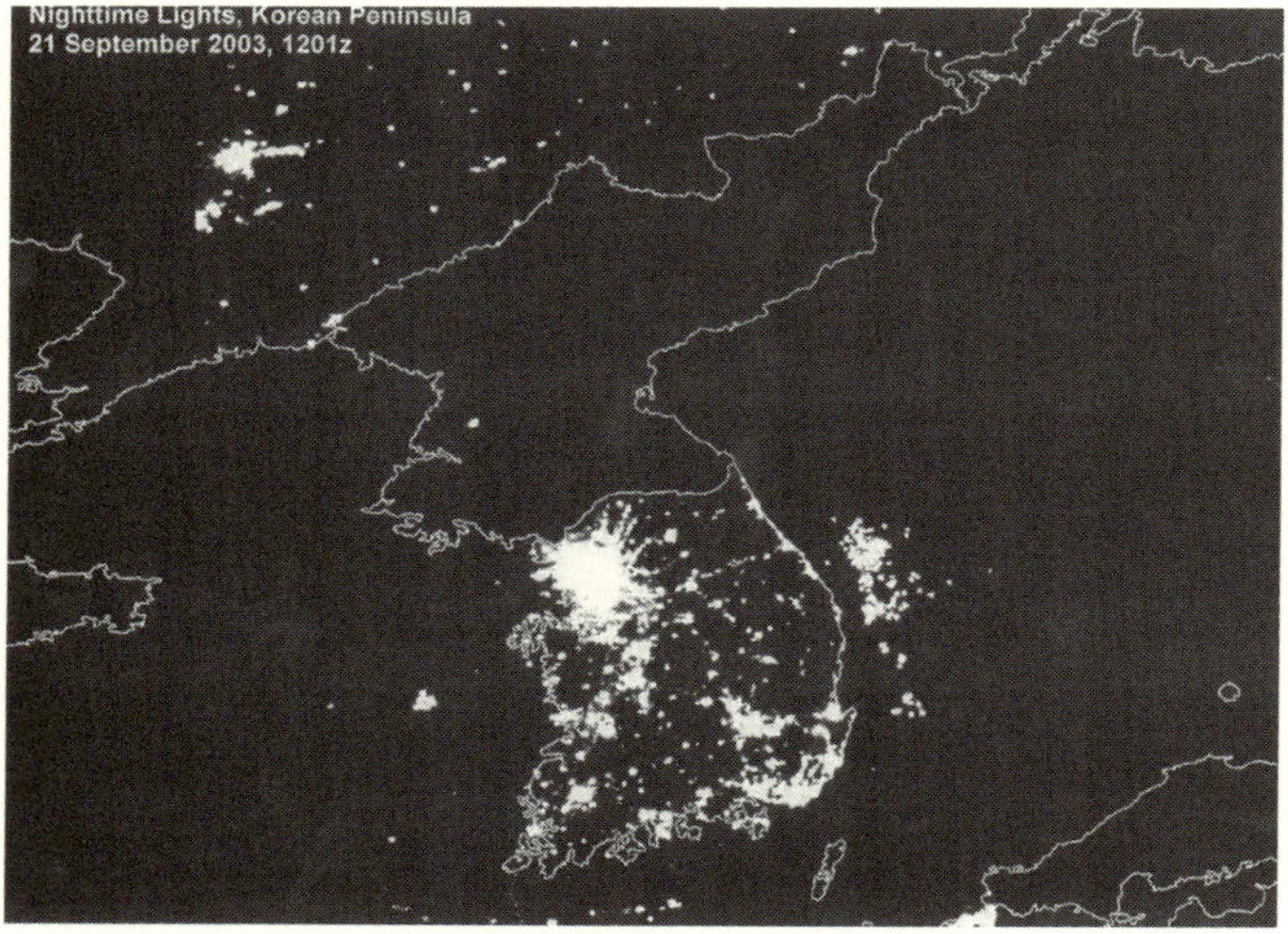

図 11　夜の朝鮮半島。発展を遂げた韓国は明るく、開発の遅れている北朝鮮は暗い。（ＮＡＳＡ・防衛気象衛星計画）

ト」は「遺跡や文化遺産、もしくは大空との結びつきを表現する人工建造物」を、「スターライト・ランドスケープ」は「星空に関連した自然景観や文化的景観を誇り、空の眺望と美しく調和した自然現象や人工品が見られる場所」を保護するためのものだ。そして最後に「スターライト・オアシス／居住地」を設けることで、農村社会や小さな村を含む地域の暗闇の維持に力を注いでいる。

シプリアーノは、スターライト・リザーブが観光事業に多大な、そしてこれまで眠っていた可能性をもたらすと信じている。彼は、夜間の観光を発展させて地域社会に利益をもたらすことができる場所として、そのほとんどが夜には閉園してしまう各国の世界遺産の名を挙げた。「観光スポット、とりわけエコツアーの目玉となっている場所に欠けているのは夜。夜を提供することが重要だ」。そのような夜の観光を通じて、スターライト・リザーブは世界中の地域社会に発展の機会を与えてくれるとシプリアーノは考える。つまり暗闇を維持しながらも、進歩という現代的な概念を楽しむことができるのだ。「『星を見ること』と『近代化』を分けて考えてはいけない」と彼は言う。暗闇を本当に大切に思うなら、真の夜を未開発地域の専売特許にしておくよりも、そうした地域の経済発展を支援しながら夜を守る方法を模索するべきなのだ。「衛星写真で北朝鮮を見るとたしかに暗い。でもそれがよい解決法だとは言えないだろう」

宇宙から夜の地球を見たとき、最も衝撃をおぼえる場所のひとつは南北朝鮮である。[9] 朝鮮半島を見ると、韓国はほかの先進国と同じように、そしてソウルはほかの主要都市と同じように明るく輝いている。しかし、大都市ソウルのすぐ北に唐突に現れる黒いラインは軍事境界線を示しており、暗闇はそこを皮切りに半島の付け根まで北へ広がっていく。これが、長年のあいだ苦難を強いられている北朝鮮の姿だ。光の染みが点々と覆う韓国と、そこから突如伸びる暗闇のコントラストは劇的で、ある意味魅力的でもあるが、北朝鮮の民衆が耐え忍んでいる生活を望む者は誰一人いないだろう。もちろん、夜の地球の衛星写真を見れば、人口は多いのに暗い地域はまだまだある――サハラ以南のアフリカの広大な地域がそうだし、アジアや南米にもところどころに大きな暗闇が見える。世界のそうした地域に住む人々に、夜の人工灯の恵みを与えないのは間違いかもしれないが（遠隔地にソーラーランタンを届ける素晴らしい事業もすでに展開されている）、シプリアーノをはじめとした多くの人たちは、西洋に住む僕たちが現在被っている代償を伴うことなく、照明が普及することを願っている。現代社会の恩恵をさらに多くの人々に届けながらも、夜の世界地図をどんどん暗くしていくという、これまでにはなかった進展のしかたに希望が見出せそうだ。

カナリア大望遠鏡に続く曲がりくねった道を車で登るなら、朝食の食べすぎに注意することだ。しかし僕がそれに気づいたのはちょっと遅すぎた。一三歳の頃、メキシコシティ郊外で似たような道を旅した記憶が頭をよぎる。所属していた野球チームの遠征で乗ったバスには、頭上にフレキシガラスの窓があるだけで、運転手は吐き気と闘うアメリカ人少年たちのために停車してはくれなかった。幸いにも今日は、シプリアーノに愛車のベンツを途中停車してもらうよう頼むほどの非常事態は免れた。そしてようやく、僕たちは低地にある生い茂った森を抜け出し、天文台が建つ火山高地の景観へ躍り出た。

この火山には、実は数台の望遠鏡が設置されている。太陽観測望遠鏡（これで見る太陽の表面は沸騰したオレンジジュースのようだ）、楕円形が人間の目を思わせる電波望遠鏡（「そのとおり、宇宙空間を覗き込む目だ」とシプリアーノは言う）、オランダ政府やイタリアが所有する光学望遠鏡（後者の案内板には「国立ガリレオ望遠鏡」と書かれている）。望遠鏡のそばにいる天文学者を思い浮かべてみてほしい。想像の中の彼らは、とんがり帽子にマントは大袈裟かもしれないが、いまだに座の高い椅子に座って接眼レンズを直接覗いてはいないだろうか？　そんな時代は過ぎ去った。島の天文学者たちは、望遠鏡越しに宇宙を見るためにわざわざ足を運ぶ行為を「古典モード」と呼んでいる。ここでの観測の多く（約八〇パーセント）は、自国の研究室でコンピューターに向かう天文学者たちによって行われているのだ。彼らが時間と空の位置をスケジューリングすると、それに合わせて天文台の望遠鏡がセットされる。だからといって、望遠鏡に対する興味が褪せるわけではない。僕はその場に立ちながら、ここは地球の果てで、望遠鏡は地球の最良の目なのだと考える。世界中のどこへ行っても、ほぼ間違いなく、カナリア大望遠鏡ほど宇宙を奥深く映し出してくれるものはないだろう。

カナリア大望遠鏡の真下に佇むと――顔の広いシプリアーノのおかげで僕たちはドームへの入場を許可された――まるで鉄の糸でできたあやとり、もしくはものすごい重さの巨大なクモの巣の下に立っているような感じがする。僕はドームの銀色の壁を見回した。スライディングルーフが開いて空が露わになり、窓を額にした世にも素晴らしい宇宙の絵が見られたら、どんなにか感動的に違いない。この額縁と、ゆっくりと開いていく窓は、空の眺めをよりいっそうドラマチックにしてくれるだろう。大聖堂のステンドグラスを通して見る空が、天国の光景を想像させてくれるように。

「同じことさ」とシプリアーノは言う。「大聖堂は人間と神を結びつけてくれる。時々、ここを修道院のようだと言う人がいるよ。ここにいると周囲の世界と切り離されて、じっくり空を眺めることができるからね」


残念なことに、今日は空を眺めるのに適した夜にはならないだろう。僕がカナリア諸島に滞在する三日間はどれもそのようだ。サハラ砂漠から息苦しい熱風が西へ吹きつけ、カナリア諸島の空を砂塵で濁らせる「カリマ」という現象のせいである。観測所で会った天文学者の一人に、今日は観測をするのかと聞いたら、渋い顔で「まさか。こんなひどい日に」と答えた。

八方塞がりだ。これではインターネットで見てきた画像と、本物の夜空を比較することはできないし、世界的に有名なカナリア諸島の空と、ここからそう遠くないモロッコで、僕が吹雪と間違えた星空の記憶を比べることもできやしない。忘れられない夜空を新たに体験することも不可能だろう。空港で出会った瞬間から温かく親身な案内役だったシプリアーノは、目に見えて残念そうにつぶやいた。「いつもはこんなふうじゃないのに。この時期にカリマが来るなんて、とても珍しいことなんだ」

最初は僕もがっかりした。奇跡のような夜空を眺めるのを楽しみにしていたからだ。でも、サーク島やモン・メガンティックが予期せぬ何かを与えてくれたように、シプリアーノと過ごした時間も、僕には貴重なものだった。僕がカナリア諸島で見たのは、息を飲むような星降る夜のイメージではなく、その将来像だ。現在シプリアーノのような人たちが尽力してくれているおかげで、どんな地図にもまだ暗い場所は残っている。シプリアーノ・マリンは、スターライト・リザーブや夜の観光、その他これから湧いてくるはずのアイデアを通じて、人間は星を見る権利をもっているということ——たぶんもっと重要なのは、なぜその権利を主張すべきなのかということを理解してもらうために、全力で闘っているのだ。

だがそれだけではない。シプリアーノは彼自身が星を見る権利よりも、自分以外の、とくにこれから生まれてくる人々の権利を心配しているようだ。彼が「人類共通の普遍的な遺産」と呼ぶ星空を観察することは「ますます難しくなり、新しい世代にとってはそれが未知のものになっていく」のだ。今回の訪問で僕がカナリア諸島の星を見ることはないだろう。でも来週、来月、または来年ここへ戻ってくれば、そのときには星空が待っているかもしれない。それが僕の権利であり、僕らに与えられた可能性なのだ。しかし、現在までもちこたえているこの空を守り、取り戻すための行動をいま起こさなければ、自分たちが何を失ったかもわからない未来の世代から、その権利を奪い取ることになるだろう。

「もしも空の素晴らしさを知らなければ、それを取り戻せるわけがない。それが次世代にとっての大きな問題だ」と彼は言う。「いまさらだけど、私にとっての最も重要な動機はそこなんだよ」

言い換えればこういうことだろう。「空を愛している。それが私の悩みです」

世界最古の望遠鏡

世界最新の光学望遠鏡の下に立った一週間後、僕はイタリアのフィレンツェにあるガリレオ博物館で、世界最古の望遠鏡を見ていた[10]。現存しているこの二本は、一六〇九〜一六一〇年にガリレオ・ガリレイが制作したものだと言われ、長い方は褐色でほとんど竹のような見た目、短い方は濃い琥珀色をしている。壊れやすく、膝の上でポキンと折れてしまいそうな外観を見れば、それらが厚いガラス越しに展示されているのはたぶん正解なのだろうと思える。今日の基準からすれば子供のおもちゃのようだが、四〇〇年前には最先端の道具であり、ガリレオはパドヴァ、ピサ、フィレンツェの夜を、地球上のほぼ全員が見ることのできなかったものを見ながら過ごしたのだ。天文学者のタイラー・ノードグレンは教えてくれた。「四〇〇年前、フィレンツェでは誰もが星を見ることができたけど、望遠鏡をもっているのはガリレオだけだった。いまでは誰もが望遠鏡をもっているのに、誰も星を見ることができない[11]」

僕はしばらくガリレオの望遠鏡の近くをうろついていたが、やがて角を曲がると立ちすくんだ。まるで予期しなかった光景――薄暗くひんやりとした部屋には、一七世紀、一八世紀、一九世紀の夜の地球が並んでいる。天球儀、イタリア語で言うところの「グロボ・チェレステ」、つまり夜空の地図だ。そのうちのいくつかは非常に大きく、直径一二〇センチから一八〇センチはあろうかと思われる。木製でラッカー塗装が施され、老朽した濃いマホガニー色の輝きを放つ天球儀は、その当時入手できた最高の天文学的知識を駆使して作られた。そこに描かれた星座には、人々が空から連想したさまざまな形が反映されている。しかもその形ときたら！　一六九三年にヴィンチェンツォ・コロネッリが作成した巨大な天球儀が目についた――とても大きな獅子や熊、くねくねと曲がる長い蛇が、星座の形の上に描かれている。空を見上げたら、這って泳いで飛び回る野生動物の集団が見えるなんて、いったいどんな気持ちだろう？　光害で平らに均されてしまった現代の空とはまるで違う三次元の空間。晴れた夜ならば、その細かな奥行は誰の目にも明らかだったはずだ。そして、描写された生物たちは、しなやかな筋肉と繊細な目をもっている。ここでは、展示品に触れることは禁止されている。天球儀を回して、次に住みたい場所や旅行したい場所を指で示すことはできないから、代わりにあなた自身が地球のまわりを回るしかない。

これらの天球儀を作った人たちは、星は不動不変であり、空が毎晩地球のまわりを回っていると考えていた。現代の僕たちはより多くを知っているが、知るにつれて失ったものの大きさにも気づく。現に天球儀は、ほとんどの現代人がもはや見ることのできない空を表している。そこに描かれた生物がもっと数多く、もっと広範囲に生息していた世界は、もう存在しない。

僕はこの部屋を歩きながら、コロネッリが現代版グロボ・チェレステの制作を頼まれて、困惑しきった表情を浮かべている場面を想像していた。その結果は？　おそらく灰黒色や灰色を重ねた黄金色の地球に、所々白い点々があるだけではないだろうか？　巨大な獅子や虎や熊、大きな翼を広げた鳥、得意そうな目をした長い蛇などの動物は、間違いなく姿を消すだろう。漆黒に輝く背景や、物語に出てくるような動物たち、透明な光沢に包まれた野生の空は地図からなくなり、コロネッリはそれを再現しようとすらしないかもしれない。

それでも僕には、コロネッリが別のグロボ・チェレステを作っている姿が目に浮かぶ。今度のはもっと小さく、それでいて優美な絵が描かれ、しかも目を疑うほど精巧だ。この地図上の地球はいまだ生命にあふれている。球体を回して指で止めると、そこに小さなディテールや（彼は毎晩夜を徹して描き続け、朝になると眠りについたのだろう）、奇跡のような美しさ、その場所に生息する素晴らしい夜の生物を見ることができる。夜に咲くサグアロサボテンの白い花、アメリカワシミミズクの羽根、ある種のコウモリのしわくちゃの笑い顔。僕は天体を回し、北の方を指で触れて止める。あの生き物はまだいるだろうか……。いたいた、アビの白黒の羽毛が描かれている。これぞ今日に残る現代世界のグロボ・チェレステだ。かつての天球儀より小さいのは、そこに何が残っているのかを、近くで見て確かめてほしいと作者が願ったからだ。

そしてさらに、現代のテクノロジーを駆使したもうひとつのグロボ・チェレステを、コロネッリは喜び勇んで制作するだろう。過去には絶対に作ることのできなかった種類の天球儀。これを捧げたら、王様はどんな褒美を授けてくれるだろう？　この天球儀に触れると、触れた場所の夜の音が聞こえてくる――コオロギの歌、波の音、交尾期のカエルの鳴き声。暗闇の中、瞳を閉じて天体を回し、世界の夜の音に耳を傾ける。僕たちの耳に届くのは、その地図上にいまでも存在し、触れられるのを待っている夜の音なのである。

フィレンツェを訪れたのは博物館を見学するためだったが、僕はわざわざ満月の夜を選んだ。月明かりの下、ガリレオの見た光景を想像しながら、この美しい街を歩きたかったからだ。また、シプリアーノと世界遺産や夜の観光について話した直後だったこともあり、一九八二年に世界遺産に登録されたフィレンツェ歴史地区が、どんなに素敵な夜を演出しているのかも知りたかった。

結論から言えば、それは期待はずれだった。街の中心部は歴史を感じさせるかもしれないが、この近代都市は三七万五〇〇〇人以上、より広域な都市圏では一五〇〇万人以上のはちきれそうな人口を抱えている。ここは暗闇に包まれた小さな町ではなく、人工灯に囲まれたイタリアの主要都市なのだ。それにしても残念なのは、歴史地区内にさえ、同規模の都市と同じくらいまぶしい光があふれ返っていることだ。ノートにメモをしようとして下を向くと、青い光の点が目に残ってページがよく見えないほどだ。街の実際の美しさ（ドゥオーモを見たとき僕は歓声を上げた）や、ユネスコの世界遺産であるという事実は、夜の照明にほとんど影響をおよぼさなかったらしい。それに、夜の独特な雰囲気作りに気を配っているようには思えない。石畳の街並みを歩きながら、都市の照明に追いやられて意味をなさなくなった月を見るにつけ、僕は何度もやるせない思いにさせられた。グレアや燃えるようなまぶしい光がなくなり、その代わり深い関心や思慮をもって、ろうそくや月明かりで照らしたなら、この街はどんなに美しくなるだろう。月が再び受け入れられて、ルネサンス様式の塔や石垣や中庭、広場や小路にその光が注がれたとき、フィレンツェはさらに美しく生まれ変わるのではないだろうか。

それでも、グレアのない通りはところどころにあり、そのいくつかでは、通りの向こう側までの数ブロックが見渡せる。そこでは照明がとても慎重に設置されていて、居心地もずっとよく、誰の目にも魅力的だ。僕は直感的に思う――いつしかこれが基準になる日が来るに違いない。人々はこのような照明を期待し、要求し、不必要な明るさに嫌気がさすだろう。言ってみれば、フィレンツェは自分自身と闘っているようなものだ。そこには二人の照明デザイナーがいて、一人は美しさを重視し、もう一人は不安を重視している。そして昨今の政治家ならこう言い訳するだろう。「市民はもちろん、これだけの観光客がいるのだから、安全のために照明は必要だ」。でもとりわけフィレンツェのような場所で、そんな議論はばかげているような気がする。通りは人で賑わっていて、日曜日の真夜中過ぎでさえも、大勢のカップルや友だち同士が散歩を楽しんでいる（その半分くらいは英語を話していて、それはイタリア語よりも確実に多く聞こえる）。建物や街路や炎などの人間の手による美、月や星や暗闇などの人の手が作り出せない美。これら二つの美の体験を犠牲にするほど、人は暗さを恐れているのだろうか？

博物館にいるとき、カレンという女性に出会った。彼女はイタリア人男性と結婚し、ガイドとして働いている。ここ一〇年のあいだに都市の照明レベルはとてつもなく上昇していると、彼女は言う。いまでは彼女の住む小さな通りもずいぶん明るくなってしまい、人々は階下のアパートの壁をトイレ代わりに用を足していくという。夫婦は、暗くなってから外出するのを避けるようになった。「だって夫が怒って、ナイフを持っている人と口論するようなことになったら大変でしょう」。彼女はまた、フィレンツェで毎年行われる「ノッテ・ビアンカ（白い夜）」というイベントについて説明してくれた。その日博物館や店舗は、照明をつけたまま夜遅くまで、もしくは一晩中営業しているという。「暗闇を大切に思う気持ちとは無縁のことね」とカレンは認めた。

真夜中過ぎにホテルへと続く道を歩きながら、人々が家の中に閉じこもったまま、美しい夜の街に気づかないでいることについて考えた。その美しさを知っているのは、地元の清掃作業員やパトカーに乗った警察官、アメリカ人相手に一日中ジェラートを売ったあと自転車で家路を急ぐ女の子たちくらいのものかもしれない。そして「ナイト・オブ・ダークネス」のことを思い出した。それはベルギーやフランスで年に一日だけ開かれる催しで、その日、それぞれの国の市町村では、明かりをともさずに夜を過ごす。人々は家を出て、夜を祝う活動に参加する。そうすることで、エネルギー消費、光害、暗闇の美しさについて、さらに関心を高めていくのだ。僕の知るパリの活動家は、この運動がヨーロッパ中に広がることを願っていた。[12]

街を照らす月に別れを告げ、ホテルの中に閉じこもってしまう前に僕が思いを馳せていたのは、そんなことだった。ヨーロッパ全域で真っ暗な夜を楽しめる日があったら、どんなに素敵だろう？　宇宙からはどんなふうに見えて、通りはどんな景色になるのだろう？　フィレンツェの夜はどのように変わるのだろう？　そしてそれは、僕たちをどこへ連れて行くのだろう？

2

可能性を示す地図

美しいからという理由で何かを救済しようとしても、誰も耳を貸さない。それどころか人々は嘲り笑うだろう。美的感覚——目や耳や想像力を通じて楽しむ力は、食べたり飲んだりするときの肉体感覚と同じように、人間の幸福を構成する重要な要素なのに、世の中がそれを認める時はいまだに訪れない。(1)

——ジョン・C・ヴァン・ダイク（1901）

いま住んでいる都市や町で体験できるかもしれない夜に思いを馳せる前に、僕がこれまで訪れた最も暗い場所のひとつに立ち戻ってみることにしたい。ネバダ州の北西の角からオレゴン州東部にかけて広がる砂漠は、アメリカでは珍しく、広大な自然の闇が残っている地域だ。このブラックロック砂漠で、僕はいま一人の友人と二脚の折り畳み椅子を伴って、数分後に訪れるはずのたそがれどきを待っている。

ここに来たのは初めてではない。ある晩には、夜明け前に目覚めて、血のように真っ赤な三日月が地平線上にかろうじて残っているのを見たことがあるし、別の夜には、不安を誘うような風が吹きすさんでいたのを覚えている——だけど、暗闇を探すためにここへ来たのは初めてだ。リノを出発し、ピラミッド湖を眺めながら車を走らせると、わずか二時間ほどで、砂漠の手前にあるガーラックという町に到着する。町からはしばらく舗装した幹線道路が続くが、山のふもとを曲がると右手に塩類平原《プラヤ》が広がり始める。車はいつしか幹線道路を下りて、道なき大地でレーシングカーのように土埃を巻き上げる。あっちにもこっちにも、轍が気まぐれに伸びている。道路がないことに、最初はひるんでしまうかもしれない。しかし車はすぐにフルスピードに戻り、自動車メーカーのコマーシャルのオーディションでも受けているかのように、砂だらけの平野で唸りを上げた。

どこで夜を過ごそうか？　僕と友人は、八時半になったら何があっても運転をやめようと決めていた。この平原には目印になりそうなものが何もないから、そういう取り決めでもしないと、車を止めるきっかけがないのだ。プラヤはどこまでも広がっている。見渡す限りモグラ色の大地は鱗みたいにひび割れ、まるで巨大なジグソーパズルだ。東の空全体に、紺碧《こんぺき》の夜が渦巻く砂嵐のように立ち現れる一方で、西の空はバラ色の花が萎んでいくように色を失う。思えば遠くまでやってきたものだ。僕たちは携帯電話を使わずにすむよう電源を切った。携帯がなければ、時計も見られない。人工的な時間を止めて、自然の時が夜を連れてくるのを見届けようと、椅子を並べた。

来月行われる「バーニングマン」には、例年どおりスティングもお忍びでやってくるだろう――毎年八月に開催されるこのフェスティバルは、最終日の夜に巨大な人形を燃やすことで知られており、数万人の参加者で賑わう[2]。しかし今夜は、何キロにもわたって広がる大地を僕たち二人が独占している。月面に着陸した宇宙飛行士も、こんな気分だったのかもしれない。違うのは、僕たちがショートパンツ姿で、暗闇で光るフリスビーとビールを持ってきていることだ（おそらく月面でビールを飲んだ宇宙飛行士はいないと思うが、僕の間違いかもしれない。少なくとも宇宙飛行士のバズ・オルドリンには、イーグル号が月に着陸し、ニール・アームストロングとともに「大きな飛躍」を行う前に、こっそり持参した聖餐セットでワインをたしなんだという逸話がある[3]。

西向きに置いた椅子に座った僕は、地球が太陽に別れを告げ、広げた腕に飛び込むように宇宙へ戻っていく様子をじっと見ていた。日の光が弱まると、最初の星々が姿を現し始める。そのときふと、ある事実に改めて気がつく。星というのは、夜にしか目にすることができない。本当はいつだって僕たちの頭上にあるはずなのに。アイザック・アシモフの『夜来たる』には、六つの太陽が空をめぐるために、夜の世界を経験したことのない惑星が描かれている[4]。その惑星に日食が起こり、暗闇が訪れることを知った住民はパニックに陥る。世界の終末がやってくるのだ！　だけど、ここでは暗闇は大歓迎だ。僕たちは椅子に深く腰かけて、ワクワクしながら待っていた。さあ、これから何が始まるのだろう？

流れ星だ！　天文家たちはよく、よい夜空とは天の川が見える空のことだと言う。だが僕にしてみれば、前触れもなく現れては儚く消える光の線、つまり流れ星こそ、よい夜空の条件だ。大きな流星が長い尾をたなびかせて天を駆け抜けていく。それを見た僕たちの会話はふいに途切れ、代わりに笑い声が上がる。友人同士の二人の人間が、ただ宇宙に見入っている。

車もエンジンも、鳥のさえずりも、吹きすさぶ風やほとばしる水の音も、テレビもラジオもない世界。永遠にも感じられる静けさのなかにいると、太古の世界にいるような気分になる。砂漠の南端には線路があって、時おり列車が通り過ぎる。その姿は、黄色い頭をきらめかせたヘビを思わせるが、あまりにも遠すぎて、夜の幻影のように無音だ。

太陽の光の最後のひとかけらまで消え去ってしまった真夜中のブラックロック砂漠で、友人は北斗七星に向かって、僕は天の川に向かって、暗闇を歩く。どちらも地面に触れそうなほど近くにあって、そのまま歩いていけば星々と会話を交わせそうなくらいだ。頭上には夏の大三角。その立体的な輝きを見ていると、星の下ではなく星の真っ只中を歩いているみたいだ。真っ暗な夜なのに、もう暗くはない。星に照らされたかすかな泥の輝きが、暗さに慣れてきた目を導いてくれるからだ。

僕たちは火をおこした。暖かく燃える橙色の炎。それを眺めているうちに僕は、実は地面の下では大きな爆発が起こっていて、やがてこの平原も地球内部に向かって崩壊していくのではないかという考えにとらわれる。目の前で燃えているのは、ぱっくりと口を開けた地表から解放された、地球の内なる炎ではないのか。焚き火を見つめ、それから星を見上げる。自分の手でともした炎と、空の上で輝く千兆もの炎――どちらも僕たち二人のまわりで燃えさかっている。むきだしになった足が熱い。まぶたも眉毛も熱くなる。月の姿はなく、時間の感覚すらなくなっていく。二人はしばし炎に見入ってから、思い出したかのように空を見上げ、次々と星を渡り歩く。そのあと寝袋にもぐり込み、残り火に照らされながら、東の空に今年初めてのプレアデス星団を見つける。やがて朝焼けで地平線が赤く染まり、黄色い太陽が顔を出すまで、僕たちは目を開けたまま地面に横たわっていた。

ファルチの光害地図

僕たちは、ブラックロック砂漠のような暗い場所がまだ存在する時代に生きている。しかし、光害の広がりを止められない限り、これほどの暗闇は数十年のうちにこの世から失われてしまうだろう。なんとか光害を食い止められないか。そんな希望を胸に抱き、たいていの場合はボランティアとして、精力的に活動をしている人たちがいる。次に紹介するのは、住む地域も関わり方もさまざまだが、暗闇を守るために重要な取り組みを行っている五名の人物である。

世界光害地図を見ると、ブラックロック砂漠は、最も暗い地域であることを表す黒色で示されている。しかしリノなどの周辺地域の光は、そのすぐ近くまで忍び寄ってきている。いや、この地図が一五年前のデータをもとに作成されたことを考えれば、すでに砂漠の内部まで到達しているのかもしれない。イタリア発の世界光害地図以上に、世界に光害が広がる様子を強烈に訴えかけたものはないだろう。夜の明るさに応じて色分けされたこの地図を見れば、小石を投げた水面に立つさざ波のように、光が外へと広がっていくのがわかる。それと同時に、欧米に暮らす僕たちの大半が、もはや本物の夜と呼べるようなものを経験していないことも、一目瞭然だ。

僕が古びた汽車に乗り込んで、窓の外を流れ過ぎていく春の田園風景を眺めながら、イタリアはロンバルディア州にあるマントヴァという小都市に向かったのも、その地図が理由だった。三方を湖に囲まれたマントヴァは、ルネサンス期にはヨーロッパで最も名高い宮廷があった土地であり、街の中心部に三つの広場が集まっていることや、二〇〇八年に世界文化遺産に登録されたことで知られる。この小都市はまた、高校の理科教師ファビオ・ファルチの故郷でもある。

初めて会ったとき、ファルチは駅前に停めたボルボの脇で携帯電話で話をしているところで、僕に気づくと頭の上で野球帽を振って出迎えてくれた。ファルチは四〇代前半、短く刈った髪のこめかみ部分には白いものが混ざり始めている。きれいにアイロンのかかったシャツとパンツを身につけた姿は、礼儀正しく温厚そうだ。英語には自信がないと謙遜するが、まるで問題ない――英語は一〇代の頃にスカイ&テレスコープ誌を読んで覚えたそうだ（「そうそう、学校でもちょっぴり習ったかな」と彼は言った）。私的な時間のすべてを捧げて暗闇を守ろうとするのはなぜなのか、彼は愛する町を歩きながら語ってくれた。

「きっかけは、五歳のときに両親が小さなおもちゃの望遠鏡を買い与えてくれたこと。それで月を見て、すっかり気に入ってしまったんだ。そして中学二年生のときに、新しい望遠鏡を買ってもらった。天文学への情熱とか、天文家の敵である光害への敵対心は、その頃から芽生えたのかもしれない」

僕たちは旧市街のはずれを歩いた。道路を挟んだ向こう側には、マントヴァの三つの湖のうち二つの姿が見える。

「一九八八年に、イタリアで最も売れている天文雑誌に手紙を書いたんだ。読者から署名を募って、光害に対して何らかの行動を起こすよう、議会に要請してはどうですかって。彼らはそんなの負け戦だと答えたよ。でも二五年後のいま、光害に対する法律が制定されてから一五年目になる」

こうした成功の大部分は、ファルチが会長を務める「シエロブイオ（暗い空）」という団体、およびそのロンバルディア州での実績と関係している。[5] 一〇〇〇万人近い人口と州都ミラノを擁するロンバルディア州は、ファルチいわく「まるで小さな国家」だ。この州はイタリアの国民総生産の多くを占めるだけでなく、単独でも世界一七位に相当する経済規模を誇っているという。

ファルチは言う。「この州で光害は進行していない。一三年前と同じ空を維持している。約一〇年ごとに光害が倍増していることを思えば、ここ数年の成果は大変なものだよ」。ロンバルディア州に一三年間新しいビルが一棟も建設されず、新しい照明がひとつも設置されなかったとしても、それだけで光害の進行が遅くなるわけではない。現実には、発電出力やエネルギー効率が上昇し続けているため、この地域の光源が放つ光束（明るさ）も、たった一〇年前と比べても二倍になっているからだ。しかしシエロブイオなどの団体の働きかけにより、そのほとんどは下向きに設置された。「何もしなければ、空は一〇年前の倍明るくなっていたに違いない。シエロブイオにとっては大変な作業だけど、結果はちゃんとついてくる」

この仕事に終わりがないことを、ファルチは知っている。「僕らの計画を説明し実行することが叶わない他国で、今後どんなことが起こるのかと思うと、心配になるときもある。自国の政治家には、行動を起こして法律を作ることの必要性を納得させることができたし、いまのところそれがうまく機能している。だけど残りの国々がそうでない方向に進んでしまったら、孤軍奮闘するのは難しい。こんなに少ない人数で、すべてを抱え込むなんてね」とファルチは笑った。「僕は普通に仕事をもっていて、それとは別に光害問題のためにも無償で働いている。理解のある妻には本当に助けられているけど、稼ぎがないのにこちらにばかり時間を使うわけにはいかない。

だけど思いが強すぎて、とてもじっとしてはいられないんだ」

僕たちはおしゃべりをしながら、一一世紀の教会の前を通り過ぎ、一四世紀の広場をそぞろ歩いた。二つの建物をつなぐアーチの下では、小さな黒い鉄の輪が四つ突き出ているのに気づいた。ファルチはそれを指さして、中世の拷問器具だと教えてくれた。四本のロープを囚人の両手足に結びつけ、それを四つの輪に通して引っ張るのだという。「まるでグアンタナモ収容所だね」とはファルチの辛口のジョークだ。オートバイが何台か勢いよく走り去り、人々は夕暮れの空気を味わいながら、のんびりと家路についている。教会の鐘が時を告げ、気がつけばあたりには軒下の泥の巣に出入りするツバメの鳴き声しか聞こえない。「春だなあ」とファルチが言う。夕闇がせまるなか、とある広場にある彼のお気に入りのレストランに向けて、僕たちはゆっくりと歩いていく。

「一九八一年に、光害についての記事を読んで衝撃を受けた。一三歳の頃だ。それ以来光害とどうやって闘うべきか、ずっと考えてきたよ。そして三〇年たったいま、ご覧のとおり、闘いは終わっていない。ほかの環境問題と比べたら、光害は小さな問題だ。この小さな問題すら解決できなかったら、残りの問題なんか解決できやしない。そのとき人間の代わりに決着をつけてくれるのは自然だ。敗者は地球じゃない、人間なんだ。

ヨーロッパに住む僕たちは、暗い場所を見つけるのが難しい状態にまで追いやられている。アメリカでも、人々が重い腰を上げなかったり、間違った行動を取るなら、あとは時間の問題だろう。光害の進行は早いけれど、人々に行動を急がせるほどではない。一世代のあいだには多くの違いが生じるかもしれないけど、一年で大きく変わるわけではないからね。いまの時代に生まれた人たちはこの空に慣れてしまって、自分たちが何を失ったのかを知らない。だけどお年寄りは、ずっと昔、空がまだきれいだった頃を覚えている。おかしな言い方だけど、光害の進行は早いけれども早すぎはしない。しかしだからといって、安心するほどゆっくりでもない。

失おうとしているものの大切さを、僕たちはわかっていない。子供たちは、宇宙の存在に気づかないまま大人になっていく。天の川や、自然のままの空、皆既日食を見る機会すら与えられずに育つからね。

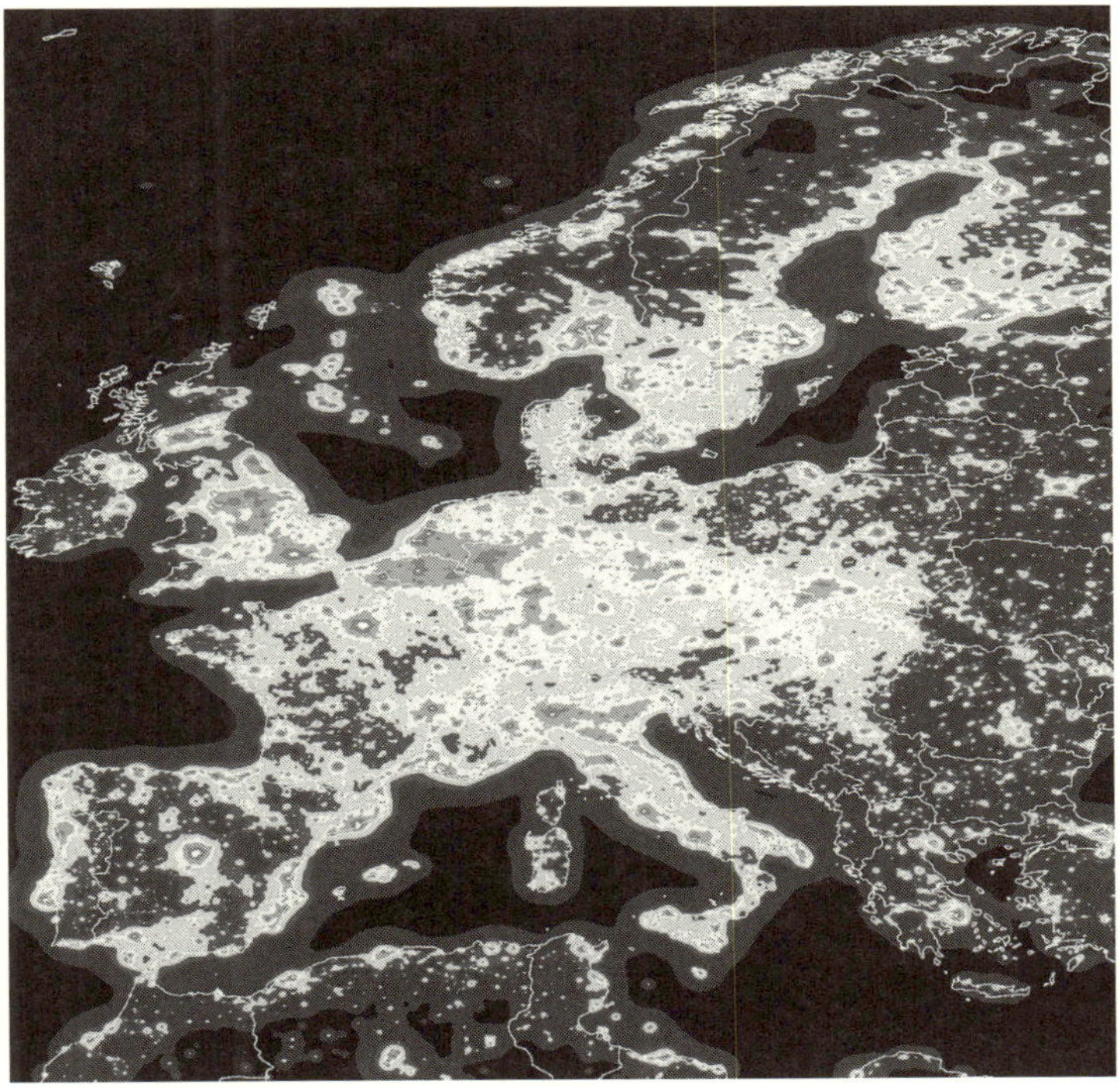

図 12　世界光害地図で見たヨーロッパでの光害の広がり。1996 年頃。（P・チンザノ、F・ファルチ（パドヴァ大学）、C・D・エルヴィッジ（アメリカ海洋大気庁・国立地球物理データセンター）。ブラックウェル・サイエンス社の許可により、マンスリー・ノーティス・オブ・ザ・ロイヤル・アストロノミカル・ソサエティ誌より複製。© Royal Astronomical Society）

でもそれは、ヴェネツィアとかグランドキャニオンとかと同じで、見る価値のある風景だ。心を開いて大きな視野をもつために必要なものなんだよ」

心を開いて大きな視野をもつために必要な体験を、ここでもうひとつ付け加えたいと思う。それは、イタリアの歴史ある広場で、オープンテラスのレストランに座って夕食を楽しむことだ。ファルチは、煉瓦のアーチの向こう側にあるキッチンを指さして微笑んだ。「この建物は一二世紀からあるんだよ。だからもう九〇〇歳だね」。リストランテ・グリフォン・ビアンコという名のレストランのメニューには、店のシンボルである白いグリフォン（ワシの頭と翼、ライオンの下半身をもつ伝説上の生き物）がロマネスク風に描かれている。エルベ広場に建つこのレストランは、一五世紀に作られた天文時計の近くにあり、テラスにはテーブルがずらりと並んでいる。午後八時。一番乗りというわけにはいかなかったが、広場の端のテーブルがちらほら空いていたので、そこに座ることにした。二人とも食べることが大好きなので、どこで何を食べるかについては、すでに打ち合わせずみである。イタリアに来たからにはパスタは外せない。それ以外はファルチにお任せだ。ここに座っていると、彼のチョイスが完璧に思われる。それはどうやら、メニューのせいだけではないらしい。

天文学的な関心や、星空を愛する気持ちだけが、夜を保護する理由だと思ってはいけない。心地よい環境で友人たちとパスタや地元料理を堪能したいという思いも、夜を守る立派な理由になるのだ。まずは赤ワイン——トスカーナ州のモレッリーノとマントヴァのランブルスコ——、そして薄切りハムのスイートオニオン添え。僕たちはファルチの取り組みについて話を続けた。「いいことだらけさ」と彼は言う。「光害をやっつけたら、たんに光害がなくなるだけでなく、エネルギー消費量が減って、照明にかかる費用も使う税金も少なくなるんだから」。人間の健康や、環境的な側面からも同じことが言えるだろう。つまり、光害について学べば学ぶほど、それを解決すればいかにみんなが得をするかがわかってくる。本当に「いいことだらけ」なのだ。

もちろん、困難はついてまわる。活動の障害となっているもの、主として電力会社や一部の照明器具メーカーについて、ファルチは次のように述べる。「彼らはしぶとい。なんとかして規制に引っかからず、いままでどおり事を運ぼうとしてくるからね」。しかしシエロブイオやファルチをはじめとする暗闇保護の賛同者にとって、より手強い敵は別にいる。それは僕たちの認識の欠如、つまり暗闇や光害に対する意識の低さだ。ルビン・ナイマンやデイヴィッド・クローフォードがそうだったように、ここイタリアではファビオ・ファルチとシエロブイオが同じ問題に直面している。パリでもそうだった。光の都に住むフランス人は、ほかの地域よりも光害問題を強く意識しているのかと尋ねたとき、ある活動家はこう答えた。「いいえ、そう大差はありません」

それでは、暗闇の問題に気づいた人たちは次に何をすればいいだろう？

「いろんな方法で役に立つことができるよ」とファルチは言う。「この問題にどれだけ時間と労力を費やせるかにもよるけどね。すでに光害防止条例のある地域に住んでいるのなら、『電灯が正しく照らされていない道路があるので取り締まってください』と自治体に連絡すればいい。僕らがホームページに掲載している手紙のひな形は、文中の住所を変えて署名をするだけで使えるようになっていて、イタリアの四分の三の地域で通用する。それと、ロンバルディア州の東にあるヴェネト州には、『ヴェネトステラート（星の輝くヴェネト）』という天文愛好家のグループがあって、二〇〇九年以来、特定の設備に対して法的措置を取るよう、自治体に約四〇〇〇通の手紙を書いて訴えている。それが功を奏しているんだ。条例のない地域では、支援してくれる政治家を味方につけなくてはならないからね。

あとは、技術的な面についてうんと勉強して、どんな批判にも答えられるようになること。要するに、自分のやろうとしていることを熟知すればいい。そうすればきっと成功するだろう。ただのこのこと出かけていって、この空はきれいだから保護してくださいと言っても、うまくはいかない」

自分の考えを面白がっているのか、ファルチは言い終わらないうちに笑みをこぼした——そう簡単だったらどんなにいいだろう？　美しさを指摘するだけで政治家を納得させられるなんて！　しかし、それは喜びの表情でもあったのかもしれない。というのも、黒い上着に黒い蝶ネクタイ、白いエプロンを身に着けたウェイターが、二つ頼んだパスタのうち一皿を持って、テーブルに近づいてきたからだ（結局僕たちは全部で四皿のパスタを頼むことになる。メインディッシュの肉や魚が入る余裕はなくなったけれど、デザートは別腹だ）。

僕たちがまず頼んだのは「かぼちゃのラビオリ・焦がしバターソース」。そして「アニョッリ」という、牛肉や豚肉（サラメッラとプロシュット・クルード）、卵、パルミジャーノ・レッジャーノ、パン粉、ナツメグ、塩、こしょうを詰めた小さなパスタだ。どちらもマントヴァの名物だが、実はグリフォン・ビアンコのメニューにはアニョッリがなかったので、アメリカからはるばるやってきた客のために作れるかどうか、ファルチが厨房に問い合わせてくれていた。それがいま、「もちろんですとも」と言わんばかりに、僕の目の前に置かれたのである。

背後にアコーディオンの演奏が流れ、よそのテーブルからは、さまざまな国の言葉や、銀のフォークが陶器の皿を静かに鳴らす音が聞こえる。白い小犬が何かに、もしくは何にともなく誇らしげに吠えながら、そばを通り過ぎていく。ここまでは絶妙なタイミングだ。会話の切れ目を見計らったように、日の名残が歴史ある建物の背後に消えてゆき、晩餐の始まりに合わせて、夜が訪れ、暗闇が到来しようとしている。

　ところがなんということか、食事が到着するや、天文時計や広場を照らす投光照明が光を放ち始めた。その一部は、レストランの黄色いパラソルを直接照らしつけている。ウェイターが僕らの満足度を確かめに戻ってきたとき（たぶんそうだと思う。なにしろ彼らが交わす言葉は、ありがとう《グラッツェ》、どうぞ《プレーゴ》、はい《シー》くらいしか聞き取れない）、ファルチは左の肩越しの投光器を指さして、照明について何か尋ねたようだった。ウェイターがため息をつきながら説明を始めると、ファルチは頷き、質問のような言葉を交えながら対応した。ウェイターが立ち去ったあと、彼は微笑んでこう言った。「去年までこんな照明はなかったんだ。でもどうやら、それについて文句を言ったのは僕が初めてのようだね」。そして彼は笑った。「去年のディナータイムは暗すぎたから、この方がいいとレストラン側は思っているらしい。ほかの人たちがそう文句を言うんだろう」

　それがこの広場でもどこか別の場所でも、明るさが足りないと苦情を言う人たちの勝算が高いことを、ファルチは知っている。また、自分が暗さを勝ち得るよりも簡単に、彼らが明るさを手に入れられるということも。問題と言えるのは、ファルチいわく、美しさだけでは納得させることのできない政治家たちも、票を得る可能性ひとつで動くことがあるという事実だ。「目に見える仕事をした人の方が再選されやすいというのは、わかりきっているからね」と彼は言う。「照明を変えるよりずっと目に見えやすいのは？　人々に要求されるまま電灯を増やすことだよ」。とはいえファルチは、記念建造物（たとえば天文時計）を真夜中以降照らさないよう、マントヴァ市に要求しようとしているわけではない。僕は、フィレンツェでの経験を彼に話した。あのとき心から離れなかったのは、グレアではなく細心の注意《ケア》をもって照らされていたなら、夜のフィレンツェはどんなに美しさを増すだろうという思いだった。これまでにあまりにも多くの都市でそのような場面を見てきた。そのなかには、昼の景観をよくするために数千万ドルどころか数百万ドルを投じているのに、夜の景観をおざなりにしている都市や町もあった。

　今年のアースアワーには、かの有名なピサの斜塔と、その周辺のミラコリ広場も消灯に参加していたそうだ。[6]「照明が消されたミラコリ広場の写真を見たけど、星が出ていてとても美しいんだ。このような名所がネットワークを作って、遺跡や記念碑の新しい見方を先頭きって提示してくれたら、素晴らしいだろうね」

　たしかに、歴史上ほとんどの時代において、人間はそれらを月明かりや星明かりの下で見てきたはずではないか？

「もしくは、炎のようにとても暖かな光の中で」とファルチは応じた。「まぶしい光とか、白や青っぽい光ではなく」

　僕も繰り返し同じことを考えてきた。あの古い建築物を、塔を、教会を、たとえば投光照明で飾り立てるのではなく、月明かりや星明かり、あるいは炎の明かりだけで包むことができたらどんなに素敵だろう？　とはいえ、電灯以前の時代と同じ光景を望むのはほぼ不可能に近い。なぜなら、ファルチがピサの写真で見たように、たとえ遺跡を照らす明かりを消しても、都市や村のそれ以外の場所は明るく照らされていて、上空にはスカイグローが発生するからだ。それでも、あたり一面の空気を暖めるような薄明かりは、その場の雰囲気をより魅力的にしてくれるかもしれない。

ファルチは続ける。「ここでもそれを試してみたい。真夜中に電灯を消すことができれば、人々はこれまでとの違いを目の当たりにして、新たな発見をするかもしれない。だって、暗闇の中のモニュメントや、周囲の照明が消えた状態を、僕たちはかれこれ五〇年も見ていないんだから」

「自分たちが失ったものに気づいていないということですか？」と僕は聞いた。

「でもたいていの人たちは、うまく説明さえすれば、理解と同意を示してくれる。全員とは言わなくても、ほとんどの人たちが。僕たちは暗闇の価値に気づきつつある。人間はこれまで夜を追い払おうとしてきた。僕は夜が好きだから、そんなことはもちろん考えもしないけど、暗闇を人生のマイナス面ととらえて恐れる人もいるんだよ」

残りのパスタ二皿が運ばれてきた。「小エビとパンチェッタのリゾーニ」と、「ビーゴリのカルボナーラ仕立て」だ。僕はテープレコーダーの電源を切って、食事を楽しむことにした。アコーディオンの調べには、いつしか男性の歌声が重なっていた。

ここに来る前、ファルチと僕は新しい街灯の前を歩いてきた。似たような照明を見たことのない人にとっては、ちょっと奇妙に思えるデザインかもしれない。ランプ部分はガス灯を思わせるレトロな形で、四辺が長方形の窓になっているのだが、ガラスと、そして一見したところ電球がない。もちろん、実際に電球がないわけではない——いくら頭のやわらかいイタリア人だって、そこまで斬新ではないだろう。電球は、ランプの傘の部分にはめ込まれているのだ。ガラスをなくし、電球を隠すことで、光害につながる光の漏れを大幅に減らせるようになっている。このような完全遮光型の街灯は、ファルチをはじめとした活動家たちが、あなたの家の近くの街灯柱にいますぐ取りつけてほしいと願っているものだ。

かつては、光が上空にさえ漏れなければ、つまり光に蓋をしてしまえば、スカイグローは防止できると考えられていた。たしかにそれは極めて重要だが、十分な措置ではない。ここ数年の研究では、スカイグローが発生する一番の原因は上向きの光ではなく、水平より少し上に放出される低角度の光だということが明らかになっている。低角度に放たれた光は、上向きの光よりも広く散らばり、大気中の粒子や水滴に反射する。その結果、それらの光線は地面近くを通って長い距離を進み、郊外や地方など、光源から遠い場所でスカイグローを引き起こさせる。一方、上空へ向けられた光は近くの空にスカイグローを発生させるが、遠くまでは届かない。また、たいていの街灯のランプはお椀や花びんのように丸みを帯びた形をしていて、その中の光は低角度を含む四方八方に反射し、人の目にまで飛び込んでくる。完全遮光型の街灯にはたくさんのデザインがあり、その多くはマントヴァのものと同じように、僕たちがよく見慣れている形に作られている。それらに共通する特徴は、間近に行って電灯を見上げない限り、電球そのものが見えない点だ。

光害が十分に規制されて、あらゆる場所に星空が戻る日は来るのだろうか?

「うーん、あらゆる場所にというわけにはいかないだろうね。でもたとえヨーロッパであっても、われわれが提案する技術的な規定がさまざまな地域で採用されたなら、どこからでも一時間のドライブ圏内にとてもきれいな空が見られるようになるかもしれない。たとえば、僕の家から車で一時間ほどのところに山がある。けど、そこの夜空は自然の状態の二、三倍も明るい。つまり僕たちは、手つかずの美しい空を失いつつあるんだ。だけどあらゆる地域で規定が採用されるようがんばれば、主要都市から五〇キロの場所に、息を飲むほど美しい空が取り戻せるかもしれない」

ここで心躍る質問だ――僕たちに何ができるのか？　取るべき行動についてはもちろんだが、もっと知りたいのは、僕たちにどんな可能性が示されているのかということだ。

デザートにマントヴァ名物の「アーモンドのタルト」を食べながら、ファルチはいつか作りたいという新たな地図について話してくれた。それは、世界がどう見えるのか、どう変わるのかを示した地図だ。電灯を完全遮光型に切り替えたら、都市や町はどの程度の光を発するのだろう？　彼はコンピューター・シミュレーションを駆使して、未来の予想図を作ろうとしているのだ。その地図には、僕たちが目指そうとしている地球の姿が示されている。それは可能性を示す地図であり、理想の夜を映し出した世界地図なのである。

変わりつつある世界の照明

火曜日の夜、僕はイギリス南西部にあるウィンボーン・ミンスターという町で、地元の天文クラブのミーティングに参加していた（ここで初めて、星のことを「やつ」という人たちに出会うことになる。たとえば「やつらはオリオン座の三ツ星だ」というふうに）。僕の手に握られているのは、イギリスを旅したことがある人なら一度はお世話になったことのある、昔ながらの折り畳み式道路地図。だがその内容は、これまで見てきたどんなものとも違っている。この「フィリップズ・ダークスカイマップ」は、天文家はもとより、星を見るのに適した場所を知りたいすべての人のために作成された道路地図なのだ。また言い換えれば、これは光害の地図、光からどう逃れるかを知るための地図でもある（実際この地図は、ファルチの世界光害地図から適切な部分を選び出して、イギリスの道路地図に重ね合わせたものをベースにしている）。フランスのダークスカイ保護団体「ＡＮＰＣＥＮ」のピエール・ブリュネが、「常々言っているように、天文愛好家にとって主要な観測道具は、望遠鏡ではなくて車だ」とパリで教えてくれたのを思い出す。天文愛好家の圧倒的多数（もしくは愛好家でなくとも）は、もはや澄んだ星空が見られない場所に住んでいる。彼らはフィリップズ・ダークスカイマップを片手に車に乗り込み、星を求める旅にいざ出発するのだ。

　僕がウィンボーンに来たのは、ボブ・ミゾンの招待を受けていたからだ。英国天文協会でダークスカイキャンペーンを指揮しているミゾンとは、最初にロンドンで顔を合わせていた。「よい傾向にはあるんだよ」と彼は言う。「ますます多くの地方議会が光害について考えるようになってきたし、ますます多くの人々が理解を深めている。二年前に辞書で『光害』という項目を見つけたときは嬉しかったよ。二〇年前には誰も知らない言葉だったからね」

　それはなぜだろう？

「誰もが質の悪い照明に囲まれて育って、それが普通だと思っていたから、あえて考えることもなかったんだろうね。公害の一種だと教えたら、みんな首を傾げただろう。どうして？　ただの光じゃないか。

まったく心配ないさ。光はよいものだし、人を助けてくれる。光は善、闇は悪だと聖書にも書いてあるはずだ、ってね」

ミゾンの前向きな言葉を聞いていると、光害問題に尽力している人々があまりにも頻繁に同じ困難にぶつかっている事実を忘れそうになってしまう。その困難とは、世間の無知と無関心だ。光害という言葉はようやく辞書に載ったかもしれないが、問題はまだ深刻に受け止められてはいない。

「私が一番期待を寄せているのは、エネルギー危機だ」とミゾンは認める。「ご存じのとおり、エネルギーはこの先ますます高価になる。石油が底をつき始めて、ほかの資源への代替をせまられたら、私たちはもっと慎重に資源を使うようになるだろう。現時点では、電気を消したり、暖房の温度を一、二度下げたりすることに関心を示す人は、あまり多くない。水道の水が出っぱなしになっているのを見たら何か手を打つはずだけど、歩いているときに道路一面がまぶしく照らされているのに気づいても、誰も何も気にしない。だけど、電気代の請求書がドアから投げ入れられて、それに五〇〇ポンドと書いてあったらどうだろう。しまった、こいつはなんとかしなけりゃと思うはずだよ」

ＥＵが無駄に使っている屋外照明の費用は、一年で約一七億ユーロにものぼると推定されている。アメリカも同程度の二二億ドル。暖房費やガソリン代に比べればたかが知れているかもしれないが、それでもこれだけの費用を使い込む必要はないはずだ――すべては光害に形を変え、無駄に消えるのだから。原子力などの「安価なエネルギー」の問題も気にかかる。安いとは言うが、それを使うことによって僕たちが健康面や環境面で支払う本当のコストは、いまだはっきりとしていない。

これに加えて、ミゾンはもっと重要な点も指摘している。それは世界の照らし方が変わりつつあるということで、僕も本書を執筆中に何度か耳にした主張だ。実際、すでに変化は起こりつつある。たとえば、多くの人がその普及に関心を寄せているLED（ファルチは、LEDが広がる勢いについて「津波のようだ」と形容した）。だが僕たちは、その長所や限界、利便性や危険を本当の意味で理解しているわけではない。(7) 複数の人が話してくれたのは、僕たちは将来、いまとは違うやり方で――それも根本から異なったやり方で――世界を照らすことになるだろうということだ。僕が話を聞いた限りでは、変わることを悪いと考える人はいなかった気がする。現状に満足しながら、光と暗闇について真剣に悩む人はそういないだろう。問題は、どう変わるかだ。いまと同じ道を歩み続けるのか、つまり照明がいたるところで年ごとに明るさを増し、ロンバルディア州のように数少ない場所だけが苦しい抵抗を続けることになるのか？　それとも、人間がようやく光の扱い方を見直し、暗闇を尊重する日が訪れるのだろうか？

ミゾンは自分の少年期を思い出して、ロンドンの社会が方向転換をするきっかけとなった二つのエピソードを話してくれた。一九五〇年代に「ピースープ（えんどう豆のスープ）」と呼ばれていたスモッグの話（「ひどいもんだった。タバコを一度に一〇〇本吸ったらこんなふうだろうなって、当時は面白がっていたよ」）、そしてもうひとつはテムズ川の思い出だ。

「テムズ川には偉大な成功の物語が秘められている。子供の頃、警察がよく学校に来て、川の危険性を説明していた。『テムズ川の水は毒なので近づかないように。絶対に川の水を飲まないこと。手で触ってもだめ。その指が口に入ったら、毒にやられてしまうよ』。それはまったくそのとおりで、川は淀み、黒く汚れていた。そんななか、あるとき法律が制定されて、市民は二度と川に下水を捨てることができなくなった。ヴィクトリア時代に、トイレからの汚水すべてがテムズ川に流れ込んでいたのは明らかで、川の匂いはひどいものだったからね。そのような法律ができて、川は見違えるほどきれいになって、五〇年後のいま、テムズ川には一二〇種ほどの魚が生息するようになった。今日その水は豊かに流れている。ちょっとした法律が、大きな変化をもたらしたんだ。同じことが光害にも言えるだろう。私たちは、抜本的な法の改正を望んでいるわけではない。照明を設置するときに、設計や光源の確保を適切にするためのちょっとした法律があれば、問題は解決できる」

「設計」というときに、ミゾンは建築基準法のことを頭に入れている。「光害の長期的な解決策として、この国ではとても有効な法律だ。なぜなら、それが工業団地でも住宅開発でも、何かを新しく開発するときには必ず地方自治体の審査を通り、計画制度に則って、特定の指示に従うことが必要になってくるからだ。私たちが言いたいのはとても単純で、その指示のなかに、外部照明で自分の敷地以外を照らさないという項目を作ってほしいということ、ただそれだけなんだよ」

自分の敷地以外を照らさない——空や、隣近所の所有物や、通りを照らさないこと。無理な注文には聞こえない。

ミゾンは続ける。「いったん始めてしまえば、数年のうちに問題は小さくなるはずだ。人々は命令されているのではなく、常識的な基準に従っていると考えるだろう。『みんなの幸せのために、明かりを適切に照らすようお願いします』と言うのは、『あんたの家の照明はひどい。どうにかしてくれ』と言うのと同じではないからね」

いまできることに全力で取り組むボブ・ミゾンだが、現実的な面も持ち合わせている。「魔法の杖をひと振りすると、たちまち星空が戻ってきたらいいんだけど。でもこれは長期計画の一過程にすぎない。われわれが目標としているのは、およそ五〇年後の夜空だ。そのとき自分はもうこの世にいない。それでもやる価値はある。なぜなら私の息子は一九歳で、二〇六〇年にはどこに住んでいようと、きれいな夜空を見ることができるかもしれない、そういうことなんだ。私たちは辛抱強く、ちょっぴり利他的でなくてはならない。自分たちのためではなく、次世代のために行動するんだ」

ミーティングが終わると、六人ほどの天文愛好家と、丘の上の地元パブに車を走らせた。お目当てはぬるいビールとクリスプだ（僕が冷たいビールを頼むと、ミゾンはふざけて「アメリカ人め」という顔をしてみせた）。パブに入る前、僕たちは暗い駐車場に立って、人口一万五〇〇〇人のウィンボーン・ミンスターを見下ろした。五年前、街灯を完全遮光型に置き換えるようボブ・ミゾンが町議会を説得して以来、驚くような効果が現れている。ミーティングを終えて外を歩き、車に乗ってパブへ向かうあいだ、僕は何も通常と違うものを感じなかった。ミゾンの言葉を借りれば、「中世の暗闇をつまずきながら歩く」必要がないくらい、十分な街灯に照らされていたからだ。だけどいまここに立ち、さっきまで歩いていた場所を上から見下ろすと、不思議なことに気がつく。どこで暗闇が終わり、どこから町が始まるのだろう？

ウィンボーンのような町全体、あるいはパリのような都市全体が、照明デザインによってある効果を得ることができたのは、ロジェ・ナルボニの努力によるところが大きい。ノートルダム大聖堂の照明を一新するためにフランソワ・ジュセと緊密に組んで仕事をしたナルボニが「コンセプト」という会社を設立したのは、照明デザインの世界がまだ暗黒時代だった一九八八年三月のことだった。たとえばパリの記念建造物は、たいていが電力消費の多いスポットライトで短絡的に装飾されていて、近隣への気遣いや背景との融合にまで考えがおよんでいなかった。コンセプト社は最初の契約のひとつとして、フランスの都市モンペリエに世界初の「照明マスタープラン」を作成した。ナルボニいわく、「厳密で無味乾燥な実用性」を重視するのではなく、美しさと安全性を兼ね揃えた都市照明を目指す包括的な計画だった。それ以来、照明マスタープラン――そしてプロの照明デザイナーという概念は、世界中に広がっている。もしも暗闇の未来が人工灯の使い方にかかっているのなら、すでに光の未来を想像しているナルボニのような照明デザイナーたちには、伝えるべきことがたくさんあるはずだ。

アルジェリアで生まれたナルボニは、一九六二年にフランスへ移り、スペイン語を話す人たちの貧しい居住区で二五年間暮らした。照明デザイナーになったとき、彼は自分の出発点を決して忘れないと心に誓った。

「そんな場所でも、人は都会のまんなかにいるときと同じくらい芸術的でいられる。だから私は、都市の最も廃れた、最も難しい地域のために力を注ぎたいといつも思っているんだ。そういう場所を光で美しくするのは簡単だ。光でたくさんのものを隠すことができるし、まったく違う場所に生まれ変わらせることもできるんだから」。彼は大聖堂のような歴史的建造物を照らすよりも、どちらかというと荒れた地域を手がける方がやりがいを感じることが多いという。「大聖堂は、照明がなくてもすでに美しいからね。それに、人々の受け止め方がまったく違う。歴史地区に取りかかろうとすると、慣れっこになった人たちはみんな、『ああまたか』、『どうぞご自由に』、『いまのままでいいのに』なんていう反応だ」

ナルボニによると、裕福なエリアでは彼の照明デザインが軽くあしらわれがちな一方、貧しい地域で作業に取りかかると、近隣住民は素直に感激を伝えてくれるという。「わぁ、私たちの地域がこんなふうにって、キスでもしそうな勢いで感謝してくれるんだ。まったく反応が違う。人生が変わったとでも言わんばかりの喜びようだよ」。そんなプロジェクトのひとつに、シンプルな装飾照明で建物の壁面を照らす企画があった。最近その現場の点検に出かけたときに、彼はバーから地元の男性が出てくるのを見たという。「照明に見入っていたので、感想を聞いてみたんだ。男性はすっかり酔っ払っていたけど、こう答えた。『俺はここに住んでいて、この明かりを見るのが好きなんだ。だって詩的だろ。俺たちにだって詩心はあるのさ』」

フランスに住んで四八年になるが、アルジェリアの文化は彼のデザインに強い影響を与え続けている。「北アフリカでは、光と影のコントラストを楽しむとき、影は光よりも重要だとみなされる。なぜならアルジェリアはとても暑くて、私たちは太陽から身を守らなくてはならないからね。ビーチで日なたぼっこなんてもってのほか。なんとかして強力な太陽からわが身を隠さなくてはならない。だから私にとっては、光と影の駆け引きが日々の業務において非常に重要だ」

人々が影や暗闇に恐れを抱くことを、ナルボニは残念に思っている。彼の夢は、学校や、できれば幼稚園で、光と影に関する教育が受けられるようになることだ。「いまの教育プログラムでは、子供たちは光について何も学ぶことができない。フルートの吹き方や、突拍子のないことは教わっても、光については誰も教えてくれない。暗闇については物語の中で触れるくらいで、しかもそのほとんどが悪魔や恐怖に関係することばかり。影との遊び方や、暗い場所で気持ちを穏やかにする方法を教わることがないなんて、可哀想だよ」

しかしまもなく彼は、素晴らしい機会を得ることになりそうだ。人々に暗闇を心地よいものと感じてもらうために、一役買うことができるかもしれないのだ。というのも、パリの街を照らす彼の新しい照明マスタープランが、このたび賞を獲得したのである。

「パリが定めた新しい政策によって、二〇二〇年までに市内すべての照明を新しく置き換えること、そして電力消費を三〇パーセント減らすことが求められている。何を残して何をやめるか、また新しい照明のために何を作るのか、いま一度見直す必要があるんだが、それがとても難しい。なぜかと言うと、パリは新しいもの、美しいものを求めている――なんたって光の都だからね――それでいて、電力消費をかなり下げなくてはならない」(8)。ナルボニは照明デザインを改めるにあたって、都市計画の専門家たちによる既存の調査を利用することにした。夜間のパリの人口の推移を一時間ごとに示したものだ。それに基づいて、彼はまず、一部の建造物を照らす照明を撤去するよう提案した（パリには建造物、噴水、彫像、木など、照明の対象となる三〇〇以上の要素に加え、三二本の橋やたくさんの街灯がある）。彼の創造性がものを言うのは、その先だ。

「真っ先に提案しているのは、すべての場所を同じ明るさで照らすのをやめるということ。小路でもシャンゼリゼ通りでも、現在パリの街路がすべて同ルクスで照らされていることを考えれば、革命的な考えかもしれないね。いままでのやり方に固執する必要はないってことさ。次のアイデアは、車や歩行者の有無によって明るさを変えること、誰もいない通りを照らす必要がどこにある？　これを実行するためには、パリのナイトライフがどんな場所で行われているのか、その地理的分布を入念に調査しなければばならない。パリの夜の形態をもっとよく知ることができれば、活動のレベルによってルクスを下げることができるだろう。もうひとつのアイデアは、毎日点灯時間を一〇分遅らせること。そうすればパリ市民はちょっとした暗闇の時間に慣れることができるし、一〇分を三六五倍したら、かなりの節電になる。それから朝も、五分か、あるいは一〇分早く消灯することができたらいいね……やってみる価値はあると思うよ」

照明の未来は限りなく対話型に近づくだろう、とナルボニは言う。「一〇年か二〇年後には間違いなく、すべてが自動になるだろうね。人がいるときには明かりがついて、いないときには暗くなるというのが普通になる。適切な光を、適切な場所で、適切な人に当てることができたら、とても素晴らしい未来が訪れるかもしれない。だから、夢をもとう」

ささやかに夜を照らす

ナンシー・クラントンは夢をもっている。夜を照らす新しい方法について夢を思い描くのは、彼女にとって造作もないことだ。「クラントン・アンド・アソシエイツ」はコロラド州ボルダーにある照明デザイン事務所で、節電と暗闇保護を目的とした、環境に優しい設計を得意としている。創業者兼社長のクラントンが照明の未来について語るとき、その興奮は誰の目にも明らかだ。ロジェ・ナルボニのように、彼女も対話型の照明にあふれた未来を想像し、電気自動車産業の成長が夜間照明の使用に直接影響をおよぼす可能性に思いをめぐらす。底なしに楽観的なこの女性は、照明に関する一般常識がいつか変わる日が来ることを、信じて疑わない。

たとえば、街灯の常識について考えてみよう。「都市や地域を照らすとき、柱の上にランプを取りつけるのがベストな方法なのかどうか、真剣に検討すべきね」とクラントンは言う。「ひとつには、街灯柱は高価だし、人がぶつかる危険があるでしょう？　冗談じゃなくて、柱を立てれば、人はぶつかる。第一、地域社会自体が街灯柱の一掃を切望しているの」。その理由は？　お金だ。一基の街灯に必要な経費の内訳を見ると、半分以上が柱の購入と維持にかかっているという。その問題を解決するため、クラントンはさまざまな高さの照明を想定している――前照灯、足元のステップライト、横断歩道近くのモーションセンサー式照明などだ。「夜の深まりとともに、この照明の層を足したり引いたりするのよ。たとえば、真夜中には頭上のライトを消して、歩道を照らす低い層のステップライトをつけておくとか。ひとつでなんでもこなす万能選手じゃなくていい、照明にはもっとたくさんの選択肢があってほしいと思う」

彼女が照明に関してここまで楽観視できるのは、ＬＥＤが示す可能性を信じているからだ。従来の街灯が一定の明るさでしか点灯せず、つくか消えるかの二者択一なのとは違い、ＬＥＤは状況に応じて明度を調節できる。夜の早い時間帯には明るめに、夜も更けて人影がまばらになる時間帯には薄暗くともるようにも設定可能だ。この機能と、スマートグリッドやコンピューター制御の可能性を組み合わせれば、自治体はさまざまな場所にさまざまな明るさの照明を設置することができるだろう。「ある町の住民が、『私たち、真夜中過ぎの照明はもういりません』と訴えたとする。そうすると誰かがグーグルマップを開き、その町のすべての照明をひとまとめにして、『よし、それでは照明を一〇パーセントか五パーセント落としましょう』と言うの」

自治体が照明のレベルを下げるよう依頼してくる理由は？　やっぱりお金だ[9]。あなたのいる場所がボルダーでもパリでもウィンボーンでも、もしくは欧米諸国のどの地域であろうと、電力使用量がピークになるのは、常に日中の時間帯である。暑い午後にはエアコン、冬には照明や暖房が欠かせないからだ。しかし電力会社は、自分たちがすでに所有している発電機やその他の設備については、一日二四時間、できるだけフルに稼働させたい。夜間に電力使用量が下がると、需要の差を埋め合わせるため、彼らは電灯の使用を奨励する。クラントンはこの事実を、屋外照明が使われる「隠れた理由」と見ている——そこからは安全性や治安よりも、電力会社がピーク時の需要を均す必要性が感じられる。

国際ダークスカイ協会（ＩＤＡ）でテクニカルディレクターを務めるピート・ストラッサーも、これに同意する。「発電所にとって夜の街灯はとても重要だ。一種の負荷みたいなものだね。発電所は朝の電力需要に備えて、発電機を最小限稼働し続けなければならない。発電機を止めず、動かし続けるための解決策として一〇〇年間使われてきたのが、街灯なんだよ」。しかしクラントンやストラッサーらが声を揃えて言うように、電気自動車が完全に軌道に乗るようになったら、都市は一晩中つけっぱなしの街灯について再考をせまられるかもしれない。というのも、電気料金が劇的に上昇する可能性があるからだ。「夜中の電気料金はばかみたいに安いんだ」とストラッサーは言う。「取引所価格にして、一キロワット時一、二セントほど。どのみち余剰電力だからね。でも夜に車を充電するようになったら、そんなわけにはいかない。一キロワット時、販売価格で一〇〜一五セントに値上がりするだろう。だからきっと電気自動車への転換期がきたら、『知ってる？　街灯が本当は必要ないってことが、研究結果からわかっているんですって。犯罪の発生率と街灯には何の関係もないんですって』なんて声が聞こえるようになるよ。見直しは実現するだろうね。だって誰もが言うとおり、無駄な街灯はいらないんだから」

一方のクラントンは、必要量をはるかに上回る光が使われていることを、どうにかして世に知らしめたいと願っている。近年、彼女の主要な顧客にアメリカ軍が加わった。彼女は、見やすさ、ひいては安全性に関して言えば、光の明るさではなく、コントラストが最重要だということを軍に理解してもらうための支援をしている。「海軍と、対テロ部隊の実験をしたの。基地の建物に忍び込んで、防衛力を評価するんだけど、セキュリティーの高い建物は、壁もコンクリートもすべてとにかく明るい。防犯カメラがよく機能するようにでしょうね。あなたが建物に忍び込むなら、何色の制服を着るかしら？　彼らはみんな黒を着ていたけれど、私は分隊長に、白い服を着るべきだと言ったの。なぜなら、白いコンクリートと白い建物に溶け込んで、誰も私たちが見えなくなるから。黒を着ていた人はみんな浮き上がって見えて、とても目立っていたわ。

どんな明るさでも、どんな背景にでも目立つようにしたいなら、ひと昔前の囚人服がいい。あの白と黒のストライプの服を着させるの。そうすればどこにいても見つけることができるでしょう。暗い状況では白が映えるし、明るい状況では黒が映える。だから、夜にジョギングをするときには、極端に明るい色と暗い色を合わせて着ると、どんな場面でも目立つはずよ」

クラントンと話をしていると、以前住んでいたウィスコンシン州の小さな町のことが思い出された。そこで僕は、ベッドに入る前、夜一一時頃に愛犬のルナを連れてよく近所を散歩したものだった。玄関から歩道に降りて右へ曲がり、三ブロックほど行くと、中学校があった。中学校は、ノースウッズの夜に包まれて燃えるように輝いていた。高圧ナトリウムのウォールパックが、煉瓦造りの校舎の周辺から一定の間隔でぎらつく光を放っているのだ。それは見る者の目に直接飛び込み、通り一面を明るく染め、向かい側の家々を容赦なく照らす光だった。そして学校周辺の歩道を歩くとき、僕とルナはその光を否応なく浴びることになった。これ以上に光侵入を端的に示している状況を僕は知らない。同時にまた、①この照明を設置する案は、昼間に決定され、昼間に実行されたこと、②学校周辺に住む人々は、自分の家の壁が照らされるのを（気づいていればだが）ただ受け入れるしかないこと、③町民が支払った税金で、お金とエネルギーの無駄遣いが行われ、美しい夜空も失われていること、を示すまたとない好例だったとも言えるだろう。もしも光の無駄遣いが規制されたら、この町はどんなに素晴らしい夜空を手に入れられるだろうか。これはアメリカ中の小さな町に言えることだ。そうした場所で、考えなしに学校（あるいは倉庫や事業所）に設置され、そのまま忘れ去られてしまった照明に注意を向けられたなら、経費節約だけでなく、星空を取り戻すこともできるはずなのだ。

「いつも決まった時間に校庭のすべての照明が消えて、動作感知装置に切り替わったら素晴らしいでしょうね」。クラントンは、ボルダーの北にあるラブランドの学校でそのような取り組みをしたところ、とてもうまくいったと話してくれた。「警察はとても気に入ってたわ。だって、構内の明かりが消えたら、そこには誰もいないってことがわかるでしょ」

学校でも、それ以外の多くの建物でも、クラントンいわく最も理想的な屋外照明は、彼女が先ほど説明してくれたような「動きに反応する」ものだという。この方法だと、建物は誰もいない限り暗いままなので、敷地内にいる人は、照明がついたことに気づいたらすぐ対応することができる。僕はウィスコンシン州の中学校付近を歩きながら、「この地域が学校照明にもっと気を使ってくれていたら」と何度も思ったものだった。

「洗練された地域ほど、照明もささやかになる傾向が高まっているわ。アスペンやベイルに行くと、すべてがとてもささやか。『安全と治安のために、もっと電灯を！』と叫ぶ人たちよりも、アスペンやベイルの住民の方がお金持ちなのにね。だから私は、より高い安全性と治安のために照明を増やすべきだとは思わない。むしろ明るすぎる地域は、あまり好ましくないイメージがあるわね。お店やサービス業も一緒で、激安のホテルやファストフードのようなレストランは、まぶしいほどライトアップされているけど、より上品でリッチな場所ほど、すべてがささやかなのよ」

クラントンやナルボニやほかの照明デザイナーと話をしていると、「進歩」という言葉がたびたび頭に浮かぶ。照明の未来を考えるとき、人々が進歩のとらえ方を改め、「ささやかさ」をもって定義するようになったらどうなるだろう？　長いあいだ、明るい光は進歩であり害ではないと思われてきたが、それが変わる日が来るかもしれないのだ。星を好むからといって、石器時代に戻って夜を過ごす必要はない。よい照明は効果的な照明であり、ささやかな照明だ。そして、よい照明は星にも優しい。

ローウェル天文台

星がよく見える場所をすべてリストアップしても、都市の駐車場が上位にのぼることはないだろう。ところが、アリゾナ州フラッグスタッフのローウェル天文台の駐車場では、オレンジ色の低圧ナトリウム灯の上に、天の川がかかっているのが見える。周辺の照明が十分に遮蔽され、弱い光しか放たれていないからだ。天文台なのだから、そうした環境にあるのは当たり前と考える人も多いかもしれない。しかし、ローウェル天文台は都市圏内にあり、中心街から丘を登ったすぐ上のところに建っている。それを考えれば、市が照明に関してどれほど厳しい条例を定めているかがわかるだろう。実際、それは北アメリカではほぼ間違いなく一番、もしかしたら世界でも類を見ない厳格さかもしれない。[10]

天文台の敷地から見下ろすと、東の地平線に向かって広がる人口六万五〇〇〇人の都市は、同じ規模の都市と比べて際立って暗い。「完璧ではないけど、僕たちに何ができるかの証明にはなるだろうね」と言うのは、今夜僕の案内役を務めてくれるクリスだ。

クリス・ルジンブールは、アメリカ海軍天文台フラッグスタッフ観測所の天文学者であると同時に、僕にとっては、照明や光害、暗闇の重要性を教えてくれた一番の先生でもある。彼に初めて会ったのは数年前、僕がＩＤＡの会議でスピーチをしたときだった。会場を埋め尽くすエンジニアや天文家、照明業界関係者の前で、僕は暗闇の価値について書かれたエッセイを集めた一冊の本を紹介した。[11] そして、ヘンリー・ベストンの『ケープコッドの海辺に暮らして』を引用し、この作家が「明かりを使うことで、更なる明かりを使うことで」と書いたのはいつのことか知っている人はいますか、と問いかけたところ、手を挙げて「一九二八年」と答えたのがクリスだったのだ。以来僕はフラッグスタッフを訪れるたびに連絡をし、彼の近況と夜空を守る活動について話を聞き続けてきた。

暗い空を守る習慣が、フラッグスタッフで本格的に根づき始めたのは一九五八年のことだが、世界初の「ダークスカイ・シティ」としての街の成功には、クリスの功績が大いに関係している。天文台で照明と条例に関する世界中からの質問に答える仕事、ＩＤＡとともに行う支援活動、地域におけるボランティア活動（フラッグスタッフや別の地域の市議会との話し合い）、そして学術論文（著者の一人として、照明器具から水平より上方向に漏れる光を完全に遮蔽する必要性を初めて明確にした）など、クリスの業績は多岐にわたっている。天文学者でありながら、ベストンを、そしてジョセフ・ウッド・クラッチ、ジョン・Ｃ・ヴァン・ダイク、レイチェル・カーソンを引用してしまうところは、彼の幅広いアプローチのしかたを物語っている。

だけど今回に限っては、彼の話を聞くのが辛かった。少なくとも僕と知り合ってからの数年間、クリスはいつだって光害防止という課題に対して楽観的だった。だから、彼と何度も会話を重ねるうちに、光害は解決できる問題だということを、いつも僕は確信するのだった。

いまだってそれを疑わないし、彼自身もそうだろうと信じている。でも、「僕のかつての楽観主義は……」と話す彼の声には、これまで聞いたことのなかった不安がにじんでいた。

クリスは言う。「夜はそのままで十分に美しい。僕たちは、二兎を追うことはできないという現実を理解しなくてはいけないよ。たしかに人工灯にも美しさがあることは否定しない。でも照明の質さえよければ、夜空の美しさが守られると考えるのは問題だ。だってそうではないんだから。町を徹底的に美しく照らそうとすれば、空は失われていく」

天文学者でありながら、クリスは星が見られなくなることだけを心配しているのではない。フラッグスタッフの住民は、市のアイデンティティの一部として暗い空を尊重している。それは非常に嬉しいことだが、多くの人が照明に関する条例を天文家のためだけのものと考えていることに対しては、もどかしさを禁じ得ない。「道のりの遠さを感じるよ。まるでグランドキャニオンの大切さを問われて、『ああそれはね、地質学者が岩の研究をするためだよ』と答えるようなものだからね」

中心街から二ブロックほど先のレストランで食事をすませた僕たちは、店の駐車場に立っていた。条例に従って低圧ナトリウムの照明器具三台だけで照らされた駐車場は、十分な明るさに思えるが、多くのアメリカ人はこれを薄暗いと感じるのだろう。

クリスは続ける。「照明の質を改善するだけではどうにもならない。専門家が設けた基準に従って全世界を照らすだけでは、夜空は失われてしまう。だから、それだけじゃだめなんだ。より根本的な問題があるはずだよ。いつ照明が必要で、いつ必要ではないか」

こうした意見は、以前にも聞いたことがあった。「質のよい照明」と「質の悪い照明」の二者択一に目を奪われると、僕たちは「照らさない」選択肢があることを忘れてしまう。実際多くの場合には、照らさないことが三つのうちで最良の選択なのに、その選択肢が提示されることはめったにないし、そうした選択ができることすら忘れられている。

こうした状況がとてつもない悪影響をおよぼすことは、世界の人口が増え続けている現状を考えてみれば、容易に想像がつくだろう。人口が多くなれば照明の数も増えるのは、当然の話だ。たとえ新しい照明がすべて完全遮光型だとしても、新たに増えたことには変わりない。クリスは近年、アメリカ南西部の都市や町を数多く調査して、人口規模と明るさのレベルを記録していった。結果は予想どおりのものだった。グラフは着実な上昇を示す斜めの線を描いた。つまり、人口規模が大きくなると、明るさのレベルも上昇していたのだ。

だが、そのなかで二つだけ例外があった――フラッグスタッフは標準を二五パーセントほど下回り、ラスベガスは標準をはるかに上回っていた（後者は同じ規模の都市と比べると、実に二倍も明るい）。フラッグスタッフの人口は、二〇〇〇年から二〇一〇年にかけて約二五パーセントも増えていたが、照明に関する厳しい条例のおかげで、明るさは一七パーセントの上昇にとどまっていた。その時期に新設されたのは、モーテルやレストランなど照明を多用する建築物がほとんどで、クリスの見積もりによると、条例がなければ四〇～五〇パーセントの上昇は免れなかったはずだ。それでも彼はもどかしさを感じていた。アメリカ一厳格な規制があり、伝統的に夜空に対して高い関心をもってきたにもかかわらず、フラッグスタッフがいまだなお明るくなり続けているからだ。

「僕たちは、『明日は思ったほど悪くない』というところで甘んじている。でも総合的に見ればまだ悪化の一途をたどっているんだ。それで満足する人もいるけど、僕は違う。むしろ失望の気持ちを隠せない。これだけ一生懸命働いた結果が、四〇パーセントの悪化を一七パーセントに食い止められただけ（暗闇の）損失がちょっと遅くなったくらいでは、モチベーションとしては物足りない。進歩ではあるかもしれないけど、残念なことに空は決して暗くはなっていないんだから」

実際にすべての場所が明るくなっていると思うかと僕が聞くと、クリスはこう答えた。「そんな印象を受けるね。科学者として、証拠もなしに絶対にそうだとは言いたくないけど、ダークスカイ関係の活動家たちだって、よくなっている場所を挙げられないんじゃないかな。なにも言いがかりをつけるわけじゃない。そもそもそれは難しいというか、どだい無理な話なのかもしれない」。地域社会が、あちらこちらで照明の規制にささやかな成功を収めていても、全体的には負け戦だとクリスは憂えている。「たとえば、『ああ、これはいい法律ができた。この法律に従って建てたショッピングセンターは、従来のものよりずっと素晴らしい』と感激したところで、光に照らされていることに変わりはない。空がいまよりも暗くなることを、僕は求めているのに」

フラッグスタッフから車で東へ向かい、ハンフリーズ・ピークの裏側にあるクリスの家を目指していると、まばゆく光るモーテルを通りかかった（「君のために明かりをつけておくよ」と、クリスが有名モーテルチェーンのＣＭのフレーズを真似て言う。「よく考えなければ、素敵なせりふだな」）。壁のウォールパックは、ウィスコンシン州北部で僕を悩ませたものと同じ工場で製造されたに違いない。だが同時に僕たちは、アメリカではほとんど見られないものも目にした。街灯のない大通り、営業時間外には消えてしまう地元企業のバックライト式ネオン、昼間ほどの明るさではないけれど、給油してフロントガラスを拭くには十分な明るさに照らされたガソリンスタンドなどだ。

ガソリンスタンドの燃えるように輝くキャノピーの下なら手術だってできるさと、クリスはよく冗談を言う。そうした状態が普通になっているアメリカ人にとって、条例に合わせたフラッグスタッフの照明は、彼の言葉を借りればびっくりするほど弱々しい。僕は冒険心をくすぐられ、キャノピーの下で車を停めるようクリスに頼んだ。こんなに薄暗い明かりの下で実際に給油ができるのかどうか、試してみたくなったのだ。クリスは車のスピードを落とした。「アメリカのほとんどのガソリンスタンドは、二〇年前に比べて一〇倍も明るくなっている。ここの基準はそれよりずっと低いけど、まったく問題ないだろう?」。それは僕が保証する――字を読むにも給油するにも問題ない。国内で見るほぼすべてのキャノピーが、上空に光が漏れるのを阻止しているが、キャノピーの下のライトはほかと変わらない。埋め込み型の照明でない限り、光は低い角度に広がり、スカイグロー、近隣への光侵入、グレアをいたずらに助長する。

ガソリンスタンドもひどいが、駐車場はさらに悲惨だ。ガソリンスタンドと同じように、多くのショッピングセンターやビジネスプラザの駐車場が、二〇年前よりも一〇倍明るい光を放っている。しかし、広さや電灯の数の違いから、駐車場はどの地域でも一番まぶしい光源になりがちだ。とはいえフラッグスタッフは例外である。ターゲットやウォルマートのような大型スーパーマーケットさえ、都市の基準に従っているからだ。[12]「左手にある新しいショッピングセンターはすごいよ」とクリスは指をさして言う。「遮光型じゃないのもいくつかあるけど、すべて低出力なんだ」。さらに驚いたのは、通り過ぎるショッピングセンターの駐車場が消灯されていたことである。アメリカの郊外ではおなじみの、立ち並ぶカーディーラーの前を走り過ぎたとき、僕はウィスコンシンの小さな町へ行く途中にあるフォード車販売店を思い出した。そこでは何キロか先の地平線に白い光が輝くのを見つけたら、もうすぐ町だということがわかるのだ。ところがここフラッグスタッフでは、展示した車やトラックを見下ろす一番背の高い照明は消され、駐車場には三メートル強の高さの薄明るい電灯だけがともっている。

屋外照明の五〇パーセント以上は、駐車場で使用されているものだ。したがって、それらをうまく抑制すれば、つまり営業時間内には遮蔽された光を使い、時間外には照明を弱めるか完全に消すといった規則を定めれば、地域の光害問題は大きく改善するに違いない。残念なのは、非常に多くの都市や町の駐車場が、真夜中には無人になるにもかかわらず、建物の壁にかかったウォールパックや、四方に光をばらまく投光照明に照らされているという事実だ。このような駐車場は、家の近くを探せばたいてい見つかるだろう。だけどあなたは気づいていないのかもしれない――無駄に照らされた無人の駐車場はどこにでもあるのに、もはや多くの人がそれに気づかないでいる。

つまり、目を開けなければ何も見えない。しかし見ようとさえすれば、どこにでも見つけることができるというわけだ。

実際それは、僕を楽観的にさせてくれる。決して規模の小さくないこのアメリカの都市にできたことは、ほかの都市にもできるはずだ。照明に関する条例があって、それが（だいたいのところ）うまく機能しているアメリカの都市――通りは犯罪者だらけではないし、経済も比較的良好だ。街路、駐車場、ガソリンスタンド、学校、都市、町をどう照らすかは僕たち次第であり、フラッグスタッフはひとつの選択可能な道を示してくれる。決して完璧な照明ではないかもしれないが、すでにそれはアメリカのどの街よりも抜きん出ているのだ。

ここで疑問が生じる――実際には何が可能なのだろう？　僕たちは本当に暗い空を取り戻せるのだろうか？　モン・メガンティックからの帰り道、カナダからアメリカに入るときに、税関職員が僕の仕事について質問してきた。僕が光害を防止する活動について話すと、彼はにやりと笑って聞いてきた。「それで、街をどうしようとしているんですか？」。よい質問だ。光害抑制について考えるなら、当然それについても考慮しなくてはいけない。僕がクリスに尋ねると、彼はまず「都市」と「小さな町」の違いを明らかにした。大都市圏には照明を改善する理由が数多くあるが、空に星を取り戻すことが最重要ではない。「一〇個から二〇個見えていた星が、三〇個か四〇個に増えるかもしれない。だとしても、まだお粗末な空だよ。それを見ても、宇宙の印象とか、場所の感覚やスケール感をつかむことはできないだろうね」

つまり、大都市で照明を改善する場合、その規模ゆえに、それよりも重要な利益が伴うこともある。「省エネについて言えば、照明にかかる費用を五〇パーセント削減したら、何ドル節約することができる？　フラッグスタッフには六万五〇〇〇人が住んでいるけど、シカゴの人口はそれより二桁も大きい。人々はその数に注目し始めている」。同じことが、睡眠障害やその他の健康問題についても言える――人数が増えれば不安も大きくなるから、大都市ではそれがさらに重要視されるのだ。

「それからもうひとつ。たとえシカゴの中心部に星を取り戻すことができなくて、星空から感動的な経験を得られなかったとしても、都市を暗くして、暗さの境界線を都市側に狭めることができれば、郊外の広い地域とそこに住むたくさんの人々が解放される。いま、シカゴ郊外のすべての照明を消すことができたとしても、暗い空は戻らない。でも、中心部が明るさのレベルを落とせば、郊外には再び星空が現れるはずだよ」

僕がよく知るクリスの楽観的思考が、ようやく顔を出した。たしかに、巨大な都市でゴッホの描いた星空を再び目にすることはないかもしれないが（ラスベガスやロンドンのような都市で、星好きが夜ごと空想に浸れるような夜は期待できない）、効率的かつ効果的な照明を選べば、さまざまな方面で利益が得られるだろう。そして、都市が当然その恩恵を受けるように、郊外や町、農村地域、周辺の原野にも、利益はもたらされる。これは、現在の光害がおよぼす波及効果（都市の過剰な光が放射状に広がっていく）とは正反対の効果を呼ぶ。都市の光が減って放射の力が弱くなっていくと、暗闇は波が引くように内側へと逆戻りし、郊外や地方が失ったものを少しずつ返還していくだろう[13]。

僕たちは国道八九号線を北上し、ウパツキ国定公園へ向かった。そこへ行けば暗闇が待っていることを、クリスが知っていたからだ。車から降りて、周囲の砂漠が見渡せるベンチへと歩いているとき、彼は自分が最近抱いている不安のことを話した。

「照明で世の中をよくしていく正当な理由はたくさんあるのに、僕はいま、それは夢物語かもしれないと考え始めている」とクリスは言う。

「どう考えたらいいのか。いつもよくなることを願って行動してきたけど、はたして本当に実現できるのかという思いがじわじわ湧き上がってくるんだ。

照明について考え始めるようになったら、さほど教育を受けていなくても、それがどんなにぞんざいな使われ方をしているかわかるはずだ。見渡せば粗末な照明ばかり。そんななかで生きていくなんてごめんだね。夜に外出したら、目に映るものすべてが最悪なんて、僕はそんな生活を送りたくない。でもだからといって、ほかにどうするべきかわからないんだ」

クリスと数年にわたってこの話を続けてきた僕は、彼が光害についてただ失望しているだけではないことを察していた。根っから文学好きのクリスは、美術史家のジョン・C・ヴァン・ダイクが一九〇一年に発表した『砂漠』という本を知っているかと僕に尋ねた[14]。そして、「美しいからという理由で何かを救済しようとしても、誰も耳を貸さない」という一節をつぶやくと（美しさだけでは政治家を説得できないというファルチの言葉を思い出す）、そのあとに続く文章を噛み砕いて説明してくれた。前半は本章の冒頭に記したとおりで、残りの半分は次のようなものだ。

「現実的な人々」は、永遠の王座に就いているかのようだ。彼らは、美が恋人たちや若者たちのためだけに存在することを熟知している――そんなものは愚か者に吸わせておきたまえ。人生において最も大切なのは金を儲けることである。美を欺くことでいくらかの金が得られるならば、迷うことなくそうするべきだ。「現実的な人々」は、この世の始まりから、それを実践してきたのだ。

クリスは言う。「ある朝、僕は車に乗り込んだ。すると、天文台へ向かう道でいつも見たり考えたりすることが、矢継ぎ早に頭に浮かんできた。森林火災、オフロード車が幹線道路の向こうの丘を駆け上がる風景、大気中のもや、見苦しい送電線、開発中の土地……そこに美しいものは何もない。次から次へと傷跡ばかりが目に浮かぶ。そんなふうにして生きるのはいやだ。だからといって死んでしまおうか？　あるいは見て見ぬ振りを決め込む？　それとも、美を見つける方法を探し続けるべきなのか？　わからない。でも、美はまだそこに残っている」

大きな樹木のシルエットが、深い青みを帯びた夜空を背景にゆっくりと揺れている。いつしか空には、数十の、そして数百の、やがて数千の星々が姿を現す。僕たちは無言のまま、その夜空をじっと見つめていた。[15]

I

いちばん暗い場所

ここはこの地上でいちばんすばらしい土地だ。すばらしい土地というのは、たくさんある。どの男も女も、内心に理想の土地のイメージをいだいている。理想の土地、つまりじぶんにとってぴったりの土地、これしかないという、ほんもののふるさとだ。すでに世間に知られた土地もあれば、未知の土地もある。実在するものばかりでなく、幻影でしかない土地もあるだろう。[1]

——エドワード・アビー（1968）

「まもなく地図上の大きなブラックホールに突入する」。デスバレー国立公園が見下ろせるように、赤のトヨタ・タンドラを減速しながら、ダン・デュリスコーは言った。「俺たちとあの山のあいだには、何もない。何もない状態が、その先二五〇キロ続く」。低くしゃがれた声で、時おり荒っぽい言葉を交えながらしゃべるデュリスコーは、アメリカ西部の砂漠を知り尽くしている。どこまでも伸びる未舗装道路。車は人気《ひとけ》のない渓谷や、誰も知らない脇道を走り続ける。国立公園局ナイトスカイ・チームの創設メンバーとして、デュリスコーはアメリカ全域をめぐり、夜の暗さを記録してきた。[2]デスバレーには、彼の見てきたなかでも、とくに暗い場所がいくつかあるという。「さまざまな公園の、おそらく二〇〇以上の場所で測定をしたうち、クラス1はたったの三カ所。そのひとつがここだ」。今夜僕たちは、彼のお気に入りのスポットであるユーリカ・バレーに向かっている。ラスト・チャンス・レンジとシルヴァニア・マウンテンズに囲まれた場所だ。「この時期にここで誰かに会うとしたら、そりゃ珍しいことさ」と彼は言う。「カリフォルニアでこんなに孤独になれる場所はほかにないからな」

ユーリカ・バレーが近づいてくる。砂利だらけのでこぼこ道を何キロも走り続け、通行止めの標識を通り過ぎて一〇〇メートルほど登ったところで、僕たちは車を停めた。それまでとは打って変わり、あたりはとても静かだ。風の音や虫の声は聞こえず、ヤマヨモギやメキシコハナビシのかぐわしい香りだけが漂ってくる。遠くに高さ二〇〇メートルほどの砂丘が見える。僕たちはテーブルと椅子を並べて、火をおこした。「俺はこの瞬間のために生きている」とデュリスコーは言う。「これなしの人生なんて想像もつかないね」。西の空には、砂漠の山影のすぐ上に宵の明星が白く輝き、玄関灯か、はたまた尾根を越えてやってくる車のヘッドライトのような、力強い光を放っている。もちろん、近辺には家もなければ車もない。はるか北のサンフランシスコを目指して飛行機が時おり通過し、南西のロサンゼルス上空にほのかな琥珀色が輝くだけで、周囲数キロに人の気配はなく、どちらを向いてもひとつの人工灯も見当たらない。すでに空は古代の世界の雰囲気を漂わせている。刻一刻と暗くなる広大な空は、星をふるいにかけて、目の前の黒い布地に散らしていったかのように、光に満ち始めた。

原始の暗闇。文明が訪れる前、定住が行われる前の砂漠。真っ暗な大地に光源はなく、星々が地面すれすれまで埋め尽くしている。回転しながら北の地平線に沈む北斗七星。南東の空にのぼるオリオン座の肩を緋色に染めるベテルギウス。天の川を淡くしたような黄道光《こうどうこう》が、西の地平線から天頂へと立ちのぼる。夜の自然光――多くは黄道光と大気光で、一割ほどが星明かり――を頼りに見る渓谷はとても暗い。[3]デュリスコーと僕も、互いの姿がぼんやりとしか見えないほどだ。あたりを見渡せば、木も森もなく、山の稜線と空の下端がギザギザの地平線を織りなしている。

空が暗くなったり明るくなったりする様子は、外に長くいればいるほどよくわかるのだが、こんな感覚を経験したことのあるアメリカ人は、今日ではほとんどいないだろう。僕たちの目は暗闇に順応して、一〇分後にはよく見えるようになり、四五分後にはさらにはっきり見えるようになる。そして光のない場所で二時間も目を見開いていると、まるでレンズを調整する検眼医に「こっちの方がよく見えますか？」と聞かれたときのように、空に焦点が合ってくる。星は最初からあったけれど、いまや星の上に星があって、さらにまだ見えない星を感じることができるのだ。「都会では見ることのできない光景だな」とデュリスコーは言う。「ここにいたとしても忍耐は必要だ。でも人々はすぐに結果を求めたがる。星が見られると聞いてラスベガスから車を走らせてきた一行が、『じゃあ夜空を見せてもらおうか。五分くらい時間があるから』なんていうのはよくあることさ」

僕たちはユーリカ・バレーを車で登って、クランクシャフト・ジャンクションまでの曲がりくねったでこぼこ道を走った。「野生の道はそろそろおしまいだ。すぐに地図上の一番暗い場所に入る」とデュリスコーは教えてくれた。あと数キロでネバダ州というところで、ロサンゼルスの光のドームは山々に遮られて見えなくなったが、約二五〇キロ南東にあるラスベガス上空にはかすかな光が確認できる。僕はいまここの中心にいるけれど、あそこの中心にいたこともある——地図上の一番明るい場所から、一番暗い場所のひとつへと旅をしてきたのだ。

暗き大地よ。この地ではもう人工の光を見ることもなく、夜が更けるにつれ、暗闇はより優しげに、より親しげになっていく。「天文愛好家の多くは、空が見えれば満足する。けど俺にとっては、空だけでなく大地があることで、西部でしか味わえないこの感覚が生まれているように思えてならない……この野生の大地と、野生の空が」。デュリスコーはまた、ナイトスカイ・チームについてこう付け加えた。「自然の夜の風景を見て、そのよさを認めることのできる能力、俺たちはそれを守ろうとしている」

僕は双眼鏡で空を覗き、ハッと息を飲む。目に見える星が一〇倍にも増えたからだ。やがて自分が落下していくような感覚に襲われ、転ばないためには、双眼鏡を目から離さなければならないほどだ。僕が立つ地面を星の天蓋が覆う。オリオン大星雲、プレアデス星団、木星。その鮮烈なまでの輝きに、思わず笑みがこぼれる。それからシリウス、地球から見える最も明るい星。とても低い位置にあるため、大気のプリズム効果で、クルクル回る風車のように、緑、赤、紫、青に光り輝いている。お次は、目にもまぶしい流れ星の登場だ。まるで黄緑色の炎が空から降ってきたかのよう。それから僕は、アンドロメダ銀河を眺める。これほど細かいところまではっきりと観察したのは、生まれて初めてだ。地球から約二〇〇万光年の位置にある、肉眼で見える最も遠い物体。気が遠くなるほど長い旅をしてきた光子が、いまようやく僕の目の奥に届いたのだ。デュリスコーに言わせれば、大切なのはこのような直接的な経験だという。「コンピューターで見たってクソの役にも立たない。そんなのまったく血の通わない無味乾燥な経験だ」

これまで何百もの夜を戸外で過ごしてきた彼に、印象に残った夜空について聞いてみた。「ハワイのマウナケアはすごかった。空の輝きが圧倒的で、光が自分に降り注いでくるような気がしたな。あとはビッグベンド国立公園。そこでは光のドームがまったく見当たらない。ほかには、冬の嵐が去ったあと

図13　デスバレー国立公園のレーストラック・プラヤにかかる天の川。（国立公園局ナイトスカイ・プログラム・Dan Duriscoe）

のセコイア国立公園かな。標高約二〇〇〇メートルの場所に六〇センチほどの雪が降り積もった日、午後一一時頃外へ出ると、星が鋭い閃光を放っていた。空気がカラカラに乾燥した氷点下一〇度の夜だった。壮観だったな」。そして、誰もが聞きたがる質問をあえてしてみよう――一番素晴らしい空はどこにあるのか？　どこに行けば、真に美しい星空が見られるのか？「最高の夜空に出会うには、巡り合わせが大切になる。だから、どんな時期のどんな夜でも、ここが一番ということはないんだ。いつ頃ここに行けばベストなタイミングに当たる可能性が高いとは言えても、それが必ず訪れるとは約束できない。けど、それならそれでしょうがない。人生ってそんなもんだろ」

地球は回転し、星空は巡っていく。砂漠の乾いた空気の中を、星々が地平線まで舞い降りてくる。西の空では地球の縁から滑り落ちるように星が姿を消していき、東の空では次第に星々が姿を現す。まるで、山の向こうにいる無邪気な妖精たちが、灯をともし、それを散りばめたかのようだ。

世界最初の国立公園が誕生したのは一九世紀後半のことだが、その当時はまだ、暗闇を保護することなど誰の頭にもなかった。というのも、多くの公園に電灯が設置されたのはそれから数十年後のことだったし、都市や郊外の光が天文学者、科学者、星好きの人々を悩ませ始めたのは、それよりもまだ先のことだったからだ。

だがその後、時代は大きく変わった。一例を挙げれば、現在では少なくとも八つの国立公園の地平線上にラスベガスの光が見える。国立公園局が保護を宣言した資源に「暗闇」が含まれるようになったのは、こうした状況を受けてのことだ。一九九九年、国立公園局はナイトスカイ・チームを立ち上げる。その目的は、公園職員や来園者に暗闇の大切さを認識してもらう手助けをすること、公園内の暗さを測定すること、暗闇という資源がどれほど急速に失われているかを見定めることだった。

しかしこのナイトスカイ・チームも、チャド・ムーアがいなければ誕生していなかったかもしれない。僕がムーアに初めて会ったのは、トゥーソンで国際ダークスカイ協会（IDA）の会議が開かれた五年前のことだった。その頃の彼は、ユタ州南部のブライスキャニオン国立公園を拠点に活動し、ダン・デュリスコーや二人の公園職員（アンジー・リッチマン、ケビン・ポー）と連携して仕事をしていた。二〇〇九年になると、国立公園局は自然音プログラムとナイトスカイ・プログラムを組み合わせた新しい科学部門を設立した。そこでムーアがコロラド州のフォート・コリンズに呼び寄せられたというわけだ。現在ナイトスカイ・チームには六人の専従職員がいて、目標とする一一〇カ所の管理地域のうち、八八カ所の夜空の記録を終えている。ますます多くの公園が新たな施設を建設しているうえ、再確認を必要としている公園もあることから、この先数年間、ナイトスカイ・チームは多忙を極めるだろう。

すべては、勤務していた公園の夜空が次第に明るくなっている事実に、ムーアが気づいたことから始まった。「中部カリフォルニアのピナクルズ国定公園に勤務していた一九九九年のことだ。自分がそこにいたわずか三年のあいだに、空が明るくなっているような気がしたんだ。それもある特定の方角が」。当時公園の近くでは、投光照明とウォールパックで煌々と照らされた刑務所が新設され、おまけに住宅地の開発も進められていたという。「そのとき、三年間でこんなに変わるなら、三〇年後にはどうなってしまうんだろうと考えた」。ムーアは、公園周辺の光害を測定する方法はないものかと考え、同業者たちに聞いて回るようになった。「たくさんの人たちが、一言一句同じ答えを返してきたよ。『わからないけど、自分も同じことを考えてた』って。だから私は、その方法を見つけ出すことにした。自分がやるしかないと思ったんだ」。ムーアは機材購入のための助成金を申請し、デュリスコーの協力も仰いだ。二人はＣＣＤカメラ（天体測定にも使える高感度デジタルカメラ）を買って、さまざまな公園の夜空を撮影することに決めた。当初は二、三カ月もあれば必要なデータが集まるだろうと考えていたそうだが、すでに一二年が経過している。ムーアは笑う。「どんなに大変な作業か、まったくわかっていなかったらしいね」

公園の夜空を写真におさめるのは、口で言うほど簡単ではない。ひとつには、空の明るさは月の満ち欠けによって左右されるため、新月前後の暗い夜にしか撮影ができないからだ。また、天気の協力も必要になる――雲がなく、強い風が吹いていない方が望ましい。雨、雷、竜巻、吹雪、ハリケーンなどはもってのほかだ。そのうえムーアとデュリスコーは、夜空の暗さを正確に反映した写真を撮るために、公園に置かれた照明を避ける必要があった。そうなると、ビジターセンターの駐車場にカメラを設置したら、あとは暖かく快適なモーテルへと帰るだけ、ということは許されない。公園から公園へ、二人の男は重い機材をかついで暗い場所を探し回り、時には遠く離れた場所までひたすら歩き、時には野外で夜を明かした。

求めていたのは数字だったとムーアは言う。「そもそもの目的は、夜空という資源を単純に数値で表すことだった。どれくらいの変化なら受け入れられるのかを見極めるには、それが重要だったんだ。人間には、数字で表せるものしか評価できないという傾向がある。だから、数字を使って暗さの変化を示さないと、どう管理していいかわからなくなるんだ。私たちの貢献は、それを正確に行う新しい方法を提示したことだと思っているよ」。彼らは当初、自分たちの訪れた場所を、ボートル・スケールに従って九段階にランク分けしていた。しかし調査を続けるうちに、夜空の状態には多種多様な要素が関係していることに気づき、最終的に、一から一〇〇の等級に分かれた新しい「スカイ・クオリティー・インデックス」を考案するに至った。彼らの最終目標はいまでも変わらない。それは、国立公園局がその資源を評価し保護できるように、夜空の暗さの質を正確に測定することである。

暗さの質、ひいてはその価値を評価することは、依然として難しい問題だ。「飲料水中のヒ素を測定するのとは違って、ここを超えたら危険という一定の線があるわけじゃないからね」とムーアは言う。だとしても、暗さについて語るときに数字を使えるようになれば、話を聞いている人たちも、その価値を理解しやすくなるはずだ。「人間は連続的な変化に気づくのが得意じゃない」と彼は解説する。だが、同じ公園の夜の暗さを長期間繰り返し測定していけば、ムーアや国立公園局のスタッフもいつかは、「暗さをこれだけ失っています」とか、「これくらい空の状態がよくなっています」と、公園管理者に伝えられるようになるだろう。そうすることによって彼らは、ムーアの言う「以前のよさを忘れてしまうがために、許容できる基準がどんどん下がっていく問題」を克服したいと願っている。心理学者のピーター・カーンは、この現象を「環境性・世代性健忘」と呼ぶ。(4)「問題は、問題があるということに気づかないこと」。なぜならそれ以上よいものを誰も知らないからだ。現在よりも暗い夜空を見たことがなければ、どうして異常だと気づけるだろうか？

キャディラック山

僕はいま、メイン州のアーカディア国立公園内にあるキャディラック山の頂上を目指している。まずは沈む夕日を、それから夜の始まりを見るのが目的だ。

ほとんどの車が山を下るなか、僕の車は坂道を登る。山頂にいた観光客は、日がかげるにしたがって少なくなっていく。まるで暗闇が増えれば人が減るという、逆らいがたい宇宙の法則があるかのようだ。駐車場には電灯がなく、光るものと言えば、茂みで飛び交うホタルばかり。僕は座るのにちょうどいい場所を見つけて、空を見渡した。西の空は燃える炭のような赤色、北の空は青く雨雲がかかり、東と南の空はたそがれどきの紫色のもやに包まれている。周辺の島々には高圧ナトリウム灯のオレンジ色が散りばめられ、空と海は、水平線に浮かぶ灰色の影のおかげでようやく区別できる。今日最後のアメリカコガラの鳴き声を合図に、今夜最初の星が姿を現す。フリースジャケットの上にレインジャケットを着込んだ僕は、東の大海原を眺めながら夕食をほおばり、ヘッドランプの赤い光の下でメモを取る。

午後一〇時にもなると、国立公園の山のてっぺんには誰もいない。僕は一人、キャディラック山の岩肌にごろんと仰向けになった。南の空では時おり雲が切れ、雲間から毎回違った星座が顔を出す。まずは射手座。その矢の先は銀河の中心を向いている。再び雲のカーテンが閉じて星座が消えると、次は違ったところに窓が現れる。登場したのは、明るく輝くさそり座だ。だがそれも、出番を終えると幕の後ろに消えていった。

雨が降り始めたとき、この岩にただ寝そべって雨に打たれているのは賢明ではない気がした。だけどもう少しだけ、全身に雨を感じることにしよう。ここからそう遠くないクタードン山に登ったソローは、自然に直接触れることを願った。[5] 野生を知りたいという欲望からだ。最初の雨粒が当たったときには逃げようと思った僕も、考えを改めた。夜を知るためにはるばるやってきたけれど、必ずしも毎晩晴れ渡った星空が拝めるとは限らない――しかも、一人きりのナイトスカイ・チームのために。風が吹きすさび、暗雲が立ち込め、人気の観光スポットは再び野生を取り戻す。平らな岩肌を舞台に、大勢の役者がたった一人の観客を取り囲む。

この土地の先住民族は「ワバナキ」と呼ばれていた。夜明けの地に住む者という意味だ。キャディラック山は、秋と冬の朝にはアメリカで最初に日の出が見られる場所として知られている。今夜、少なくともこの周辺において、ここは星が見える最後の場所になるだろう。東を向けば、真っ黒な海と空が混ざり合い、水平線は跡形もなく消え失せている。しかし南の空にはまだ雲間がひとつ残っていて、そこから顔を出した明るい星々が海面に光を注いでいる。レインジャケットを持ってきてよかった。そうじゃなければ、水浸しになっていただろう。公園の岩の上に立ち、僕は南の雲間が風で閉じていくのを見ている。やがて空には暗幕がかかり、大地は闇に飲み込まれていった。

次の日の朝、僕は、かの偉大なナチュラリスト、ジョン・ミューアに対面した。といっても、彼の言葉が、ビジターセンターの階段横に飾られていたのを見つけただけなのだが。「人間にはパンと同じように美が必要だ。遊んだり祈ったりする場所も欠かせない。そこでは自然が体と心を癒し、元気づけ、力を与えてくれる」(6)。その少し先には、これもまたナチュラリストのシガード・オルソンの言葉があった。故郷から遠く離れた地で、オルソンと僕というミネソタから来た二人の男が顔を合わせたというわけだ。「未知への神秘が常に感じられる場所を、どうにかして保つことができたなら、人生はもっと豊かになるだろう」と彼は言う(7)。僕たちは「美」や「神秘」といった無形の資源が尊いものだと知っていながら、それをいつも尊重するとは限らないようだ。

しかし夏の週末の朝、人々がひっきりなしに出入りするビジターセンターで、交通整理をするボランティア職員や、来園者に話しかけアドバイスをするパークレンジャーを見ていると、希望がわいてくる。公園そのものにも希望がもてるのは、その立地のおかげだ。ボストンから東に六時間も車を走らせれば着いてしまうこの場所では、年間数百万人もの人たちが、夜の美と神秘を手の届くところで実感しているのだ。

「夜空を見上げようとする人はあまり多くないわ」と言うのはアーカディアのパークレンジャー、ソーニャ・バーガーだ。「人間は明るい場所から明るい場所へと駆け回って、暗くなればいつでもスイッチひとつで人工の昼間を作り出す。外を歩けばたいがいは街灯があるし、車まで歩けばあとはヘッドライトをつけるだけ。まるでフェニックスに住むようなものね。そこではみんなエアコンからエアコンへと渡り歩いて、暑さをまったく感じない。だから、本当は到底夏に暮らせるような場所じゃないってことを、誰も認識していないのよ。夜空に関しても、同じことが起こっていると思うの」

バーガーや同僚のパークレンジャーはこれに対応して、公園を訪れる人々が夜に注意を向けることができるよう、バラエティ豊かな一連のプログラムを用意した。そのひとつである「砂浜で星を見る集い」には、夏の夜になると二〇〇人以上の参加者が集まることも珍しくない。「夜を知ろう」は、知覚経験に重点を置いて夜の散歩を行う企画で、参加者に暗闇を歩いてもらい、それぞれの自然順応を試してみようという内容だ。これによってレンジャーたちは、こうした経験をしたことのない人の多さに改めて気づいたという。「だから、『大丈夫、私たちについてきて』って安心させてあげないと」

これは、アーカディア国立公園が数十年にわたって発してきたメッセージであり、国立公園局がますます声を大にして伝えようとしている主張でもある。現在、六〇以上の国立公園や国定公園が何らかの形でナイトスカイ・プログラムを実施しており、その数はますます増え続けている。加えて、暗闇の保護をさらに重要視するようになった国立公園局は、二〇〇六年に「人為的な光のない場所に存在する天然資源であり、自然的価値である公園の自然光による風景を、最大限可能な限り保護する」方針を採用し、それに伴い各公園に「公園施設から発せられる光を最小限に抑えること。また、来園者、近隣住民、地方自治体の協力を仰ぎ、人工光による夜の公園の生態系侵害を阻止あるいは最小化する」よう指導した。方針が変更されてから、いくつかの公園は率先して古い照明設備をエネルギー効率のよい遮光型のものに切り替えた。それだけでなく、次第に受け入れられるようになった、夜や暗闇が重要だという認識をさらに広める活動も始めている。(8)

一部の公園がその他の公園よりも積極的に新しい方針を受け入れているとしても、その意図するところは、一九一六年に制定された国立公園局設置法の当初の目的、「景観および自然的・歴史的に重要なもの、そしてそこにいる野生生物を保全し、将来の世代の享受のためにそれらを損なわないと思われる方法と手段で、同じ享受を供給すること」とほぼ一致しているようだ。[9]

光害が公園の空から星を消し去り、野生生物の自然のサイクルを乱し、山や滝やメサの眺めを台なしにしたならば、公園に害を与えていることは疑いようがない。行動しなければ、問題は悪化するばかりだろう。

アメリカおよび世界の国立公園は、暗闇の保護に大きく貢献している。だがそれと同時に、暗闇の保護もまた、国立公園に大きなチャンスを与えているのではないだろうか。スターライト・リザーブやIDAの指定保護区など、暗闇を守り回復させるための本格的な計画は、暗いコア地域とその緩衝地帯となる周辺コミュニティに依存している。すでに国立公園は多くの課題においてこの役割を果たしており、保護区のコア地域として最適な場所となっている。しかし同時に、もしも公園自体があらゆる種類の資源に貪欲な文明に包囲されたなら、公園の境界はいつか崩れてしまうだろう。[10] 暗闇は何百キロも先の光に影響されるため、忍び寄る文明によって障害が生じるとき、光はいつでもその気配を最初に示す天然資源のひとつとなる。パリのピエール・ブリュネが、天文家の存在は健全な生態系の証だと言っていたのを思い出す。空が明るすぎると天文家はいなくなる。すると空が汚染されていることに気づく。空を汚染するものがなんであれ、それはいつかやがてほかの資源をも汚染する。

アーカディアが国立公園と暗闇の重要な模範になっているのは、そこが複数の賑やかな市町村に隣接しており、毎年二〇〇万人以上の来場者数を誇っているという事実からだ。公園が暗闇に貢献することによって、数多くのアメリカ人に働きかけるきっかけや、人々が暗い空を守ろうと挑むきっかけが生まれる。いまのところ、それはどちらもうまくいっているようだ。公園や地域に暗い空が必要だと認識したバーハーバー市民は、二〇〇八年、投票によって照明に関する条例制定を可決させた。公園側は、年に一度のナイトスカイ・フェスティバルを二〇〇九年から開催している。暗い空が多くの観光客を引きつけることを察した地元企業も、両方の取り組みに参加し始めている。公園が地域社会からの着実な支援を受けていると言うバーガーは、天然資源としての夜空が観光客寄せの役割を果たしていることを、地元企業が早急に認識してくれるよう期待している。「ここは東海岸で、間違いなく人口が多い地域だから、暗闇を保護するという目的を果たすためには、公園側とその後援者たちが協力し合う必要性が普通以上に大きいの」。それらの目的は、地域社会全体にとっても重要だと彼女は確信する。「アーカディア国立公園はもうすぐ一〇〇歳になるわ。夜空を楽しむことのできる場所があるっていうのは、この地域では長い伝統のようなものなのよ(11)」

「あの空には意表をつかれた」と言うのは、『頭上の星、眼下の地球(12)』の著者、タイラー・ノードグレンである。「東海岸のほかの場所と大差ないだろう。空に星が散らばっている、ただそれだけ、と想像していた。だけどアーカディアは別天地だった。メイン湾に浮かぶ天国と言っていい。キャディラック山の頂上に登るか、海岸線に沿って曲がりくねったパークロードをドライブしながら、海に映る星を眺める……思いも寄らない光景だったよ」

ノードグレンは本の執筆にあたって、晴れた夜は可能な限り国立公園で星を眺めながら過ごした。その光景をできるだけ写真におさめ、天文家以外にも多くの人が楽しめるような文章を心がけたそうだ。加えて、幼い頃から芸術家だった彼は、理科教師として働きながらその素質を磨いていった。「外に出て星空を見上げたら、最初からそれに関する数字や事実を思い浮かべる人はいない。まずはなんて美しいんだろうって思うんじゃないかな」。彼は自問したという。「どうしたら人の心に訴えかける情緒的なやり方で、屋外で過ごす素晴らしさを伝えられるだろう？　そう思ったとき、言葉と写真とアートを通じて表現せずにはいられなかった」

アートによる表現として、ノードグレンはアーカディアをはじめとした国立公園の夜空のポスターを手がけてきた。一九三〇年代に作成された公共事業促進局（ＷＰＡ）のポスターをモデルにしたものだ。「僕はＷＰＡが観光事業用に作成した公園のポスターが大好きだった。それで、それをもとに夜空と公園と惑星の新しいイメージを形にする方法を見つけようと思い立ったんだ」。素晴らしい夜空に圧倒されて立ち尽くす小さな人影――彼のＷＰＡ風ポスターは心を揺さぶる。(13) ポスターには「アメリカの国立公園で天の川を見よう」というメッセージが書かれている。淡い青色をした岩の上に立つ男女、目の前に立ちのぼるラバライトのような天の川、星を表す白い点の散らばる周囲の空。小さな人影が広大な宇宙と向き合う荘厳な場面だ。このポスターを見て、作家のビル・フォックスがブラックロック砂漠について話してくれたことを思い出した。「テレビやインターネットや飛行機旅行のおかげで、人は地球をさまざまな角度から見ることができると思いがちだ。でも宇宙の本当のスケール感を取り戻すためには、夜空を見上げるしかない。そして、本当に夜空を見るというのは、『すごいぞ！　空にはとてつもなく大きな宇宙が広がっている！』と気づくことなんだ」

「科学を実践するために、アートの存在が想像以上に役立っている」と言うノードグレンは、言うまでもなく、自分の専門分野に関する豊富な知識をもっている。しかし彼は、ウォルト・ホイットマンの詩に登場する一九世紀の「博学な天文学者」とはほど遠い。

博学な天文学者の講義を聞いたとき、
証明や数字が列をなしてわたしの前に並べられ、
図表や図形を見せられて、それを足したり、割ったり、測ったりされたとき、
天文学者が大喝采を浴びながら講義室で講義するのを席に坐って聞いたとき、
なんとまあ早早とわたしはやみくもに疲れを覚え、不快な思いに襲われたことか、
ついにわたしは席を立ち、人知れず外に出て、神秘の夜の湿った空気のなかを、
たったひとりでひっそりとさまよい、そしてときおり、
深い沈黙の底から星を見上げた。(14)

僕がホイットマンの詩の一節を口ずさむと、ノードグレンは顔をしかめた。天文学者のせいで「疲れを覚え、不快な思いに」なったという部分に、違和感をおぼえたのかもしれない。ノードグレン自身は、夜空を無味乾燥な数字に置き換えてうまくいくケースが多いことを認めている。もちろん、聴衆の心を動かすのは「証明や数字」ではなく、各々が自分の目で見ること——「夜の湿った空気のなか」をさまよい、星を見上げること——なのは承知のうえだ。そして、そうした機会を年間数百万人もの来園者に

図14　天文家でありアーティストのタイラー・ノードグレンが手がけた、夜空を守るポスター。（Tyler Nordgren）

提供できるという点で、国立公園という組織は突出した存在なのである。

「たとえば、日中にグランドキャニオンのサウスリムにいるとしよう。その日はスモッグだらけで、目の前に広がる野生の渓谷が見えなかったとする。どんなに知識のない人でも、何かが足りないような、何かを奪われたような気持ちになるだろう」とノードグレンは説明する。

しかし夜空の話になると、ほとんどの人が失ったものに気づかない。

「誰もが街なかで育っているから、ほかに考えようがないんだ。本来ならば無数の星が見えるはずだとか、天頂から地平線まで星で埋め尽くされるべきだなんて、もはや誰の頭にも浮かばない。人々は地元で見慣れたオレンジ色の光を見て、空ってこんなもんだろうと思うのさ」

多くの国立公園や国定公園では、熱心なパークレンジャーたちが、自宅近くで見る空は決して自然のままの空ではないことを来園者に知ってもらうために、あらゆる手を尽くしている。そのほかにも、解説つきのイベント、天文フェスティバル、満月の夜のハイキング《フルムーンハイク》、キャンプファイア、私的な会話などを通じて、人工光が生活におよぼすかもしれない危険や、光害に対して来園者個人ができる活動について周知している。話題にのぼるのは実践的なアドバイスばかりではない。国立公園の理念やアイデアもまた、彼らが伝えようとしているもののひとつだ。

映画作家のケン・バーンズは、二〇〇九年に国立公園をテーマにドキュメンタリー映画を製作した。バーンズは映画の中で、国立公園を「アメリカの最高のアイデア」とみなし、それがあるおかげで、美しい風景、独自の環境、野生生物ばかりでなく、「無形の資源」も守られると説く（無形の資源とは、人間を含むこの世界をいまの状態に作り上げたものを指す）。人口が急増し野生の大地にことごとく変化を与えるなか、国立公園は変らない場所としての存在感を強めている。その組織編成や優先順位が変化したとしても、核となる使命は変わらない――それは、過去に自分自身もしくは前の世代がしていたのと変わらない経験を、現代でも享受できる機会を守っていくことである。国立公園は、有形の環境を保護することによって、無形の環境をも保護している。国立公園局の方針に出てくる「自然光による風景」というのが、これに当てはまるだろう。本物の闇を知り、守り、取り戻していく最高の機会を提供する場所として、アメリカの国立公園はこれまでないほどに重要になってきているのだ。

タイラー・ノードグレンは言う。「僕たちは微妙な時期を迎えている。いまはまだ失ったものを知る人がいる。でもぐずぐずしていたら手遅れだ。誰一人気づけなくなるし、誰一人それを守ろうとは思わなくなる。あと一世代か二世代放っておけば、『昔は天の川が見られたのに』と懐かしむ世代の大半が姿を消す。そうしたら最後、それを保護しようとする動きはほとんどなくなってしまうだろう。だって、昔のよさを取り戻したいと願う人がいなくなってしまうんだから。

だから、いましかないんだよ」

二つの国立公園

アラスカを除くアメリカ本土において、西部の諸地域より暗い場所は、ミシシッピ川以東に存在しない。この広大な川を西に渡ると、ネブラスカ州西部、モンタナ州東部、ニューメキシコ州北東部、オレゴン州中東部に、暗い場所が分布している。しかしほとんどの場合、こうした僻地を訪れるのは、ガイドも宿泊施設も頼りにしない個人の旅行者だ。一人旅はとても魅力的だけれども、夜空の味わいを多くの人々にアピールするまでには至らない。さらに重要なのは、このような地域には文明の光がまだ届いておらず、たまたま暗かっただけということだ。とりわけ人里離れた秘境にあることから、避けられない敵がやってきたときに擁護者は少なく、暗闇はほぼ間違いなく失われる運命にさらされる。ほかの無形の資源と同じで、残されている暗さを気にかける人が少なければ、やがて暗闇は消えてなくなるのだ。

今日残っている一番暗い場所を守ろうとしているなら、それは自分が実際に知っていて、訪ねたことがあり、愛し、敬意を抱いている場所であるはずだ。旅の終わりに近づいた僕には、最も暗い特定の地点をひとつ挙げるよりも、暗い場所がいくつかあって、世界中から多くの人が訪ねてくるような、暗い地域を挙げることの方が自然に思える。僕が探し求めていた夜の環境をうまく説明してくれるのは、アメリカ南西部、とりわけそこにある国立公園や国定公園だ。世界にはもっと暗い場所が間違いなくあるけれど、突出した暗さと、愛し守り抜きたいロケーションを兼ね揃えた場所はほかにないだろう。僕にとっては国立公園こそが、暗闇をじかに感じ、支え、取り戻すための最高の機会を与えてくれる場所なのである。

では、その特定のロケーションとは？　国立公園局のナイトスカイ・チームが始めた測定によると、いまのところ最も暗いと考えられる公園は、ナチュラルブリッジズ国定公園、キャピタルリーフ国立公園、ブライスキャニオン国立公園で、どれもユタ州南部にある。より最近では、テキサス州南部のビッグベンド国立公園が仲間入りを果たした。数カ月かけて国立公園を巡り歩いたタイラー・ノードグレンによると、彼が訪れた暗い公園の上位五位には、ビッグベンド、ブライスキャニオン、ナチュラルブリッジズ、グランドキャニオン、そしてチャコ文化国立歴史公園が入るという。とはいえ、この順位は「たまたま僕がそこに行った日に、たまたま見た夜空をもとに考えたものだから、決して普遍性があるわけではない」と釘を刺すのも忘れない。暗さを左右する要素はたくさんあり、それは夜ごとに変化するが、なかでも重要なのは、天気、季節、月の満ち欠けだという。そのロケーションは、今夜は一番暗いが、明日は二番目に暗く、次の日は三番目に暗いかもしれない。だとすれば、一〇年後のリストなど誰に想像がつくだろう？

チャド・ムーアは次のように説明する。「政府は国勢調査から人口重心を毎年算出している。近年はカンザス州にあるようだが[15]、これはいわばコンピューター操作による人為的な地理の計算法だ。同じような方法を使って、アメリカ四八州で一番暗い場所はオレゴン州東部のここだとか、ネバダ州北部のあそこだとか言うことはできるけど、その魅力はそれぞれに違う。『アメリカ一静かな場所[16]』の暗闇版を探すことが重要なわけじゃない。われわれに必要なのは、夜空が公園や環境に溶け込んでいる魅力的な場所を選んで、こう宣言することだ。『ここが一番暗い場所のひとつだ。これを守り、大切にしていこう。細かいことなど気にせずに』」

そんな場所を、二つほど紹介しよう。

ブライスキャニオン国立公園では、パークレンジャーのケビン・ポーが、公園の名物である「フードゥー」という風化したサーモンピンクの岩の柱を背に立ち、地平線に向かって手を降っている。「レディース・アンド・ジェントルメン、アメリカ中の国立公園を代表して、皆様に……満月をお見せしましょう!」、彼が来園者たちに向かって呼びかけると、まもなく空に月が昇ってくる。事情を知る人々は微笑むが、無邪気な観衆は、おそらく天文家が月の出(同じく月の入り、日の出、日の入り)を分単位まで正確に、何百年も前から予想できることを知らないだけに、ポーのナレーションを魔法のように感じることだろう。しかし長いポニーテールが特徴の、夜を愛してやまない大男ポーにとって、このパフォーマンスはブライスキャニオンおなじみのイベント「フルムーンハイク」の始まりにすぎず、参加者を暗闇に夢中にさせるひとつのきっかけにすぎない。

二五名の参加者たち(その多くが「光」と「害」という言葉を同じ文中で聞いたことのない人たちだとポーは言う)を案内する彼は、センスのよいユーモアを絶えず交えながら、夜の音やコウモリの重要性、そして「空にさらなる光を増やす無謀な行為」などについて、幅広く解説を行っている。ツアーの折り返し地点である谷底の小道《トレイル》で、僕とポーは足を止め、列の最後尾についた。「このイベントは、日が暮れてもブライスキャニオンが消えたりしないことを、人々に理解してもらうための試みなんだ」とポーは言う。消えないだけではない。さまざまな意味で、ブライスキャニオンは日没後こそ最高に輝くのだ。午前六時三〇分から予約を受け付け、一時間もしないうちに満員になるという常に人気のフルムーンハイクでは、レンジャーの先導で、参加者たちがアメリカ一暗い公園のひとつを歩く。「冬季はクラス1、夏季はクラス2と言われてきたけど」、ポーが言及するのはボートル・スケールだ。「悔しいことに、最近は冬になると飛行機雲が増えてね」。たしかにここの冬空はいまでも極めて暗いが、澄み渡ってはいない。

広い階段状のトレイルを再び登っていくと、松林のあいだを柔らかな風がそよぎ、枝葉の隙間から月の光がこぼれる。僕はポーに、自分が探し求めてきたものについて話した――僕は暗い場所を探してきた、でもそこは誰にもたどり着けないへんぴな場所ではない。

「私たちは文明の中に生きている」とポーは言う。「だからチャド・ムーアなら、そんな暗い場所はもはや存在しないと真っ先に言うだろうね。でも、ここはその条件にかなり近い。『車で行ける近さ』と言ってもいいくらいだよ」

ポーは立ち止まって、月の光の下で咲く花を指さした。「マツヨイグサだ。スズメガが夜間に受粉を行う」。四つん這いになって身をかがめ、その芳しい香りを吸い込むと、トレイルを登るあいだじゅう残り香が離れない。「内緒だけど、私が一番気に入っている暗い場所は○○だ（内緒と言われたので名は伏せておく）。そこへは、息子たちと一緒にカヌーを長時間漕いでいくんだ。誰もが簡単に車で行ける場所ではないけれど、クラス1に限りなく近くて、とにかく尋常じゃなく素晴らしい」。僕が次はナチュラルブリッジズ国定公園を目指すことを告げると、彼は微笑んだ。「NASAの衛星写真を見ると、ナチュラルブリッジズは同じスポットにある。でもそこはカヌーじゃなくて車で行ける場所だよ」

数日後の夜、僕は積み重なった巨大な岩の上に一人座って、ナチュラルブリッジズ国定公園に暗闇が訪れるのを待っていた。IDAは二〇〇七年に、ナチュラルブリッジズを最初のダークスカイ・パークに認定しており、国立公園局のナイトスカイ・チームでは暗さのレベルをボートル・スケールのクラス2にランクづけしている。クリス・ルジンブールはそれについてこう説明する。「クラス2ということは基本的に、調査中に見た空のなかで一番暗い、もしくは星がたくさん見えるということを意味する」

ケビン・ポーは正しかった。「一番暗い、もしくは星がたくさん見える」場所へは、車で行くことができる。舗装した駐車場に車を停め、屋外の清潔な簡易トイレを使用し、見晴らしのいい場所まで遊歩道を通っていくことができるのだ。もちろん、どうしてもそこを通らなければならないわけではない。もっと険しいルートを選ぶことだってできる。ただ、多くの人がアメリカ一暗い公園だと考えるからといって、簡単にたどり着けないとは思わないでほしい。たしかに長時間の運転を強いられるし、僕と同じように渓谷の斜面を登っていくならば、レンタカーのメーカーに「御社の新しい車は、エンストしたり後ろに滑り始めたりしませんか？」と手紙を書きたくなるかもしれない。だけど到着してしまえば、シーズン初めの平日ならほぼ人はいないし、キャンプ場はがらんとしていて、環状の道には一台の車両も見当たらない。車を停めたら、この積み重なった岩にひょいと登って、夜が来るのを待てばいい。

自然が作り出した三つの大きな橋がかかるこの公園には、カーブした渓谷の赤い岩壁を背に、ピニョンマツの濃い緑が茂っている。誰もが来られるはずなのに、一人きりだったのに気づいた途端、秘密の場所を見つけてしまったような気持ちになる。あなたはこの大きな岩の上で暗闇に包まれるのを待ちながら、靴を脱ぎ、そよ風に素足をさらす。長くとどまるほどに暗さは増して、暗くなるほどにたくさんの音が耳に入ってくるだろう――渓谷から聞こえるカラスとカエルの鳴き声、あたり一面に響くコオロギの歌、そしてピューマを思わせるような物音。「ピューマの襲撃よりも倒れてくる自動販売機の方が、人命を奪う可能性が高い」とケビン・ポーは教えてくれた。それでもやはり、未知なるものや不可解なものへのゾクゾクするような恐怖をおぼえずにはいられない。素足に当たる温かな岩の感触や、夜に咲くバラの予期せぬ香りが心地よい。仰向けになり目隠しをするように両手で目を覆うと、世界はぐんと暗くなり、目を開けると再び空が見える。これを何度も繰り返すうちに、空は少しずつ明るくなり、たくさんの星が散りばめられていく。あなたは立ち上がって両手を広げ、夕暮れの終わりから欠けゆく月が昇るまでの、暗闇の始まりを堪能する。そよ風が肌と髪をなで、渓谷からはコオロギやカラスや正体不明の生物たちの揺るぎない命の躍動が聞こえる。あなたは自然の夜に、そして仲間である動物たちにすっかり包み込まれている気持ちになるだろう。ここはそんな動物たちの故郷であり、彼らを脅かしさえしなければ、誰もあなたの存在を気にとめることはない。すべての生物が夜の歌に声を重ねていく――ようこそ、ようこそ、ようこそ、ここへ、と。

ただそこにあるもの

ほかにも二つ、今度は内面的なものだけど、みんなで分かち合いたい場所ある。ひとつは記憶のなかの場所――僕の場合は、吹雪の真っ只中に足を踏み入れたと勘違いした夜のモロッコだ。本書の執筆を始めた当初、僕はモロッコに戻って、あの場所と、できればあの空を見つけ出したいと考えていたが、結局はやめにした。その代わりに、その思い出をしっかりと抱いたまま、似たような夜を別の土地で探そうと決めたのだ。これまで会った多くの人が、僕と同じように、美しく感動的な夜をじかに体験した場所の話をしてくれた。そういう場所を覚えていることが、その後、暗闇に対して関心をもつ原動力となるのだろう。とりわけ若くして真に暗い夜を経験したなら、その光景は心に焼きついて離れない。だからこそ、その光景を取り戻したいという気持ちにもなれる。

もうひとつは故郷と呼ばれる場所——僕の場合は、ミネソタ州北部の湖だ。最近では夏休みや年明けに帰る程度だが、そこで見る夜が、依然として最も大きな意味をもち、僕を突き動かす力となっている。暗闇を守りたいという気持ちのなかには、自分が故郷と呼ぶ場所に、なつかしい夜を取り戻したいという願いがあるはずだ。本章の冒頭に挙げたように、作家のエドワード・アビーは、「ここはこの地上でいちばんすばらしい土地だ。すばらしい土地というのは、たくさんある」と書いている。僕にとっての理想のイメージとは、あの湖の夜である。たとえ昔とは姿が変わってしまっても、それは僕が知る限り一番美しい夜、一番守りたいと思う夜だからだ。

最後にもうひとつ、これまで訪れたなかでも一番暗かった場所の話をして、この旅を締めくくることにしよう。その場所では、僕は一人ではなかった。そしてその事実は、そこでの体験をまったく違うものにした。価値のある暗闇は、一人で夜の世界に飛び出すだけでは、保護することも、取り戻すこともできないだろう。むしろそれは、僕がその日遭遇したような夜——たくさんの子供、たくさんの大人が、ため息が出るほど美しい星空の下に集う夜——によって実現されるはずだ。

ダン・デュリスコーが二〇〇五年秋に提出した、グレートベースン国立公園についての報告書には、天文家にとって夢のような内容が記されている。「青緑色の大気光がはっきりと識別でき、対日照は容易に見られるが、黄道光の帯は完全ではない。天の川は詳細に、カシオペア座はしっかりと、さんかく座銀河も簡単に肉眼で確認することができる。ラスベガスやソルトレイクシティの光のドームははっきり見えるが、火星ほど明るくない。高い山の頂上でなければ、ボートル・スケールのクラス1もしくはクラス2に分類されるだろう」。要するに、グレートベースン国立公園の空は、地平線上に見えるわずかな例外を除いて、アメリカ大陸にヨーロッパ人が押し寄せてくる以前の暗さを保っているということだ。あまりに暗いため、自然光の輝き（大気光）が空を覆い、対日照は太陽と反対側の空を照らしている。それに加えて、近くの銀河（さんかく座銀河）を肉眼で見ることもできるほどだ。壮大な眺めを誇るこの場所の欠点をあえて挙げるとすれば、デスバレー国立公園と同じく、遠くの都市による光のドームがかすかに見えること。そしてデュリスコーが認めているように、公園内の山頂は「遮るものが何もなく、寒くて風当たりが強い」だけでなく、「酸素が薄いので、肉眼で観測するときの視力に影響する」ことぐらいだろう。

ヘッドライトを消して天の川の下を走ったあのドライブを終えた僕は、ありがたいことに、山頂ではなくビジターセンター近くのピクニック場に立っていた。周囲には二〇数名の天文家と、彼らが持参した四〇台以上の望遠鏡、そして三〇〇人近くの来園者。年に一度の天文フェスティバルに参加するために、みなここにやってきたのだ。しかし、なんとさまざまな人たちが集まったことだろう――折り畳み式の椅子に腰かける老夫婦、はしゃぐ子供たちとその両親、汚れたブーツとショートパンツを履いた若いバックパッカーたち。最初の天文フェスティバルが開かれた二〇一〇年には、その一晩だけ来園者数が激増した。今年は会期を三日間に延長したものの、それでもキャンプ場と駐車場は満杯だ。いまから少し前、日が沈む頃にはパークレンジャーによるプログラムがあり、多くの参加者が一堂に会して、夜に着想を得た詩を読んだり、歌を歌ったりした。冒頭を飾ったのは、三人の小さな子供たちによる「キラキラ星」。最後は、レンジャーの指導の下「峠の我が家」を大合唱したが、ほとんどの人たちは二番の歌詞をよく知らず、ただもごもご口を動かすばかりだった。その歌詞は次のようなものだ。

夜空は星明かりに明るく輝く
驚嘆のあまり立ちつくし　じっと夜空を見つめる
人間界の栄光も　星々の輝きにはかなわぬのだろうか

すべてのプログラムが終了したいま、「驚嘆のあまり立ちつくし」というのが多くの参加者の反応だった。南、西、北を見渡すと、こんもりとした山並みが地平線を縁どっている。東には、スネーク・バレーがユタ州に向かって何キロにもわたって広がっていて、空には木星がまるで気球のように、熱っぽい光を発して浮かんでいる。そのとき、ひときわ大きな流れ星が、流星痕をはっきりと残して頭上を通り過ぎた。目撃した観衆からは「おぉーっ」という歓声が自然に上がり、見逃してしまった人々からは素直な落胆の声が漏れる。集まっていたのは見知らぬ人ばかりだというのに、同じ夜を経験したことで仲間意識が生まれていくようだ。地平線のすぐ上では、星々が風にそよぐように瞬いている。それらは都市で見るどんな星よりも明るく、サイズすら大きく感じられる。その色は、さそり座の心臓部で輝く赤色巨星アンタレスに見るように、どこまでも明瞭だ。僕の近くにいた女性が「こんな星空を見たのはいつ以来かしら？」とささやくと、彼女の年若い友人は答えた。「私は生まれて初めてよ」

僕にとっては初めての経験ではなかったが、こんな星が見られることはめったにない。今夜の体験も、きっと貴重なものになるだろう。本書を執筆しながらつくづく感じたのは、本物の星空を見るだけのために、そして真に暗い夜を知るだけのために、どれだけの労力が必要かということだった。調査のために何カ月も旅を続け、ことあるごとに外出していた僕でさえ、そのような夜は数回しか経験していない。天気が協力してくれて、月がどこかに出かけてくれることが必要だし、いつもの空を台なしにしてしまうような、おかしな自然災害が起こってもいけない。カナリア諸島で遭遇したカリマがその格好の例だったし、アメリカ南西部で起こった史上最悪と言われる森林火災も、僕の貴重な夜を連日にわたって煙で曇らせた。また、誰もが異常だと認める気候によって、天文フェスティバルや観望会に穴があいたのも一度や二度ではないだろう。夜の暗さに細心の注意を払い続けるなかで、気候の変動をじかに目撃していると感じることがよくあった。もう、ベストンに倣って「明かりを使うことで、更なる明かりを使うことで」と嘆くだけではすまされない。僕たちはそれ以上の問題を抱えているのだ。

「子供たちにとっては最高の経験だわ」、「親なら誰でも、自分の子供が『キラキラ星』を歌うとき、その意味をちゃんと知ってほしいものね」とは隣の女性たちの会話だ。ところがなんと、アメリカで生まれた子供の一〇人に八人がその意味を知らない。というのも、約八〇パーセントの子供たちが、天の川を見たことがないと推定されているからだ。この澄み渡った砂漠の空の下に立っていると、そんな統計がまったく信じがたいものに思えてくる。まるで、一〇人中八人の子供が、しゃべったり、走ったり、外出したことがないとでもいうように。それでも現実に、ラスベガスに住む子供たちの大半は「キラキラ光るお空の星」に親しむ機会がないまま、光に埋もれて生活をしており、その数は今夜この場にいる子供たちの数万倍にものぼるだろう。

いまでは童謡として有名なこの歌だが、英語の詩がつけられたのは、まだ電灯のなかった一八〇六年のことだ。次に挙げるのはその一部である。

闇夜のなかの旅人は
あなたの小さなきらめきに感謝します
あなたの光がなかったら
行くべき道がわからない

星明かりが旅人を導く世界に、子供たちは目を輝かせるだろう。子供たちだけじゃない、大人もそうだ。ヘンリー・ベストンはこう書いている。「地球が昼間を捨てて、天空と宇宙の深淵を転がりながら昇ってゆくとき、人間の魂のために新たな戸口が開かれ、夜を見つめているうちに、存在の不可思議に思い当たる人も出てくる」。たとえ未来に大きな障害が待ち受けているように思えても、ベストンの言葉はいまだ真実を伝えている。今夜の空を見上げていると、そんな気持ちが強くなっていく。美しい夜の神秘に触れる機会さえあれば、誰もが魂を鼓舞され、決意を新たにするはずだ。ベガスでの光はベガスだけにとどまらない。でも、今日のような経験だってそうだろう。夜の地球には、まだこんな経験のできる場所があって、僕たちはそれを「故郷」と呼ぶ土地に持ち帰ることができるのだから。

グレートベースンの空の下では、次々と新しい考えが頭に浮かんでは消え、自分のいまいる場所から地球全体へ、地球から宇宙全体へと、意識が自然に広がっていく。この感覚——星に包まれているような気持ちになるまで頭を後ろに倒して空を見上げているときの感覚、宇宙の不思議さに驚き引きつけられるときの感覚は、昨夜の体験と同じくらい原初的なものだ。ここに向かって車を走らせていた僕は、地球の縁から宇宙空間に放り出されるような気分を味わったのだった。

「それには名前があるんだよ」と教えてくれたのはビル・フォックスである。フォックスは今夜のフェスティバルの基調講演を行った人物で、僕は彼と一緒に星を見ていた。[17]「地平線が消えて、星のなかに落ちていく感覚に陥ることを、『セレスチャル・ヴォールティング（天空の円蓋）』と呼ぶんだ」。フォックスはまた、ジェームズ・タレルというアーティストがフラッグスタッフ郊外にある死火山の噴火口に建造している作品についても話してくれた。二三〇〇万ドルと数十年の歳月をかけて制作中のそのアート作品の目的は、見る者にセレスチャル・ヴォールティングを体験させることなのだという。そこで、円形にくり抜かれた天井を通じて無数の星と対面しながら、円蓋のような空へ落ちていく気分を味わうのは、とても価値あることだとフォックスは言う。「だって、天の川を見たり、自分のまわりの宇宙を見つめている実感をもったりしたことがなければ、どうやって本当に自分のいる場所を知ることができる？　宇宙の中の自分の居場所が、どうすればわかる？」

人間の心は、とりわけ夜空などの広大な空間と向き合ったとき、自分がどこにいるのかを必死で理解しようとする――作家として多数の著書をもつフォックスは、長いあいだその現象に関心を抱いてきたのだという。フォックスによると、第二次世界大戦で夜間の空爆を命じられていたアメリカ人パイロットたちは、任務を終えたあとの数週間、遠くのものに焦点を合わせることができなくなったそうだ。長時間にわたって何もない空間を凝視していた結果だろう。視力検査では問題はなかったのに、自分の目がいままで何に焦点を合わせてきたのかを確認する能力が、しばらくのあいだ失われてしまったのだ。

フォックスが育ったリノの街では、一九六〇年代半ばにはまだ、自宅の正面玄関から天の川を見られたという。警官たちは、フォックスの家の前庭に置いてあった望遠鏡を当初は不審の目で見ていたが、やがて定期的に星空を見に来るようになったそうだ。ネバダ州のグレートベースンやオーストラリアの奥地、北極圏や南極圏の白い「砂漠」のような場所で仕事をしながら、フォックスはこのような眺めが徐々に消えていくのを目の当たりにしてきた。彼は北極についてこう記している。「イヌイットの友人たちは、夜が昔の暗さを失ったと何年も前から言い続けてきたが、誰にも相手にされなかった。ところが近年、地元の気象学者が、気候変動による地球温暖化の影響で、北極圏の大気層が地平線のずっと向こうの日光を反射していることを発見した。つまり、地球上で最も長く、最も純粋な暗闇である極夜ですら、あらゆるところに伸びる人類の手に脅かされているのだ」

フォックスは顔をしかめた。ビジターセンターを出ようとした車のライトがピクニック場を一瞬のあいだ照らし、僕たちの目をくらませたのだ。一時間かけて望遠鏡から望遠鏡へ渡り歩き、緑色のレーザーポインターを操りながらアラビア語で星の名前を羅列する天文家の影を追い、首が痛くなるほど星を見上げていた僕たちの目は、すっかり暗闇に慣れていた。「人工灯の明るさがよくわかるだろう？」とフォックスは言った。「私たちは都市の光に慣れすぎて、それに気づくことすらできなくなっている」

僕は頷きながら、ウェンデル・ベリーの詩を思い出していた。本書の執筆中、僕はいつもこの詩とともにあった。

光を手に暗闇を訪れても、明るさを知ることしかできない
暗さを知ろうとするなら、闇を進むことだ、漆黒の闇を
暗闇もまた花を咲かせ、歌を奏でる
光をまとわぬ足と翼だけが、闇の世界へといざなうのだ

この混乱した世界では、かつては僕たちが経験できる最もありふれた出来事だったものが、最も得がたいものになりつつある。子供たちは、天の川を見ることなく、また地球から星々へ放り出される感覚を味わうことなく、大人になっていく。いま僕たちの多くは、「光を手に」ではなく、あふれるほどの光に身を包んで暗闇を訪れる。だから、僕たちは知ることがない――暗闇もまた花を咲かせ、歌を奏でることを。

この場所に立ち、大勢の人と一緒に天の川を眺めていると、とても穏やかな気持ちになる。本物の夜空に触れるとは、なんと心地よいことなのだろう。暗闇を知るとは、なんと自然なことなのだろう。だが、そろそろ家に帰る時間だ。ともに星を見ていた仲間たちと連れ立ち、駐車場へ戻ろうとした僕は、ふと足を止めて、後ろを振り返った。明るい世界に帰る前に、暗さに慣れた目を光が脅かすその前に、もう一度この目で暗闇を見ておきたかったのだ。

そこには宇宙の中の僕たちの故郷があった。見上げると、無数の星を織り込んだ光の帯が立ちのぼり、アーチのように地平線と地平線を結んでいる。この光景はずっと昔から、ただそこにあったのである。

謝辞

本書を執筆するにあたっては、非常に多くの方々からご協力をいただいた。そうした方々に、このような公の場で感謝を伝えることができる日を、どんなに待ちわびていたことだろう。

まずは生涯の友人たちに礼を言いたい。彼らとは何度も議論を重ね、その影響は作品にも投影されている。筆頭に挙げるのはトーマス・ベックネルだ。彼の思慮深い言葉には、ここ一〇年ほど刺激され続けている。ニューメキシコ大学からの友人エミリー・スピーゲルマン、カールトン・カレッジからの友人イングリッド・エリクソン、ネバダ大学リノ校のティファニー・(スリアット・)ブレル。三〇年間にわたって会話や笑いを提供してくれたランドール・ヒースにも感謝したい。スペインに行くときは必ず一緒だったマーティ・ヘンネッケ。彼のアイルランド訛りにはいつも和まされた。リノからウィンストン・セーラムまで、そしてその後もともに歩んできたエリック・ストットルマイヤー。ジョシュア・パウエル——友よ、僕たちはいつも最高を目指そう。それから、デイヴィッド・スワーノフ。アイルズ湖周辺を真夜中に駆け回った一〇代の日々から、確かな目でこの原稿を読んでくれた現在に至るまで、僕が沈まずにいられたのは君のおかげだ。

執筆中には、長年つきあってきた家族ぐるみの友人たちにも支えられた。ミルウォーキーのマージョリー・ビョルンスタット、ミネアポリスのアンとジャック・ランソム、サンダー湖のメアリーとジャック・フォン・ギラーン、ゴールデンバレーのキャスリーンとジーン・シェフラー、ベーカーズフィールドのジーン・ハリーとジェリー・クラインサッサーに感謝する。

カーリー・（ジョンソン・）レッテロ、トム・シュミードリン、マイケル・マシキャク、カルメン・レッツラフ、パトリック・トーマス、マイケル・レヴィル、アンドリュー・コンフォート、アリソン・ヴァン・ヴォート、レイチェルとジョエル・クラブ夫妻、ナンシーとロン・クラブ夫妻、ジム・バリラ。アルバカーキで編集作業をしてくれたスコット・ダン、数日の宿を貸してくれてありがとう。マディソンで温かくもてなしてくれたダグラス・ヘインズ、車の中でシェービングクリームをぶちまけてしまったときには、緊急の清掃サービスをありがとう。

カールトン・カレッジ時代の友人、バードウェル・スミス、ウェンディ・クラブ、ローラとジョン・キブソン夫妻、クリスティン・トレフソン、ハンナ・クーパー、ローラ・（キンディグ・）ティマリ、ステファニー・サッツ、ジェレミー・オールデン、スコット・デイル。

アルバカーキ時代の友人、ボッボ・マコーミック、ゴードン・シュッテ、ダン・オブライエン、ボニー・ナトール、アダム・フォード、カーラ・オフラニガン、ブレイク・ミネリー、その他たくさんの大切な仲間たち。デレック・サンドクイスト（行け！　ミネソタ・ゴーファーズ！）、そしてベイリーよ、安らかに。レイチェル・（アルマンタ・）メンケ。ノンフィクションの書き方を指導してくれたグレッグ・マーティン教授には、特別の感謝を捧げたい。

リノ時代の友人、ジエン・ヒューズ・ウェスタマンとジム・ウェスタマン、マイク・ブランチ、シェリル・グロットフェルティ、クリス・コーク、ヘザー・クレブス、リサ・フレック、カイル・フェラーリ、エイミー・ポエッツチャット、リッチとジャッキー・スタークウェザー夫妻、ジム・フロスト、マットとケイティー・アンダーソン夫妻、スディープ・チャンドラ、ミーガン・カスター、レスリー・ウォルコット、ドーン・ハンセダー、ジャスティン・ギフォード、ダン・モンテロ、リノ・アルティメットのみんな。トワヤブ・ストリート五三五番地、ビボ・コーヒーカンパニー、そしてパタゴニアの裏の道。

スコット・スロヴィックからの助言やアイデア、そして彼の終始変わらぬ楽観主義を心からありがたく思っている。

ウィスコンシン州アシュランドのノースランド大学で、優秀な教員陣に囲まれながら教鞭をとった三年間にも感謝したい。エリカ・ハニッケル、ポール・シュー、ジェイソン・テリー、ミシェル・スモール、ティム・ジーゲンハーゲン、ティム・ドイル、エリザベス・アンドレ、アラン・ブルー、グラント・ハーマン。シンシア・ベルモントに出会わなければどんな人生を送っていたか、僕には想像もつかない。デイヴィッド・セトレの友情はかけがえがなく、メアリー・リーワルドはエリス街七一五番地をわが家のように感じさせてくれた。謎めいた真の国際人、ラジャット・パンワー博士を「友だち」と呼べるのは光栄の極みである。

たくさんの素晴らしい同僚たちと教員生活を送った、ウェイクフォレスト大学での二年間は楽しい思い出だ。ジェシカ・リチャード、ディーン・フランコ、エリカ・スティル、ライアン・ボウイ、エリック・ウィルソン、スコット・クライン、ライアン・シャーリー、コリン・クレイグ、アン・ボイル、ローラ・オール、ジョン・マクナリー、グレイス・ウェッツェル、パトリック・モラン、レイチェル・ディーグマン、メアリー・ディシェイザー、シンシア・ジェンドリッチ、フィービー・ツェルウィック。僕の代わりにパリへ重要な電話をかけてくれたケンドール・タルテ、ありがとう。蛾のコレクションを披露してくれたビル・オコナー、ありがとう。エネルギー・環境・持続性センターの活動に関わらせてくれたマイルズ・シルマンには特別な感謝を捧げる。チャペルヒルのエリン・ブランチとルーカス・ブルン、美味しい夕食をありがとう。オマー・ヘナとグレチェン・スティーヴンスの「サーモン？　それとも牛ヒレステーキ？」という唐突な質問を、容易に忘れることはできないだろう。テラスで豪華な食事とワインのお祝いを企画してくれていたことを察するには、その一言で十分だった。そしてアビ・フリン、あなたのイギリス訛りと頭の切れにはいつも引き込まれてしまう。

ウェイクフォレスト在職中には、大変ありがたいことに、アーチー・アーツ&ヒューマニティーズ基金、ディングルダイン基金、エネルギー・環境・持続性センター（CEES）などから、本書に必要な調査をするための助成金を受けることができた。

ジェームズ・マディソン大学で、新入りの僕を歓迎してくれた新しい仲間たち、とくにローリー・カッチンズには感謝を表したい。

本文中に直接その言葉を引用させていただいた方々に、心から礼を申し上げると同時に、執筆および調査に協力してくださった皆様にも感謝する――国立公園保存協会のリン・デイヴィス、ズーロジカル・ライティング・インスティテュートのジェイムズ・フィッシャー、グレートベースン国立公園のロバータ・ムーア、ケリー・キャロルを始めとしたパークレンジャーたち、サンタフェのピーター・リップスコム、オレゴン州立大学のキャスリーン・ディーン・ムーア、スティーヴン・デルズ・ネイチャーセンターのドン・ミラー、ミシガン州ヘッドランズ・インターナショナル・ダークスカイパークのメアリー・アダムス、ヘイデン・プラネタリウムのニール・ドグラース・タイソン、ニューメキシコ大学のゲイリー・ハリソン、アムステルダムのジークリット・シデリウス、パリのニコラス・ベッソーラ、パリのウィム・ヴァンドリエル、ベルギーのフリーデル・パス、ベルリンのフランツ・ホルカー、国際ダークスカイ協会のロウェナ・デイヴィスとスコット・カーデル。ロンドンのアレックス・ポラード、パリのイヴとサンドリーヌ・ラヴェナン夫妻、パリのアリソン・ハリス、ボブ・クレリンのイラスト、ピーター・ボールドウィンの著作、そしてポール・クラスが与えてくれた法的な裏づけにも感謝する。

エマとフィリップ・アロンソン夫妻、パリでまた美味しい食事をご一緒できますように。

クリスチャン・ルジンブール、リチャード・スティーヴンス、スティーヴン・ロックリー、素晴らしい専門知識を持つ彼らが、僕の本に興味を示してくれたことに感謝したい。

僕がのちに依頼することになる出版エージェントの名前を初めて聞いたのは、講演のためノースランド大学に招かれていた作家のスティーヴン・リネラと、キャンパスを歩いていたときだった。僕の本の企画について打ち明けると、ニューヨークから来訪した彼は、「それならファーリーと話してみるといい」と教えてくれた。実際ファーリー・チェイスは、作家にとって非の打ちどころのないエージェントだった。この先数年も喜んで彼のお世話になるつもりだ。

リトル・ブラウン・アンド・カンパニーから本書を出版することができたのは、夢のような出来事だった。ジョン・パースリーに編集を担当してもらったことに喜びを感じている。いつも明るく、編集者として優れた眼識を持った彼のおかげで、この本は想像していたよりもずっと力強いものに仕上がった。

本書を世に送り出すため熱心に立ち働いてくれたリトル・ブラウンの皆様、どうもありがとう。パメラ・マーシャル、キャロリン・オキーフ、コピーエディターのジャネット・バーンには、特別の感謝を送る。表紙を手がけてくれたタイラー・ノードグレン、ありがとう。

英ハーパーコリンズ社のルイーズ・ヘインズ、ありがとう。

最後に、わが家族へ。ジョアン叔母さん、マーナ叔母さん、ルース叔母さん、ジム叔父さん、キャロル叔父さん、いとこたち、妹のレイチェルとその夫ボブ、いまは亡き祖父母のセシルとイヴリン・ボガード夫妻、そしてミルトンとグラディス・ホルコム夫妻。ルナ、君は犬のなかで一番の親友だ。そして、いつも僕を見守ってくれている両親、ジュディス・ボガードとジョン・ボガードに最大の感謝を捧げたい。

夜を喪う

ケンブリッジベイの村はすでに冬を迎えていた。十二月下旬の北極圏の空はすでに太陽の支配圏から脱しており、一日、一日と徐々に深い紺色の色合いを濃くしつつあった。

スキーを履き、橇《そり》に荷物を満載にして私は村を出発した。次第に濃度を増していく暗闇の底にむかうように、私はいくつもの小さな丘を越え、そして次に現れる小さな谷を横切り、また丘を乗り越え、そして谷を渡るということを繰りかえした。大気中を漂う水分はすべて凍りつき、月光に照らされてダイアモンドダストのようにキラキラと輝いている。冷たく乾いた強風によって吹き曝しになった地表では、ごつごつとした岩と礫《れき》に覆われた茶色い地面が雪の下から露わになっている。露出した岩面をスキーで横切るたびに、私の重たい橇はズリズリという鈍い摩擦音をだして軋んだ。小さな丘と谷が連続して段々となった地面は、全体的に緩やかな傾斜で高度をあげており、それが重い橇を引く私の心肺にさらなる負担を与えた。

苦しさに耐えかねて立ち止まり、私は背後を見わたした。うしろにはケンブリッジベイの村の灯りが灯っている。人口千人少々のその小さな村の灯りは、地球とはちがうどこか別の惑星のように荒涼とした氷原のなかに灯る、今にも消えそうなロウソクの炎のようだった。振りかえるたびに村の灯りは少しずつ小さくなっていった。少しでも早く村の人工灯から遠ざかり、本当の夜の世界の経験を開始したかった私は、息を弾ませて、村の灯りから逃げるように一歩一歩スキーを前に進ませた。

北緯六十六度三十三分以北の北極圏では、冬になると太陽が昇らない極夜という時期を迎える。緯度が高くなればなるほどこの極夜の期間は長くなり、ケンブリッジベイの村のある北緯六十九度あたりになると、大体それは一カ月ほどつづき、その間、太陽は一瞬たりとも地平線のうえに姿を現さない。長い夜の季節だ。私がケンブリッジベイの村を旅出ったのは、この長い夜を探検するためだった。

極夜にたいする私の憧憬は、極地文学の古典であるアプスレイ・チェリー＝ガラードの『世界最悪の旅』を読んだときに形成されたものかもしれない。この本は極地探検の全盛期にあたる二十世紀初頭に、英国のロバート・スコットの探検隊が世界初の南極点到達を目指したときの記録で、このスコット隊はノルウェーのアムンセン隊に極点到達競争で先を越され、帰路に全滅するという悲劇を迎える。そのような探検の記録なので、本のタイトルになっている『世界最悪の旅』とは、この非運に見舞われたスコット隊の最期を表した題名のように思える。だが実際はそうではなく、このタイトルは本隊である極点到達隊の前冬に、コウテイペンギンの卵を手に入れるために実行された短期間のサブ探検隊のほうに由来している。確かに、この「コウテイペンギンの卵探検隊」は、本を読んでいる私に「世界最悪」という修辞語句が適切だと首を頷かせるほど過酷なもので、顔や手足に凍傷がいくつもできるほどの極寒の氷の世界を行進し、強烈なブリザードにテントが吹き飛ばされて命はもうないと覚悟するような苦難の連続だった。しかし、この旅が真に世界最悪だったのは寒さや風が原因ではなかった。じつはこの旅は南極の冬、すなわち極夜の時期に暗闇の世界をさまようという非常に特殊な環境下でおこなわれた旅だったのだ。未知の闇のなかを手探りで進む旅のあり方こそ、著者に「世界最悪」という修辞語句を思いつかせた要因であったのだ。

闇のなかを行進するという旅は、私の想像の範囲を明らかに逸脱する行為であった。なにしろ極夜は通常の夜とちがい、一日のうちに昼が来るということがない。基本的に二十四時間つづく夜なのだ。来る日も来る日もつづく夜である。いったいその旅にはどんな障壁が待ちかまえているのか、一カ月以上の間、闇のなかで過ごして人間の精神は持ちこたえることができるのか。長い不在のすえに太陽がついに地平線の上に姿を現したとき、人は何を思うものなのか。何もかもがわからないことばかりで、この読書は私の記憶に強烈な刻印をのこす体験となった。

ケンブリッジベイを出てから一カ月ほどの間、私はチェリー＝ガラードの探検隊のように闇の世界をさまよった。ケンブリッジベイの緯度では、正午を中心に四、五時間ほど地平線の下の太陽の影響で空は薄明りにつつまれるため、天体が出てくるのは午後二、三時頃からである。まず東の空で木星が明るい光を放ちはじめ、つづいてカペラ、ベガ、デネブといった輝度の高い一等星が順番に薄暮時の空に煌めきの炎を灯していく。空がすっかり夜の闇にのみこまれると、私は毎日、アークトゥルスの輝きを目標に前にすすんだ。だが、星は二十四時間かけて北極星を中心に反時計周りに一周するため、目印にしていた星も時間が経つうちに徐々に方角がずれていく。私は頭のなかで星の移動を考慮しながら、適当な頃合いを見計らって目標とする天体を次々に変えていった。アークトゥルスからベガへ、そしてベガからアルタイルへと……。

風がなく視界が透き通った日に、夜空の天体を水先案内人として旅をつづけることはまったく素晴らしいの一言に尽きた。私は天体とあいだに純朴なつながりを感じた。私の身体は天体との見えない糸によって結びつけられており、その糸が私がこの世界に紛れもなく存在していることを約束している。この見えない糸が切れてしまえば、私の命は自然との連関を失い東京での生活のように再び漂流してしまうだろう。天体の光がなければ私の旅は不可能も同然だった。私は凍てつく闇空間で一人、身体と精神が溶けだしてしまいそうな星との一体感を感じて、高揚した。

天体は行き先を示す目印となるだけではなく、私がこの極夜世界のどこに位置しているのかという旅に不可欠な情報も提供してくれた。私は意図的にGPSを持っていかなかったので、自分の現在位置を知るためには天体を六分儀で観測して高度を割り出し、観測データをもとにテントのなかで複雑な計算をこなさなければならなかった。天体の光という自然物によって行き先を示され、そして自分の地球上における現在位置の手がかりもまた星によって手渡される。凍てつく闇の底で天測をするということは、世界を構成している万物の源である自然に対して自分が関与する領域を広めることに他ならなかった。このような自然にたいして働きかける具体的な作業を通じて旅を構築することで、私は自分と天体とのあいだにこれまで感じたことのない強固な関係性が生じているのを発見した。六分儀をかざすことで私は星に働きかけ、そして星からの返答を読み取ることで、曖昧だった自分自身の存在を地理的な位置という具体的なかたちで物理的空間の中に明確に確定させることができる。星とのあいだに紡がれた関係により私は生存することができているのであり、自分の生の明瞭な輪郭線を感じとることができた。

星と同様に月にもまた私は生かされていた。しかも月は星よりも、抜き差しならないかたちで私の命運を握っていた。月は星と違って毎日必ず姿を現すわけではない。地球の地軸が傾いている関係上、北極圏のような高緯度地方では、月の位置によっては地平線の上に姿を現さない日も少なくない。したがって月の出ない夜こそ、極夜の暗闇はその真価を発揮する。

月の出ない夜は行動するのが著しく困難だ。私は行動中はあまりヘッドランプを使わずに歩いていた。ヘッドランプをつけると、明りで照らされた範囲以外は逆に目が効かなくなり、狭い範囲しか見えず、全体的な地形の雰囲気がわからなくなるからだ。人工的な明りがなくても、目が慣れてくれば何となく周囲の丘や海岸線の位置がぼんやりとわかってくるものだ。しかし月がなければそれも限界があり、肝心の足元の氷や雪の状態がよく見えなくなる。

ある晩、乱氷帯を歩いていた私は、足元の雪がそれまでの堅い雪面から突如、ふんわりとした柔らかい新雪に変わったのを感じた。そのまま歩き、五メートルほどで新雪帯を突っ切ったが、少し不思議だったので、振り向いてその柔らかい雪面をストックで突いて確かめてみた。その瞬間、ゾッとした。その新雪帯は氷が割れて海水が露出したところに雪が積もっていただけだったのだ。月のない暗い夜だったので、雪が積もっただけの海水の上をそれとは知らずに歩いてきてしまっていたのである。

月が出ない真の暗闇につつまれた夜はシンプルな恐怖と不安に支配される夜でもある。極夜の暗い世界で吹く風は、昼間の太陽の光がある明るい世界で吹く風よりもはるかに風力が強く感じられて、単純に恐ろしい。闇のなかを歩いていて次第に風が強まってくると、まだ歩ける風力であるとわかっていても、テントが立てられなくなるのではないかという不安が勝って、どうしても早めに幕営することが多くなる。そしてテントのなかに入っても、風でバタバタと揺れるテントの生地や地吹雪の不気味な轟きが実際の音以上に大きく聞こえて、それが自然のなかに一人でいることから生じる孤独感や不安感を増幅させた。強風のなかから時折聞こえてくるガサガサ……ガサガサガサ……という雪の摩擦音が、鼓膜を通過するときに変調をきたし、脳内の感知部位に達するときには熊の足音にしか聞こえなくなるのである。そして私は疑念に耐えられなくなり、銃を構えてテントの外に飛び出す。しかしそこにあるのは熊の足跡ではなく、強風吹きすさぶ荒涼とした氷原がどこまでもつづく極夜の闇である。

月の出ない期間、私はとにかく一刻も早く月が戻ってきてくれることを望んでいた。そして満月が強大な明りをともなって地平線から力強く立ち上り、どこまでも長く伸びる私自身の人影を氷の上に作りだした瞬間、私は狂喜した。極夜で旅をするには星や月に頼るほかなかったのだ。

いつ頃から人間は闇を畏れるということをしなくなったのだろう。現代人にとって太陽、月、星といった天体はすでに本質的な存在ではなく、私たちの日常は人工灯やGPSという疑似的な太陽、月、星を周囲に設営、運行させることにより成立している。私たちは休日の天気や、皆既日食や数十年に一度の流星群を見る時以外に太陽や天体にたいしてさほど関心をいだかなくなった。現代の女が夜の闇にたいしてどのような恐怖を抱くかは男である私にはわからないが、少なくとも私のような成年男子が闇が怖いので夜は出歩かないということは考えにくい時代になっているし、仮に大人の男がそのようなことを言い出したら逆に精神の健全性を疑われるだろう。

だが、それがはたして、元来自然物である人間のあり方として健全なものなのだろうか、とも思う。初めての極夜の旅から戻って以来、私はそんな問題意識を持つようになった。古代人が世界的に太陽を神と崇め祭祀を執りおこなってきたことからも分かるように、太陽や月や闇は人間にもっとも身近な自然の対象だった。人間は昔から太陽の光を崇め、それに生かされていると感じ、闇を畏れて回避しようとしてきた。それが自然物である人間の自然に対する然るべき距離感であり、そうやって何万年も暮らしてきたのである。しかし近代以降、人間は人工灯で闇を覆い隠すことで、最も身近な自然を撲滅させた。夜という自然を撲滅させた結果、闇を畏れるという人間として極めて適切な感情も私たちは喪《うしな》いつつある。

外部世界のあらゆる事象は、私たち人間自身が内部で直観し、主観的に知覚することで初めてその存在に形式が与えられる。これは西欧近代哲学に現れたひとつの考え方かもしれないが、しかし自分の経験に照らして、私も実感をもってそんなことを感じることがある。自分の精神と身体が直観、知覚できないところに存在する〈純粋客観〉などこの世に存在するかどうか極めて怪しいし、少なくともそれは私自身の生に切実な意味は持たない。夜の闇が持つ本来の恐怖性を人間が直観できなくなったのは、それに呼応する内部の直観センサーを人間自身が失ったからである。たしかに現代人にとって夜は恐ろしいものではなくなったが、それは夜を恐ろしいと感じることのできる感受性を現代人側が喪失したことの裏返しだ。私たちの精神からは外側の夜と等しいだけの内側の何かが剥がれ、そして空洞化している。

夜を畏れることができなくなった精神など単なる貧しさの表れである。私は夜を畏れる人間でありたい。

角幡唯介（ノンフィクション作家・探検家）

らは、夜空に対する愛情や、「悲しいことに現在では、夜空本来の姿を記憶している人は非常に少ないし、その少数の人々すら、それをしかたのないことだと思うようになってきている」という現実に立ち向かう果敢な挑戦が読み取れる。

13　ノードグレンが描くアメリカの国立公園のイラストは、公共事業促進局（ＷＰＡ）の施策である連邦美術計画の依頼により、1938年から41年にかけて製作された公園ポスターのスタイルから着想を得たものである。1935年に発足したＷＰＡは、その後８年間、大恐慌にあえぐ何百万人ものアメリカ人に職を与えた。

14　19世紀に活躍した多くのアメリカ人作家同様、ウォルト・ホイットマンも、自身の作品の中に暗闇や夜への秘めた想いを表現している。「博学な天文学者の講義を聞いたとき」などの詩を収めたホイットマンの代表作 *Leaves of Grass*〔訳文は『草の葉』（酒本雅之訳　岩波書店）より引用〕は、夜のイメージにあふれており、「いつまでも揺れやまぬ揺籃から」をはじめとした詩には、闇の世界をじかに感じた作者自身の経験が描かれている。ホイットマンの詩を読むと、心が鼓舞されると同時に、現代の詩人が同じような情熱で暗闇をうたい上げることができるのかと考えずにいられない。

15　実際は、2010年の国勢調査によると、アメリカの人口重心はミズーリ州テキサス郡にある。チャド・ムーアの言うカンザスはすぐ隣の州。

16　ゴードン・ヘンプトンは、著書 *One Square Inch of Silence*（New York: Free Press, 2008）〔『一平方インチの静寂』〕の中でアメリカ一静かな場所を探し求め、ワシントン州のオリンピック国立公園内にそれを見つけた。

17　*The Void, the Grid & the Sign: Traversing the Great Basin*（Reno: University of Nevada Press, 2005）、*Mapping the Empty: Eight Artists and Nevada*（Reno: University of Nevada Press, 1999）などの著書をもつウィリアム・フォックスは、リノのネバダ博物館の芸術環境センター長である。ジェームズ・タレルの作品『ローデン・クレーター』は、アリゾナ州フラッグスタッフ郊外、サンフランシスコ・ピークスの火山域にある砂漠地帯（ペインテッド・デザート）の西に建設中であり、一般にはまだ公開されていない。

天文学に関するイベントを年に140回以上開催し、3万人以上の参加者を集めている。しかし概して、各公園が暗闇に注意を向けるか否かには、公園管理者の意向が大きく関わってくるだろう。「大きな目標は、暗闇が重要な資源問題とみなされて、管理者が年に一度評価するリストに載るようになること。現状ではいろんな意味で、チャド（ムーア）とダン（デュリスコー）と僕は、荒野の異端児だからね」。

9　1916年には、連邦議会によって次のような要旨の「国立公園局設置法」が採択された。「国立公園局は、基本目的に沿った方法と手段によって指定された国立公園、国定公園、保護区の利用を、促進かつ規制しなければならない。その目的とは、国立公園、国定公園、保護区内の景観および自然的・歴史的に重要なもの、そしてそこにいる野生生物を保全し、将来の世代の享受のためにそれらを損なわないと思われる方法と手段で、同じ享受を供給することである」。景観を守り、将来の世代のためにそれを損なわないようにするという目標は、暗い空の保護に関わる人々がとくに重きを置くところだ。この条文によって、新しく任命された国立公園局長の年俸4500ドル、副局長の年俸2500ドル、主任事務官年俸2000ドル、技能職年俸1800ドル、補助員年俸600ドルの支払いが規定されたが、今日その部分に対しての興味は薄れている。

10　自然保護区の境界が堅固なのは、人間がそれを守ることを選択したときだけだという事実は、容易に忘れられがちだ。これらの境界は、一度の深刻な経済不況によって破られてしまうこともある。オハイオ州が2011年に、公園内の天然ガス採掘を認める決定を下したのが、その典型的な例である。

11　暗い空を守る取り組みは、アメリカだけでなく、他国の国立公園でも行われている。最も活発なのはイギリス（http://www.nationalparks.gov.uk/）だが、ハンガリーのホルトバージ国立公園やジェリツ国立自然景観保護区、ポーランドのイゼラ・ダークスカイパーク、フランスのピク・デュ・ミディなど、挙げればきりがない。イギリスでの試みは、http://www.darkskiesawareness.org/dark-skies-uk.php を参照。ヨーロッパのほかの地域については、手始めに国際ダークスカイ協会のヨーロッパオフィス（http://www.darksky.org/）にアクセスしてみるといいだろう。

12　タイラー・ノードグレン著 *Stars Above, Earth Below: A Guide to Astronomy in the National Parks* (New York: Springer, 2010)〔『頭上の星、眼下の地球』〕は、天文学についての本であるばかりでなく、著者が公園から公園を渡り歩き、できる限り野宿をして過ごした1年間を描いた冒険譚でもある。写真家、美術家、作家として優れた腕をもつノードグレンの著作か様に分布している。

4 「環境性・世代性健忘」について、心理学者のピーター・カーンは「問題は、問題があるということに気づかないこと」だと述べている。この概念は「心身の健康に必要なはずの自然を、なぜ人間が減少させ破壊するのかを説明するのに役立つ」とカーンは主張する。暗闇や自然の夜空に関して言えば、これは紛れもない事実である。なぜなら、大多数の人々は失くしてきたものを認識せず、見失おうとしているものに気づかないからだ。同じような考え方が、「基準の低下」にも見てとれる。僕たちは（そしてどんな世代でも）、両親や祖父母が知っていた自然の美や豊かさの多くがすでに見られないなど、判断のための基準が変化していても、自分が受け継いだ世界を正常だとみなすものである。http://histories.naturalhistorynetwork.org/conversations/environmental-generational-amnesia では、この現象について語るピーター・カーンの肉声を聞くことができる。

5 ソローが1848年に発表した *The Maine Woods*〔『メインの森』（小野和人訳　講談社）〕を参照〔訳文は同書より引用〕。メイン州のクタードン山散策の様子を、ソローは次のように描写している「世の中の様々な神秘のことについて語るがいい！　だが、自然の中での我々の生活の神秘についても考えてみよう――毎日、物質を提示され、物質と接触する生活のことを――岩、木々、頬を吹く風！　堅固な大地！　現実の世界！　共通の感覚！　接触！　接触！　私たちは誰なのか。私たちはどこに位置しているのか」。

6 「人間にはパンと同じように美が必要だ」という言葉は、1912年に初版が発行されたジョン・ミューアの *The Yosemite* から引用したもの。シエラクラブの生みの親であるミューアは、愛するシエラネバダ山脈を守るために精力的に活動し、ヨセミテ渓谷が連邦政府からの保護を受けられるよう尽力した。1911年に発表された *My First Summer in the Shierra*〔『はじめてのシエラの夏』（岡島成行訳　宝島社）〕には、彼独自の情熱的な文体がとりわけよく表れている。

7 「未知への神秘が常に感じられる場所を……」というのは、シガード・オルソン著 *Reflections from the North Country* (New York: Knopf, 1976) から。著者の晩年に書かれた本書は、長年にわたって培われてきた自然保護活動家としての彼の考え方を知るうえで最良の一冊である。

8 近年、国立公園局の関心は暗闇の保護に向けられるようになってきているが、なすべき仕事はまだ山ほどあるとケビン・ポーは認める。「もどかしいのは、国立公園局の内部でさえ、多くの関係者がこれを問題視していないということだ」。ブライスキャニオン国立公園は、主にポーの手腕によって、るなかでは最も美しい夜の光景のひとつだ（http://www.atlascoelestis.com/guil%2025.htm）。また、1869年にはエドウィン・ダンキンが、ロンドンの夜空の見事な眺めを描いている〔*The Midnight Sky: Notes on the Stars and Planets*（Cambridge University Press, 2010）（http://www.atlascoelestis.com//22.htm）〕。

■1　いちばん暗い場所

1　1968年に刊行された*Desert Solitaire: A Season in the Wildness*（reprint, New York: Touchstone, 1990）〔訳文は『砂の楽園』（越智道雄訳　東京書籍）より引用〕は、挑発的で読む者を飽きさせないエドワード・アビーの作品のなかでも、最も愛されている。アビーは、ユタ州モアブ近郊のアーチーズ国定公園で、素晴らしい暗闇を経験した。アビーの時代から40数年たった現在、アーチーズ国定公園は国立公園に改組されたが、彼が見てきた景色の大半は、町からの光害によって消え去りつつある。

2　国立公園局は、ユタ、ニューメキシコ、アリゾナ、ネバダ各州にまたがるコロラド高原周辺エリアに「ダークスカイ・コーペラティブ」という協同組織を立ち上げる提案をし、ダン・デュリスコーはその計画に力を注いできた。この協同組織が守ろうとしているのは、大ざっぱに言えば州間高速道路40号線よりも南側、15号線を境に北東の地域にある公園やコミュニティの暗闇である。国立公園局は2016年に設立100周年を迎えるが、局長ジョナサン・ジャーヴィスが発表した今後100年に向けた意欲的な目標には、ダークスカイ・コーペラティブの概念が含まれていた。生涯をかけて暗い空を守るための活動を続けてきたデュリスコーにとって、コロラド高原のアイデアは自然に生まれ出たものだった。彼は*The George Wright Forum*（vol.18, no.4, 2001）に“Preserving Pristine Night Skies in National Parks and the Wilderness Ethic”と題する論文を寄せ、次のように論じている。「1964年に制定された原生自然保護法は、すべてのアメリカ国民が手つかずの自然の中で自由な時間を楽しみ、その経験によって精神的な目覚めや個人的な成長の機会が得られることを目的としていた」。もしも人工の光が「原生保護地域の夜空の眺めを妨げたならば、それは保護区の倫理における基本前提のひとつに違反することになる」。

3　月や雲のない澄んだ真っ暗な夜でも、自然光のおかげで人間の目はまだものを見ることができる。星明かりもわずかながら助けになっているが、主な要因は大気光である。地球の大気から生じるその微弱な光は、全天ほぼ一

光害防止条例を制定している。また、国際ダークスカイ協会と北米照明学会は、各地の自治体等が照明規制に関する条例を作成しやすいように、「屋外照明規制条例作成ガイド」を共同で考案した。詳細はhttp://www.darksky.org/outdoorlighting/mlo。

11　*Let There Be Night: Testimony on Behalf of the Dark*（Reno: University of Nevada Press, 2008）は、作家、詩人、科学者29人の作品を集めたエッセイ集。ソローは著書*Walking*（1863）〔『ウォーキング』（大西直樹訳　春風社）〕の冒頭で「『自然』を擁護するために、ひとこと述べてみたい」と願ったが、この作品では「『暗闇』を擁護するために、ひとこと述べてみよう」という呼びかけに29人が応えた。

12　ＩＤＡのピート・ストラッサーによると、時として地元業者よりも、大型スーパーマーケットなどの全国小売チェーンの方が、照明を暗くしてほしいとの市町村の要請に意欲的だという。「トゥーソンのウォルマートやホーム・デポに、『星が見える暗い空を保つために、低圧ナトリウム灯の設置をお願いします』なんてお願いすると、両者とも快く従ってくれる。こだわりをもつよりも、地域に溶け込みたいんだね。呆れてしまうのは、終始どぎつい光を放つメタルハライドランプを設置したがる業者だ。ポールをたくさん売って、実にうまみのある保守契約を結ぶためだよ。一方、地方自治体が『ウォルマートさん、これをお願いできますか？』と言うと、彼らは二つ返事で引き受けてくれる」。

13　クリス・ルジンブールは、シカゴのような都市が照明を抑えることができれば、周辺地域の空に大きな好影響を与えられると教えてくれたが、イタリアのファビオ・ファルチも似たようなことを言っていた。「もちろん、都市部では大きな改善は認められないかもしれない。大きく変わるのは郊外だよ。都市が改善されるとしたら、夜にくつろげるようになることだろうね。家の電気を消すようになるとか、健康に悪影響をおよぼさない色の照明に変わるとか。だから、都市の人々にも利益はあるんだ。郊外とは比べるべくもないけどね」。

14　2章原註1を参照。

15　大きな都市に暮らす僕たちは、一番明るい星しか見えない色あせた空に慣れてしまったため、人工灯のない場所で自然の空がどのように見えるのか、想像すらつかないことがある。フランスの作家アメデ・ギルマン（1826-93）が手がけていた、シリーズ物の一般向け天文書*Le Ciel*（1864）〔『天』〕には、電灯登場以前のパリの夜空を描いたイラストが掲載されている〔本書装画参照〕。そのうちのひとつ、フランスの首都にかかる天の川は、僕が知

指向性が強い（周囲全般ではなく下方向を主体に照らす）ＬＥＤは、あふれ返る電灯が生み出す数多くの問題に対処するきっかけを与えてくれそうだ。しかし、ＬＥＤに多く含まれるブルーライトが、人体や環境に悪影響を与えるかもしれないという懸念から、企業は代替品の開発にも余念がない。それでも、ＩＤＡのボブ・パークスは次のように言う。「ＬＥＤ照明は、屋外照明に大変革をもたらす可能性を秘めています。それも、非常にポジティブな方向に」。

8　フランス政府は節電（そしてコスト削減）のために、パリの夜間照明規制に本腰を入れている。その一環として店舗、オフィス、公共建築物の屋外照明を午前1時から7時まで消灯することが、2013年夏から義務づけられた。

9　暗闇を保護するための議論において、経済的理由――照明に多大な費用をつぎ込んでいるという事実――ほど、変化をもたらす大きな可能性を秘めたものはないだろう。マイケル・グランウォルドは、"Wasting Our Watts"（*Time*, January 12, 2009）と題された記事で、「典型的な白熱電球に使われる電気のうち、直接発光に関わっているのはたった4％だ」と述べている。「そのほかはすべて発電所や送電線、そして電球を流れるあいだに無駄に消費されてしまう。電球に指を触れると熱いのは、そのせいだ」。グランウォルドは、「効率アップ」こそが最も有望なエネルギー供給源であると主張し、電力会社が省エネによって経済的に得をするような変化を促すことが必要だと説く。ほとんどの州では、電力会社は電力を売れば売るほど儲かるため、その反対を目指そうとは思わない。だがそうした状況のなか、現在6つの州で、利益と販売量の関係を切り離す（つまり販売電力量の大小にかかわらず安定した利益が得られる）試みが行われている。グランウォルドいわく、その成果には目を見張るものがあるという。省エネを積極的に推進しているカリフォリニア州と太平洋岸北西部では、「1人当たりの電力消費量が、30年間安定している――国内のほかの地域では50％増加しているにもかかわらずである」。

10　照明に関する条例は、フラッグスタッフやトゥーソンのものがよく知られているが、ここ10年ほどでアメリカ国内の300以上の市町村が、人工灯を規制する条例を採択した。その多くは、小さな町、郊外、農村地帯など、地域の特性を守りたいと考えているコミュニティだ。フロリダでは、砂浜で産卵するウミガメを守るために光害防止条例が用いられている。太古の昔から、生まれたばかりのウミガメは夜空の光をもとに海を探してきたが、いまではホテルや街灯の明かりに惑わされたうえ、陸へ引き寄せられて死んでしまう例もある。これを阻止するために、27以上の郡と58以上の自治体が、と、ヴァン・ダイクは信じていた。100年ちょっと前に書かれた文章を読みながら、僕たちは彼が正しかったことを知る。「そこに表現された美がすでに存在しないという事実はあまりにも明白で、長々と論じるまでもない」とは、1980年に本書の序文を書いたリチャード・シェルトンの言葉である。

2　もともとは、1980年代後半にサンフランシスコの浜辺で数十人の仲間内で行われていたバーニングマンだが、やがてネバダ州のブラックロック砂漠に拠点を移し、5万5000人ほどの参加者を集めるようになった。彼らは毎年夏の終わりの数日間をともに過ごし、自由と創造を楽しむ。イベントのクライマックスとして、最終日の夜には数メートルの木製の人形「ザ・マン」が燃やされ、祭りが終わると、平原にくっきり残った自動車のタイヤの跡を除いて、すべての痕跡が消される。詳細はburningman.comを参照。

3　月面に着陸したバズ・オルドリンは、ラジオを聞く世界中の人々に向かってこう言った。「この機会を借りて、私はいま放送を聞いている人々に対し、誰であろうと、またどこにいようと、しばらくのあいだ手を止めて、この数時間に起こった出来事について熟慮し、それぞれの方法で感謝をしてほしいと願います」。その後彼は、ラジオ視聴者とのコミュニケーションをとりやめて、牧師から授けられた小さな聖餐用具で聖餐式（コミュニオン）を執り行った。オルドリンは、ライフ誌のインタビュー（1969年8月）や、著書*Return to Earth*（1973）、*Magnificent Desolation*（2009）などを通じて、この経験について繰り返し語っている。

4　アスタウンディング・サイエンス・フィクション誌の編集者は、アシモフに、「もし星が千年に一度、一夜のみ輝くとするならば、人々はいかにして神を信じ、崇拝するだろうか」というエマソンの有名な引用を聞かせ、これに対して「もし星が千年に一夜現れたなら、人は狂ってしまうだろう」と反論した。アシモフはこの体験から着想を得て、短編小説『夜来たる』を執筆したという〔「はじめに」原註1を参照〕。

5　シエロブイオのホームページ（www.cielobuio.org）には、数々の写真や、この小さなボランティア団体が北イタリアの夜空のために行ってきた活動が記載されており、イタリア語の読めない人でも、覗いてみる価値がある。

6　アースアワー開催中のピサの斜塔の写真は、こちらで見ることができる。http://www.repubblica.it/ambiente/2011/03/28/foto/l_ora_della_terra_buio_sulla_torre_di_pisa-14176168/1

7　照明技術は現在、「電灯」から「固体素子照明」へと移り変わってきているが、それを先導してきたのがＬＥＤ（発光ダイオード）である。一般的な白熱灯よりもはるかに発光効率が高く、高度なプログラミングが可能で、

(New York: Walker, 1999)〔『ガリレオの娘』（田中勝彦訳　ＤＨＣ)〕も、興味深く読める一冊だ。1609年に自作の望遠鏡を初めて覗いたガリレオは、「かくも偉大な驚異を私に見出させ給うた神に限りなく感謝する」と述べたという。

11　このような話題ではよくあるように、望遠鏡を発明したのは誰なのかという問いには、まだ議論の余地が残されている。1608年9月25日に特許を申請していることから、ドイツ生まれの眼鏡職人ハンス・リッペルスハイが発明者とされる場合が多いが、それ以前にも複数の人々が同じアイデアを考えついていたようだ。明らかなのは、ガリレオは望遠鏡を考案こそしていないが、新たな発明品の噂を聞いて自分自身で試作し、それを（僕たちの知る限りでは）初めて天体観測に使用したということだ。

12　ヨーロッパで、フリーデル・パスほど暗闇の価値向上に力を注いだ人物はいないだろう。国際ダークスカイ協会の欧州オフィス代表であるパスは、ヨーロッパ全域でダークスカイ運動を促進しているが、母国であるベルギーではとくに効果的な活動を行っているようだ。年に一度行われる「ナイト・オブ・ダークネス」は、国の3分の2の市町村が参加し、2万5000人が直接関わるほどの規模に成長している。パスは、ナイト・オブ・ダークネスが、暗闇への意識向上に多大な影響をおよぼしていることを指摘し、初開催からわずか2カ月後に、フランダース議会が光害に反対する決議を満場一致で可決した例を挙げた。光害と闘う意志のある人にとって、秘訣は2つあるとパスは言う。ひとつは「しっかりとした意識がなければ負け」ということ、もうひとつは、その問題について誰よりも熟知すること。「知識で武装する」ことが必要なのだという。

■2　可能性を示す地図

1　1898年の夏、42歳のジョン・C・ヴァン・ダイクは、フォックステリアのキャッピーを連れ、サン・バーナーディーノ近郊の砂漠に乗り込んだ。それからの3年間、この美術史家はカリフォルニア、アリゾナ、そしてメキシコの砂漠をさまよい歩くことになる。その結果が、*The Desert* (1901; reprint, Layton, UT: Gibbs-Smith,1980)〔『砂漠』〕だ。この本は、砂漠に関する委細を綴り、そこにある色、形、長く見過ごされていた当たり前の自然、そして砂漠の美がもたらす感情への細かな配慮に満ちあふれている。しかしその根底に流れているのは哀愁だ——「すべての鳥、獣、這う動物」が人間の到来を恐れるのは、「文明が破壊を意味する」ことを察知しているからだ

6　ウィリアム・アンダースが撮影した「地球の出」は、「史上最も影響力のあった環境写真」として知られている。この写真について、アンダースは次のように述べている。「私はそこから大きく2つのメッセージを受け取った。ひとつは、地球はとてもはかないということ。私には、まるでクリスマスツリーの飾りのように見えたものだ。そしてもうひとつは、まだ完全にピンときたわけではないが、地球はとても小さいということである。それは宇宙の中心ではなく、そこからずっと離れた場所で星くずにまみれているが、それでも地球は私たちの故郷であり、大切にしなければならない場所なのだ」。

7　友人たちに薦められたカナリア諸島の低速度撮影による映像は、ノルウェーの風景写真家テルヘ・ソルジャードの作品で、題名はThe Mountain（http://www.livescience.com/13739-mountain.html）。

8　パリ天文台は1671年、首都郊外の自然な夜空の下に建てられた。パリが現代的な都市に生まれ変わった現在では、光学天文台としての役割は果たせないが、その優美な外観は以前のままである。たとえ入場できなくても（基本的に一般公開していない）、灰白色の美しい建物が畑にぽつんと建つ様子や、満天の星を観察する天文学者の姿を想像しながら、周囲をぶらつくのは楽しいものだ。18世紀初頭のパリ天文台のイメージはこちらで見られる（http://en.wikipedia.org/wiki/Paris_Observatory#mediaviewer/File:Paris_Observatory_XVIII_century.png）。

9　インターネットで"Korea at night from space"と検索すると、夜の朝鮮半島の画像が出てくる。光にあふれた南側と原初の暗闇が広がる北側が明瞭に分かたれている光景は、かなり衝撃的だ。同様に、"world at night from space"で検索すると、夜の地球のさまざまな衛星写真が見られる。そこからわかるのは、電灯の広がりだけでなく、原初の闇の残された場所（主として経済の立ち遅れた国か、人の住んでいない地域）だ。これまでのところ、人口が増え経済の発展が見られた場所には、例外なく光害も生じている。

10　ガリレオ博物館の詳細については、ホームページを参照（http://www.museogalileo.it/en/visit.html）。博物館が入っている美しい煉瓦造りの建物は、フィレンツェのアルノ川沿いに建っている。その豊富な収蔵品もさることながら、この博物館の素晴らしさは、まったく混雑していないところである。気がつけば、部屋に一人きりでガリレオの望遠鏡と向き合っていたり、400年前の天球儀に囲まれていたりということもあるほどだ。ダヴィ・ザックの"Galileo's Vision"（*Smithsonian*, August 2009, 59-63）という記事は、ガリレオにまつわる逸話が伝える意味や重要性についてできるだけ正確かつ詳細に記した、素晴らしいもの。また、デーヴァ・ソベルの*Galileo's Daughter*

ラスゴーにあるサイエンスセンターで数年間働いたあと、彼は視覚障害者でも夜空が見えるような、触って学べる半球を作ることを思いつく。グラスゴーのデザイン学校出身の仲間の協力を得て、彼は半球にピンで星座を形づくり、ビニール素材を覆い被せて真空密封した。二人のアイデアでおそらく最も独創的だったのは、おがくずで天の川を作り、銀河の腕部分にある無数の星の散らばりを連想させたところだろう。数カ月におよぶ試行錯誤ののち、オーウェンズは、マスコミと、地元の慈善団体から4人の視覚障害者を招いて、30分間の天体ショーのリハーサルを実施した。「ショーのあいだ、フィードバックは行わなかった。みんながものすごく神経を集中させていたのがわかったからね。最後に感想を聞くと、全員が全員『素晴らしかった』と答えてくれたよ。そのなかには、生まれつき目の見えない女性がいた。彼女が休暇に家族で田舎の貸別荘に行くと、子供たちがいつもオリオン座の話をするそうなんだ。その女性はこんな感想を言ってくれた。『いまやっと子供たちの言ってることがわかったわ。これで私にもオリオン座の見つけ方がわかる。どんな形をしているのか教えてあげられる』」。

3　オーウェンズは最近、ツイッターを使って、友人のエイドリアンと流星観測の様子を実況しあったという。「僕はグラスゴーにいて、エイドリアンは南方のバークシャーにいた。僕はバーベキューをしながら、彼は飲みながら、望遠鏡をいじくりまわしていたんだ。そのとき、『よし、仲間を1000人集めよう』っていう流れになった。そうするとなんと、1日目の夜には世界中から4万人が参加して、ツイッターのトップランキングに躍り出た。デイリー・テレグラフ紙に『ペルセウス座流星群ウォッチ、スーパーアイドルのマイリー・サイラスを抜いて、ツイート数トップへ』って見出しが載ったほどさ。2日目の夜はさらにすごかった。5万人くらいは集まってたかな、エイドリアンと僕は案内役として、ノートパソコンからいろんな質問に答えたよ。そのほとんど全員が、天文学とは縁のない人ばかりで、『外は危なくないですか？　誰かに襲われたりしませんか？』なんて質問もあったくらいだ。だからつまり、科学や天文学に興味がない人たちも、耳を傾けるようになってきているのは事実らしい。国民の意識に浸透し始めているんだよ」。

4　ＩＤＡは、ダークスカイ・リザーブ認定を「ＩＤＡの使命そのもの」と呼んでいる。

5　科学観測用の天文台は1978年に建てられたものだが、いまでも北アメリカの東海岸で最大の規模を誇っている。「一般向け」の天文台は1998年、アストロラボは1996年に開設。ラボでは、展示や上映会、ガイドによる講演やツアーなどが行われている。

18 ソラスタルジアと、この言葉を2004年に考え出したオーストラリアの哲学者、グレン・アルブレヒトについては、ダニエル・B・スミスの記事 “Is There an Ecological Unconsciousness?”（*New York Times,* January 27, 2010）に詳しい。故郷にいるにもかかわらずホームシックにかかってしまったような状態を言い表す用語を探していたアルブレヒトが考案したこの造語は、いまでは世界のあちこちで使われるようになった。「ソラスタルジアという言葉の影響力が高まりつつあることを、嬉しく思う反面、悲しくも感じます」と、彼は2012年のインタビューで答えている。「哲学者は、自分の発想や概念が人々に影響し、利用されることを望むものです。ソラスタルジアがアートや学問にインスピレーションを与えると思ったら、それは嬉しいですよ……でも同時に、その概念自体が気の滅入るようなものだから、そこに表現される負の感情を人々がよく知っているというのは、残念なことでもあるのです」（http://www.physorg.com/news/2012-02-solastalgia-bittersweet-success.html）。

■3　ひとつになろう

1　2011年現在、ＩＤＡが認定した最も新しいダークスカイ・パークは、ミシガン州エメット郡のヘッドランズ公園である。ヘッドランズはマッキーノ・シティの西に位置し、ミシガン湖岸に2.4平方キロメートルにおよぶ森林を有している。公園のプログラムディレクターのメアリー・スチュワート・アダムスによれば、最終的には湖沿いに90平方キロメートルの「ダークスカイ・コースト」を誕生させるのが目標だという。「私たちが夜空を見ることができなくなったのは、光害のせいばかりじゃない。夢見る力や、想像力を失いかけているからよ」とアダムスは言う。これに対して彼女は、プログラムに世界中の神話、おとぎ話、民話を盛り込み、現代のアメリカに住む参加者たちが、もう一度夜空に意識を向けることができるよう、あらゆる努力を尽くしている。彼女は、「もしも暗かったら何が起こる？」と考えるのが好きだという。「これまで存在した文化は、例外なく神殿や聖堂を建て、芸術を生み出してきたわ。そして、そうしたものはどれも、人間と暗闇との関係を問う役割をもっていた。ここに来る人たちにも、もしも暗かったら……という問いに取り組んでもらえたらと思っている。そうするなかで、みんなの想像力が刺激されることを望んでいるの」

2　スティーヴ・オーウェンズと、地域住民の意識向上に関する話をもうひとつ。オーウェンズは、視覚障害者のための天体ショーを企画してきた。グ普通に生きていればよくあることだ」。

13　ユネスコの世界遺産についての詳細は、http://whc.unesco.org/en/list を参照。文化遺産や自然遺産の保存を目的に登録された世界遺産は、世界各地にある。だがいまのところ、指定された遺産に不可欠な「自然の夜」を守ることにはつながっていないようだ。

14　ニューメキシコ州のヒーラ国有林が、1924年にアメリカ初の原生自然地域に指定されたのは、レオポルドの数ある業績のひとつである。生涯を通じて執筆活動を行ったが、最もよく知られているのは、『野生のうたが聞こえる』に収められた「山の身になって考える」と「土地倫理」だろう。

15　ロデリック・ナッシュは著書 *Wilderness and the American Mind* (New Haven, CT: Yale University Press, 1967)〔『荒野とアメリカの精神』〕の中で、荒野に対するアメリカ人の考え方を、歴史を追って詳述している。そこに書かれた、国立公園の設立や、絶滅危惧種保護法の制定などをめぐる議論について読むと、現代の議論——とりわけ、自然界を財源や物質的利益と同一視するような態度や議論——にも歴史的な前例がしっかりとあったことに気がつくだろう。

16　アルド・レオポルドは当初、『野生のうたが聞こえる』の草稿（1947年）に、序文として「環境教育に伴う不利益」について書き綴った。自分の愛する土地が、人間によって破壊され傷つけられる様子を十分すぎるほど見てきたレオポルドは、その経験に伴う不安、絶望、悲しみを経験していた。彼は述べている。「この土地倫理がいつも自分にとって明確だったわけではない。それはむしろ人生における最終結果であり、ぼくはその過程で、圧倒的な土地への虐待を止められない保全の甘さに、悲しみ、怒り、困惑、戸惑いを感じてきた」［J・ベアード・キャリコット編 *A Companion to A Sand County Almanac: Interpretive & Critical Essays* (Madison: University of Wisconsin Press, 1987)］。ところが、自分の正直な告白が、共感してくれるはずの読者を警戒させることを恐れたレオポルドは、この一節を『野生のうたが聞こえる』の序文からはずし、『ラウンド・リバー』というエッセイで使うことにした。

17　フランスのダークスカイ保護団体「ＡＮＰＣＥＮ」のピエール・ブリュネは言う。「私は悲観的だが、闘いは続ける。それだけだ。なぜって？ そうしなきゃいけないから、私の良心がそうさせるからさ。夜の環境を守ることが私の役目だ。それは闘う価値のあるものだよ。誰も夜のために闘わないなら、自分でやるしかないだろ？」。ＡＮＰＣＥＮのウェブサイトは www.anpcen.fr 。

視覚以外の感覚、とりわけ聴覚に関係している。バーニー・クラウス著 *The Great Animal Orchestra: Finding the Origins of Music in the World's Wild Places*（New York: Little Brown, 2012）〔訳文は『野生のオーケストラが聴こえる』（伊達淳訳　みすず書房）より引用〕は、じわりと胸に突き刺さる一冊だ。自らの半生をかけて世界中の生態環境音を録音してきたクラウスは、次のように述べる。「経験を積んだ聞き手としてわたしが特に好きなのは……夜に鳴くように進化した動物たちの声だ。夜は美しいエコーのかかった劇場のような効果がある――声を遠くまで届けなければならない夜行性の陸生動物にとって、これは有益な効果である」。

10　ベストセラー *Last Child in the Woods: Saving Our Children from Nature-Deficit Disorder*（Chapel Hill, NC: Algonquin, 2005）〔『あなたの子どもには自然が足りない』（春日井晶子訳　早川書房）〕に書かれたリチャード・ルーブの主張は、子供たちの夜や暗闇の経験にそのまま置き換えられる。アメリカの子供の10人のうち9人が、もはや天の川の見られない地域に住んでいるということは、何度でも警告しておいた方がいいだろう。「欠損」とは、何かを十分にもっていないことを示す。暗闇に関して人々が子供たちに（そして自分自身に）与えているものがまさにそれで、そのあまりにも少ない経験は、とうてい十分などと言えたものではない。

11　リルケの死後、1934年に出版された『若き詩人への手紙』という書簡集には、「問い自身を愛する」ことを若き詩人に求める手紙（1903年）が収められている。のちにその手紙は、彼の言葉に感化と導きを見出す将来のたくさんの読者に訴えかけることになる。「私はできるだけあなたにお願いしておきたいのです、あなたの心の中の未解決のものすべてに対して忍耐を持たれることを。そうして問い自身を、例えば閉ざされた部屋のように、あるいは非常に未知な言語で書かれた書物のように、愛されることを」〔訳文は『若き詩人への手紙、若き女性への手紙』（高安国世訳　新潮社）より引用〕。

12　十字架の聖ヨハネの『霊魂の暗夜』については、ミラバイ・カーによる素晴らしい英訳が出版されている〔*Dark Night of the Soul*（New York: Riverhead, 2002）〕。また、ジェラルド・メイ著 *The Dark Night of the Soul: A Psychiatrist Explores the Connection Between Darkness and Spiritual Growth*（New York: Penguin, 2004）と、トマス・ムーア著 *Dark Nights of the Soul: A Guide to Finding Your Way Through Life's Ordeals*（New York: Penguin, 2004）は、聖ヨハネの『霊魂の暗夜』から着想を得て書かれたものだ。ムーアは述べている。「霊魂の暗夜は、特別な経験でもなければ、珍しい経験でもない……悲しみ、嘆き、悶え、戸惑い、希望を失うことは、

4　谷崎潤一郎の『陰翳礼讃』は1933年に発表された。「エレジー（哀歌）」と呼ばれるような作品は、ネイチャーライティング（あるいは環境文学）の世界では珍しく、そのため詩人のアリソン・デミングは2000年に執筆したエッセイの中で、エレジーの枠を広げる提案をしている［“Getting Beyond Elegy”（*Georgia Review* 54, no. 2, Summer 2000)］。暗闇への思いにこれほど哀調がはっきりとこめられた作品は、ベストンの『ケープコッドの海辺に暮らして』を除いては、ちょっと見当たらない。ベストンとほぼ同じ時代に、地球の反対側で、谷崎は明るい未来を見つめながら、失われていくものを嘆いた。「近頃のわれわれは電燈に麻痺して、照明の過剰から起る不便ということに対しては案外無感覚になっているらしい」、「私は、われわれが既に失いつつある陰翳の世界を、せめて文学の領域へでも呼び返してみたい」。

5　エリック・ウィルソンの著書には、*Against Happiness*（New York: Farrar, Straus & Giroux, 2008）〔『幸福反対』〕、*The Mercy of Eternity: A Memoire of Depression and Grace*（Evanston, IL: Northwestern University Press, 2010）〔『永遠に翻弄されて』〕、そして最新作の*Everyone Loves a Good Train Wreck: Why We Can't Look Away*（New York: Farrar, Straus & Giroux, 2012）などがある。ウィルソンの肩書きについて考えると、彼がイエス・キリストを「悲哀に満ちた男。その鬱々たる苦悩は、彼に射す後光と切り離せない」と表現していたことを思い出す。キャロライナ・チョコレート・ドロップスについては、www.carolinachocolatedrops.com を参照。

6　*The Mercy of Eternity*〔4章原註5を参照〕。

7　うつ病の凄まじい苦しさについて知りたいなら、ウィリアム・スタイロンの『見える暗闇』（大浦暁生訳　新潮社）は必読である。出版に先行してヴァニティ・フェア誌に掲載されたエッセイは、読者を夢中にさせた（http://www.vanityfair.com/magazine/archive/1989/12/styron198912）。見事な表現で描かれたスタイロンの恐ろしい実体験には、他人からの共感を望む当事者本人、その家族や友人、またはうつ病を理解したいと願う誰もが引きずり込まれるだろう。

8　ジェームズ・ギャルビンの*The Meadow*（New York: Holt, 1993）〔『草原』〕は、ワイオミングとコロラドの州境に住む隣人の100年を追った史実である。美しく、真にせまり、想像力に富んだその内容は、ノンフィクションでありながら小説のようだ。登場人物が「極寒の冬の夜には星の音が聞こえる」と言えば、読者は信じて疑わず、聞いたことのない星の音に思いを馳せるだろう。

9　夜の音調、夜の静けさ、夜の騒音――暗闇における経験の非常に多くが、

beyond-the-pale.co.uk/rilke.htmでは、なんと6通りの英訳でこの詩を楽しむことができる。ドイツの詩人リルケの作品には、文字どおりにしろ、隠喩的にしろ、「暗闇と夜」というテーマが一貫して流れている。とくに関連が深いのは、題名に「夜」という言葉を含んだ2つの詩だ。ひとつは1901年の『ある嵐の夜から』〔訳文は『リルケ全集 第2巻』(塚越敏監修　河出書房新社)より引用〕。

ランプは口ごもり　知らずにいる
われわれは光を偽っているのか？
夜は幾千年ものむかしから
ただひとつの現実なのか……

もうひとつは1924年の『夜をめぐる連作より (2)』〔訳文は『リルケ全集 第4巻』(塚越敏監修　河出書房新社)より引用〕。

その縁の目まぐるしい運動の中から
間隙の　音もない
冒険へと　火を吐く
若い星辰たちに満ち溢れて。
ただおまえがそこに在るということだけで、凌駕してゆくものよ、
なんと私は小さく見えることだろう——、
それでも私は、暗い大地と一体となり、
敢えておまえの中に在ろうとする。

2　チャコ・キャニオン(チャコ文化国立歴史公園)についての詳細は、http://www.nps.gov/chcu/index.htmを参照。チャコ・キャニオンを題材にした本はたくさんあるが、なかでもクレイグ・チャイルズの *House of Rain: Tracking a Vanished Civilization Across the American Cosmology* (New York: Little, Brown, 2007)、アナ・ソフィアの *Chaco Astronomy: An Ancient American Cosmology* (Santa Fe: Ocean Tree Books, 2007) は秀逸だ。アナ・ソフィア製作によるＰＢＳのドキュメンタリー The Sun Dagger (1982)、The Mystery of Chaco Canyon (2000) は、ともにロバート・レッドフォードのナレーションで、峡谷に秘められた物語を世に知らしめた。
3　チャコ・キャニオンで発見されたキヴァは、現代のプエブロ族が宗教行事や儀式に使う地下聖堂の原形と考えられている。

な組み合わせを見出した。それは、常時明るい光を放つ照明と、高さを増し続ける塔、そして、それを支えるための支線を多用することである。「多数の鳥を死に至らしめる塔には、常時明るい照明が施されている」とロングコアは言う。なぜなら、輝き続ける照明は鳥の注意を引きつけ、従来の軌道から逸らし、鳥たちを「囚われの身」にするからだ。明るい話題としては、点滅を繰り返すタイプの照明だと、鳥はその引力から解放されるという。つまり「照明のタイプを変えるだけで、死亡率を60～80％減らすことができる」のだ。ロングコアらは、「塔の高さを制限し、支線をやめること、また、赤か白の閃光灯のみを航空障害灯として用い、塔を稜線に建てないことによって、鳥類の死亡率は減少するだろう」と述べている。

19　ＦＬＡＰと、渡り鳥を守る彼らの取り組みについては、www.flap.orgを参照。こうした取り組みにおける近年の大きな成果は、米国グリーンビルディング協会が所管しているＬＥＥＤという認証システム（環境に配慮した建物に与えられる）の評価基準に、鳥に関する項目を採用させたことである。「パイロット・クレジット55：鳥の衝突防止」という項目は、建築物に対して、昼間は鳥の目に見えるように、夜間は光が漏れないように要求するものだ。アメリカでは毎年10億羽の鳥が人工建造物にぶつかって命を落としているが、その大多数はガラス張りの建物への衝突だという。

20　デイヴィッド・ゲスナーのエッセイ Trespassing on Night〔『夜への不法侵入』〕は、*Let There Be Night: Testimony on Behalf of the Dark* (Reno: University of Nevada Press, 2008) に収載。その他の作品については、Davidgessner.com を参照のこと。

21　ヘンリー・ベストン『ケープコッドの海辺に暮らして』は、1928年に出版された〔「はじめに」原註9を参照〕。自ら設計し「船首楼」と名づけた家で生活していたベストンは、執筆中の本の「大いなる浜辺での一夜」という章について、婚約者エリザベス・コースワースに書き送っている。「『大いなる浜辺での一夜』まで書き終えて、自分自身を解放した。僕の中には、ノクタンビュールの素地があるらしい――もしくは、夜きちがいとでも言うべきか。僕は夜を愛している」

■4　夜と文化

1　ライナー・マリア・リルケの *Du Dunkelhit, aus der ich stamme*（「わたしがそこから出てきた　なんじ闇よ」）は、1899年から1903年にかけて書かれた *Das Stundenbuch*（『時禱集』）に収められている。http://www.

いる」と言うジェームズ・アトリーは、*Nocturne: A Journey in Search of Moonlight*（Chicago: University of Chicago Press, 2011）〔『ノクターン』〕の中で、「月との失われた結びつき」を回復しようと試みた。

14　訳文は『イタリア紀行』（相良守峯訳　岩波書店）より引用。

15　マーリン・タトルが創設した国際コウモリ保護協会（ＢＣＩ）は、世界中のコウモリを守るために活動を続けている。ＢＣＩのウェブサイト（batcon.org）には、コウモリの重要性およびコウモリがさらされている脅威に関して、情報がたくさん盛り込まれている。テキサス州オースティンのコングレス・アベニュー橋の下にすむコウモリについては、あらゆる必要な情報が載っていて、3月から10月くらいまではコウモリの出巣時間がわかるようになっている。オースティンではコウモリが大きな産業となっており、コウモリが橋の下から旋回して周囲の農地へ飛び立つ様子を見るため、毎年10万人ほどの観光客が訪れ、何百万ドルもの収益を生み出している。ＢＣＩのメンバーは、協会が所有するブラッケン洞窟（サン・アントニオ近郊）を訪れ、さらに大規模な数のコウモリが出巣する場面に立ち会っている。最新作とは言えないが、ＢＣＩの製作による The Secret World of Bats は、コウモリへの誤った偏見を正し、そのすごさを理解してもらう目的で製作された48分のＤＶＤだ。コウモリによるサボテンの花の受粉シーンのスローモーションが印象的である。

16　コウモリの襲撃についてマーリン・タトルに聞いたところ、狂犬病のコウモリでさえ、めったに人間を襲うことはないそうだ。「50年来研究を続けて、何百万匹ものコウモリが生息する洞窟へしょっちゅう出入りしているけど、一度も襲われたことがない。それに、オースティンのコングレス・アベニュー橋では、約30年にわたって数百万人の観光客がコウモリを間近で観察しているのに、危険な目にあった人は誰もいない。コウモリをどうにかしようと企んでいない限り、危害を加えられる可能性はゼロに近いだろう」とタトルは強調する。

17　“Economic Importance of Bats in Agriculture”という論文には、コウモリが人間社会にもたらす経済的利益が示されている（http://www.sciencemag.org/content/332/6025/41.short）。コウモリが540億ドルの利益をもたらしてくれる一方で、人間がコウモリを守るために費やしている額はあまりにも少ない（2010年にはたったの240万ドル）。

18　鉄塔がますます遠隔地に建設され続けているなか、「塔の建設・運営の規制に科学的根拠を与える」方法を模索していたトラヴィス・ロングコア、キャサリン・リッチ、シドニー・ゴースローは、夜に飛ぶ鳥にとって致命的

いのは、僕たちが夜の自然の価値や人工光がおよぼす悪影響をいまだ軽視しているせいなのかもしれない。

8　バーリン・クリンケンボルグがナショナルジオグラフィック誌2008年11月号に寄せた記事には、衝撃的な写真が添えられている。ウィルソン山からロサンゼルスを撮影した新旧2枚の写真だ。1908年の写真を見ると、人口35万人の街は真っ暗な田園地帯に囲まれている。ところが100年後の2008年には、都市の人口は500万人に膨れ上がり、光り輝く電灯の帯が写真全体に広がっている。この変化によって、ウィルソン山天文台は光学天文台としての役目を果たさなくなり、所有者であるカーネギー協会は、事実上それを放棄することになった。ウィルソン山天文台協会に、わずか1ドルで売り払ったのである。

9　蛾やコオロギなどの虫のおかげで、夜（ひいては地球）は活気づく。作家でイラストレーターのジョン・ヒメルマンは、そうした虫たちの美しさと価値を気づかせてくれる希有な存在だ。*Cricket Radio: Turning in the Night-Singing Insects*（Cambridge, MA: Harvard University Press, 2011）〔『コオロギラジオ』〕は、そのヒメルマンの最新作である。

10　*Discovering Moths: Nighttime Jewels in Your Own Backyard*（Camden, ME: Down East Books, 2002）から。ルナ・モスについての記述は81-82ページにある。

11　アメリカにおける動物の交通事故死は驚くべき数で、少なくとも毎日100万の脊椎動物（鳥類、哺乳類、爬虫類、両生類）が犠牲になっているという（もちろん、夜間だけでなく24時間での犠牲数だ）。「野生生物に優しい」とされる場所も、万全ではないようだ。たとえばイエローストーン国立公園では、1989年から2003年にかけて、アメリカアカシカ556頭、バイソン192頭、コヨーテ135頭、ヘラジカ112頭、アンテロープ24頭、ボブキャット3頭を含む約1559頭が、自動車事故で命を落としている（アメリカ運輸省調べ）。一方、入念に設計されたフェンス、排水溝、横断歩道、歩道橋などによって、自動車と動物の衝突事故が著しく減少しているという朗報もある。

12　シヴィル・トワイライトと、彼らが考案したルナ・リゾナント街灯についての情報は、http://www.metropolismag.com/May-2007/Lunar-Light/を参照。シヴィル・トワイライトのメンバー、クリスティーナ・シーリーは才能ある写真家で、アメリカ、西ヨーロッパ、日本のスカイグローを記録した彼女の作品luxはこちらで見ることができる（www.christinaseely.com）。

13　「私たちは自分で作った電灯のブイヤベースの中でぐつぐつと煮られて

York: Norton, 1996）より“The Trouble with Wilderness; or, Getting Back to the Wrong Nature”を参照。

5　キャサリン・リッチとトラヴィス・ロングコアが、野生生物と暗闇に関する数少ない研究をまとめた*Ecological Consequences of Artificial Night Lighting*（Washington, D.C.: Island Press, 2006）〔『夜の人工光が与える生態系への影響』〕が他の論文集と一線を画しているのは、科学的研究と文学の創造性を融合させようと試みている点である。実際、冒頭にはソローの『夜の月光』からの言葉が飾られており、各章はベルント・ハインリヒやカール・サフィナなどの著作から選んだエピグラフで始まっている。自然界について書き綴った多くの著作と同じように、人工光が野生生物（もちろん人間も含む）に与える影響を集めたこの一冊が魅力的なのは、それを導く創造性に富んだ文章があってこそではないだろうか。たとえばレイチェル・カーソンの『沈黙の春』は科学の知見をふんだんに盛り込んだ本だが、含みのあるタイトルや、冒頭の「明日のための寓話」がなければ、あれほどの力強さをもたなかったかもしれない。リッチとロングコアは、現代の夜を満たす「生態系に混乱を生じさせる無駄な照明」に、人々の注意を向ける努力をした点で称賛に値するだろう。彼らいわく、その照明は「それ自体が環境に有害な、抽出と消費のプロセスにおける最終生産物」なのである。

6　ドイツ教育研究省からの助成金により進行中のプロジェクト「フェアルスト・デル・ナハト（夜の損失）」は、生態学的光害の研究として、いま最も期待が寄せられている。これに関わる研究者たちは、照明や光害にかかる経済的なコストに注目することも大事だが、「エネルギー効率よりも、人間の幸福、そして生態系の構造や機能の保全を追求した光害政策」をまとめるための知識が早急に必要だと説く。また、フェアルスト・デル・ナハトに参加した研究者による論文“The Dark Side of Light”は、「暗闇を管理することが将来の保護・光害政策の要とならない限り、現代社会は地球を使った自己実験となり、予期せぬ結末を迎えるだろう」と警告している。

7　*Night Watch: The National World from Dusk to Dawn*（London: Roxby & Lindsey Press, 1983）ほど、夜の生態系を広範囲にわたって扱った本はないだろう。本書は7人の作家からの寄稿と、ジェーン・バートンとキム・テイラーによる魅力的な写真で構成され、自然界における暗闇の価値をあますところなく解説している。眠りの周期と体内時計に関する話題から、夜の森や河川や海についての章に至るまで、人工光の乱用に脅かされた世界を見つめる目には、先見の明が表れている。光害が急速に蔓延しているにもかかわらず、出版から30年以上たったいまでも、これに匹敵する書籍が出ていなだったことがわかる。『森の生活』の「音」、「孤独」、「村」といった章には、ボートル・スケールのクラス1（ウォールデン池）、クラス2（コンコード村）の暗さを示す直接的な表現が見つかるし、のちに発表されたエッセイNight and Moonlight〔『夜と月光』〕には、ソローと暗闇との結びつきがはっきりと描かれている。それなのに、ウォールデン池州立自然保護区が夕方になると閉鎖され、ソローの丸太小屋が夜間の訪問者を受け入れていないのは、なんとも残念な話だ。もちろん、その跡地がともかくも残されているのは、喜ぶべきことである。近年では1990年にロックスターのドン・ヘンリーが、開発の波が押し寄せる池周辺地域を保護するため、「ウォールデン・ウッズ・プロジェクト」を立ち上げた。ソローの丸太小屋は、彼の知っていた暗闇とともに姿を消して久しいが、近くのコンコード博物館には貴重な資料や遺品などのコレクションがあり、池はいまでもこの作家の生活を偲ばせる素晴らしい環境を保っている。ソローの生き方は、現代の僕たちにはより受け入れやすいものになってきているように思う。

2　ソローの死から1年半後の1863年11月、アトランティック・マンスリー誌上に発表された『夜と月光』は、次のように始まる〔訳文は『月下の自然』（小野和人訳　金星堂）より引用〕。「何年か前、たまたま月光の下で散策をし、それが心に残っていたので、もっとそのような散策を重ね、自然の持つもう一つの面にくわしくなろうという気持ちになった。で、実際にそうしたのである」。44歳の若さでこの世を去ったソローは、その短い人生の終わり近くで、夜と月光の豊かな世界が、いかに自分の思考や文章に影響を与えているかを悟ったようだ。「もし1ヶ月の月が、その表す詩歌の世界と共に、その不可思議な教え、神託のような示唆と共に満ち欠けをするとしたらどうだろう——私のために指針となるものを積みこんだ、かくも聖なる存在がいる。なのに、その月を私が活用しなかったとしたらどうか。気づかぬままにそのひと月間の月がすぎてしまったのだろうか」。エマソンについても同じことを思ったが、光に飲み込まれた現代世界を見たら、ソローは何を語っただろうか？

3　ウォールデン池のカエルの鳴き声を聞き、僕はカリフォルニア大学バークレー校のタイロン・ヘイズによる“From Silent Spring to Silent Night”という説得力のある研究を思い出した。彼は農薬アトラジンの使用とカエルの個体数減少に関係性を見出し、それがとりわけ音の環境にどう作用するかを示した。

4　「野生」と「荒野」の違いに関しての詳細な解説は、ウィリアム・クロノンの *Uncommon Ground: Rethinking the Human Place in Nature* （New

みつき、眠りにつくんだ。しっぽがあまりにも長すぎるから、噛んでから脳に刺激がいくまで、きっかり8時間かかってしまう。私は何度も読んでようやく気がついたよ。そうか！　これは子供たちに目覚まし時計の真実を教えてくれているんだってね」。

20　ソローの *Walden*（1854）〔『森の生活　ウォールデン』（飯田実訳　岩波書店）〕より、夜の釣りのくだりを全掲する〔訳文は同書より引用〕。「ときには、村のどこかの客間で、家族がみんな床につくまで長居したあとで森へ戻り、翌日の食事にしようとの下心もあって、月の光を頼りに真夜中の何時間かを、ボートの上で釣りをしてすごしたこともある。するとフクロウやキツネが妙なる歌声を聞かせてくれたし、またときおりは、すぐ近くから聞き慣れない鳥の鋭い叫び声が起こったりした。次のような経験も、私にとってはたいへん貴重で忘れがたいものだった。岸辺から20ないし30ロッド、深さ40フィートのあたりにボートを浮かべ、月影のただよう水面を尾で打ってさざ波を立てている、ときには何千というスズキやシャイナーなどの小魚にとり囲まれ、水面下40フィートの水底に住む神秘的な夜の魚と、長い麻糸によって交信したのである。またあるときは、やさしい夜風に流されながら、湖のあちこちを60フィートの釣り糸をひきずってただよっていると、ふとかすかな振動が糸を伝わってくることがあったが、それは糸の先端のあたりになにか漠然とした、不確実な、遅々としてかなえられない目的をもった生きものがうごめいており、いまひとつ決断がつきかねていることを物語っていた。やがて、ゆっくりと糸をたぐり寄せると、角のあるナマズがキーキーと声をあげ、身をくねらせながら水面に姿をあらわす。暗い夜などはとくにそうだったが、思考がほかの天体の広大かつ宇宙進化論的な諸問題へとさまよい出ている折りなど、こうした夢想をさまたげて、ふたたび私を「自然界」へとつなぎとめるこのかすかな引きを感じるのは、かなり奇妙な経験であった。今度は釣り糸を水中に投げおろすばかりでなく、空中へ投げあげてもいいような気がした。水のほうがさほど密度が濃いというわけではないのだから。こうして私は、いわば1本の針で2匹の魚を釣ったのである」。

■5　暗闇の生態系

1　19世紀半ばのマサチューセッツ州の森で、2年2カ月と2日を過ごした人なら誰でも、自然界の原始の闇がどんなものかをよく知っていただろう。1854年にボストンのティックナー・アンド・フィールズ社から刊行された『森の生活』を読むと、ヘンリー・デイヴィッド・ソローが、まさしくそうきな代償についての統計である。

14　8章原註14を参照。

15　スペインの全国シエスタ同好会は、2010年10月、初の「シエスタ選手権」を開催した。衰退の一途をたどるシエスタの伝統を復興するための果敢な試みと言えるだろう。出場者は、大きないびき、ユニークな寝姿、熟睡した時間によって順位をつけられ、優勝者には賞金1000ユーロが贈られた。

16　夜間の光と肥満の関係は、オハイオ州立大学のローラ・フォンケン率いる研究チームによるマウス実験で明らかになっている。フォンケンらはマウスを3つの群に分け、① 自然の昼夜のサイクル、② 常に明るい状態、③ 自然のサイクルだが夜を薄明かりにした状態、にそれぞれ置いて観察した。結果、②と③のマウスは、①のマウスよりも体重が50%増加しただけでなく、脂肪が増え、ブドウ糖耐性が低下した。

17　ヴォーン・マッコールは、患者に時計と決別することを勧めている。「いくら部屋を真っ暗にしても時計は見てしまうというのが、不眠症に共通する問題だと思います」とマッコールは言う。「時計は人を支配します。人は時計の奴隷になって思い悩み始めるのです。『ああ、もう10分もたっている。15分たっても眠れなかったらどうしよう？　何分たった？　まずい、もうすぐ20分だ』というふうに。だから私は言うんです。『時計をどこかへやってしまうか、少なくともちょっと考え方を変えれば楽になりますよ。夜中に時計を見ても、あなたのためになることは何ひとつありません』」。

18　ルビン・ナイマンの著書 *Healing night: The Science and Spirit of Sleeping, Dreaming, and Awakening* (Minneapolis: Syren Book Co., 2006)〔『癒しの夜』〕は、もっと多くの支持を受けてしかるべき一冊だ。ナイマンは、伝統的な睡眠医学は「夜や睡眠や夢の精神性をまったく考慮に入れていない」と説き、社会による「たそがれや暗闇との宣戦布告なき闘い」を非難することで、夜、睡眠、暗闇を経験する僕たちが、より総体的（ホリスティック）なアプローチをとれるよう、説得力のある主張をしている。人々はまだ暗闇を恐れている、とナイマンは言う。「夜との混乱した関係は、突き詰めれば、自分自身の暗部に対する不快感や否定に根ざしているのだ」。

19　ナイマンは、ドクター・スースの *Sleep Book* (New York: Random House, 1962)〔『ドクター・スースのねむたい本』（渡辺茂男訳　日本パブリッシング）〕がお気に入りだと教えてくれた。ナイマンの説明によると、その本には「おしゃれしゃれしゃれしっぽ」という、とてつもなく長いしっぽをもったキャラクターが出てくる。「そいつは夜ベッドに入ると長時間かけて自分のしっぽをたぐりよせ、ついに端っこまできたら思いきりガブリと噛

Pollution: Smart Lighting Solutions for Individuals and Communities (2012) に詳しい。

7　夜間勤務者についての情報（アフリカ系アメリカ人の占める高い割合や、女性が仕事と家庭の板挟みを経験しやすいという報告を含む）は、スローン・ワーク・アンド・ファミリー・リサーチのレポート“Opportunities for Policy Leadership on Shift Work”内の労働統計局による統計を参照のこと（https://workfamily.sas.upenn.edu/sites/workfamily.sas.upenn.edu/files/imported/pdfs/policy_makers6.pdf）。

8　リチャード・スティーヴンスの“Light-at-Night, Circadian Disruption and Breast Cancer: Assessment of Existing Evidence”（*International Journal of Epidemiology* 38, 2009: 963-70）は、夜の照明とがんの潜在的な関連性を詳述した非常に読みやすい記事である。スティーヴンスは次のように結論づける。控えめに言っても、「現代社会ではますます多くの人がシフト勤務を強いられ、家では電灯の使用を止める人はほとんどいない。こうした状況下で、健康上のリスクを負う可能性を最小限に抑えるには、どのような波長、明度、タイミング、照射時間が最もサーカディアンリズムを乱すのかを理解する必要があるだろう」。

9　乳がんと、テレビやパソコンのブルーライトとの潜在的な関連性については、キャサリン・ガスリーの“The Light-Cancer Connection”（*Prevention* 58, no.1, January 2006）に詳しい。

10　スティーヴンスは、自身の論文であり、「電灯から乳がんまでの道のり」を描いた巧みな年代記でもある“Electric Light Causes Cancer? Surely You're Joking, Mr. Stevens”の中で、その時代について述懐している。

11　少なくともアメリカで夜勤をする看護師は、その代償として、1時間に数ドルの手当、追加の有給休暇、そして駐車場が無料で使えるという特典がある。

12　僕が話を聞いた看護師の多くは、昼間に眠ることができるように、寝室の窓に遮光カーテンをかけているそうだ。セントポールの看護師ミシェルは、「個人的には明るい部屋ではなかなか眠れない」と一見当たり前の発言をしたが、夜に明るい光源が窓から射し込む状況で寝る人も多いことを考えると、もはや当たり前ではないのかもしれない。

13　十分な睡眠をとっていない人の数を示す統計は容易に手に入る（たとえばアメリカ疾病管理予防センターの“Insufficient Sleep Is a Public Health Epidemic”（http://www.cdc.gov/features/dsSleep）など）。なかなか入手できないのは、光の量と寝不足の関係や、電灯が健康や経済に与えかねない大アパッチ国有林を含む21平方キロメートルを、自然保護区域に指定した。アスペンの木が紅葉する9～10月には素晴らしい景色が楽しめる。安心であると同時に寂しいことに、ハイイログマはもう暮らしていない。

■6　体、眠り、夢

1　ＩＡＲＣは、サーカディアンリズムを乱すシフト勤務を「ヒトに対する発がん性がおそらくある」として、2007年に発がん性リストに加えた。その経緯については、“Considerations of Circadian Impact for Defining 'Shift Work' in Cancer Studies: IARC Working Group Report”（*Occupational Environmental Medicine* 68, 2011: 154-62）を参照。

2　米国医師会は2009年、「公衆の安全とエネルギーの保全に向けた、光害抑制とグレア削減への努力」への支持を満場一致で表明した。宣言の一部を次に挙げる。「しかるにわが米国医師会は、科学的な裏づけがあり、公衆衛生政策にプラスの影響をおよぼす方針を、長期にわたって擁護してきた……光侵入は、人間のサーカディアンリズムに関与し、メラトニン生成の抑制、免疫システムの低下、ガン発生率増加の原因として強く疑われている……米国医師会はそれらを解消するため、光害減少とグレア削減への努力を、州レベル、国レベルの両方で支持する方針である」。また2012年にはより研究が進み、「夜間に過剰な照明を浴びることは、睡眠を妨げたり、睡眠障害を悪化させたり、車の運転にも支障をきたす可能性がある」とする新しい声明を発表している。

3　ロン・チェペシウクの論文“Missing the Dark: Health Effects of Light Pollution”（*Environmental Health Perspectives* 117, 2009: A20-A27）には、夜間照明と健康の関係についての優れた概説がある。ダークスカイキャンペーンのウェブサイトにも、有用な情報が掲載されている（http://www.britastro.org/dark-skies/health.html）。

4　機関士チャックのコメントは、2011年4月26日放送のTalk of the Nationの特集Working the Graveyard Shift, Fighting the Sandmanから。

5　夜間勤務のリスクに関するエヴァ・シェルンハマーのコメントは、“Light at Night and Health: The Perils of Rotating Shift Work”（*Occupational and Environmental Medicine*, October 4, 2010）から。

6　睡眠不足がもたらす影響については、スティーヴン・ロックリーとラッセル・G・フォスターの共著*Sleep: A Very Short Introduction*（New York, Oxford University press, 2012）、国際ダークスカイ協会著*Fighting Light*

殺］に該当するといってもよいのではないだろうか。これまでの行き過ぎた虐殺の動機として一番明らかなものは、一種の恐怖心、つまり動物恐怖症である。それは凶暴で、貪欲な、理性を欠いた生きものへの恐れであり……動物恐怖症が理性も何もなく現れるとき、それはある動物に集中され、その動物は身代り（スケープゴート）として抹殺されてしまう」〔訳文は同書より引用〕。北アメリカにヨーロッパから最初の入植者が到着して以来、25万頭以上いたオオカミの数は1000頭以下にまで減少し、その生息範囲も全盛時の3%まで縮小したと推測される。また別の研究では、19世紀後半だけで100～200万頭のオオカミが虐殺されたという。2012年の時点で、オオカミの頭数は5000頭を上回るまでに持ち直している。

22　ケン・ランバートンは、*Beyond Desert Walls: Essays from Prison*（2005）, *Dry River: Stories of Life, Death, and Redemption on the Santa Cruz*（2011）等の優れた著書を刊行しており、*Wilderness and Razor Wire*（1999）は、ネイチャーライティングの秀作に与えられるジョン・バロウズ賞を2002年に受賞している（すべてトゥーソンのアリゾナ大学出版会より）。また彼のエッセイNight Timeは、*Let There Be Night: Testimony on Behalf of the Dark*（Reno, University of Nevada Press, 2008）に収録されている。

23　刑務所の照明に思いをめぐらす人はあまりいないだろう。もちろん、あなた自身が囚人だったり、刑務所で働いていたりして、悪質な照明に長時間照らされているなら話は別だ。ミシェル・ウィン・ジョーンズはこの問題に15年以上取り組み、質の悪い照明――照明の種類だけでなく、ほぼ休みなく光にあたっている状況――が、さまざまな弊害をもたらすと主張している。なかでも大きな問題は、刑務所内で勤務または生活している人々のあいだでうつ病や自殺があとを絶たないことだ。彼女は2002年9月26日のガーディアン紙にこう書いている。「想像してみるといい。1日に23時間も、一般的な浴室サイズの部屋に閉じ込められて……唯一の光源は、頭上で低音を放つ蛍光灯だけなのだ」（"Life under Fluorescent Light Is Harming Prisoners and Staff Alike"）。

24　少しだけ明るい話題がある。カリフォルニア州のいくつかの刑務所では、省エネのために「環境に優しい」照明を設置し始めている。照明システムが24時間、365日動いている施設では、かなりの経費削減につながるからだ。

25　アリゾナ州南部にあるエスクディーアの山については、アルド・レオポルドが『野生のうたが聞こえる』（新島義昭訳　講談社学術文庫）〔訳文は同書より引用〕に書き残している。米国議会は1984年に、この山と周囲の

だがそれより探すのが難しいのは、このシステムによって学生たちが「安心した」だけでなく、実際に「より安全になった」という有効性を示した調査報告である。

16　国立司法研究所の調査員たちによる論文“The Sexual Victimization of College Women”〔『女子大学生の性被害』〕は、https://www.ncjrs.gov/pdffiles1/nij/182369.pdf で読むことができる。

17　レベッカ・ソルニットは、291ページにおよぶ著書 *Wanderlust: A History of Walking* (New York: Penguin, 2000)〔『旅への情熱』〕の233ページ目で初めて、次のように述べる。「私がたどってきたウォーキングの歴史を通じて、主な登場人物は……男性だった。そろそろ、女性がなぜ外で歩くことをしなかったのか、考えてみるときがきたようだ」。これを合図にするかのように、ここから、この本のなかでも最も心揺さぶられる場面が展開していく。19歳を過ぎて初めて、女性であることが引き起こす「自由がないことの重圧感をおぼえた」彼女は、「夜には家に閉じこもるよう忠告されていた」。そこから得た教訓は、暗くなってから歩く「自由を主張するためには、社会のあり方を変えようとする前に、自分自身や男たちの行動をコントロール」する必要があるということだった。

18　ジェニファー・K・ウェズリーとエミリー・ガーダーによる“The Gendered ‘Nature’ of the Urban Outdoors: Women Negotiating Fear of Violence”〔『都会の屋外にあらわれる性差』〕は、ジェンダーアンドソサエティ誌（18, no.5, October 2004）に掲載。

19　2008年1月、当時19歳だったブリアンナ・デニソンは、ネバダ大学リノ校に通う友人宅滞在中に誘拐され、2月半ばに遺体で発見された。彼女を襲った犯人は捕まり、死刑判決を受けた。22歳のイヴ・マリー・カーソンは、2008年3月5日にノースカロライナ州のチャペルヒルで殺害された。21歳の青年と17歳の少年が殺人の罪で逮捕され、仮釈放なしの終身刑の判決を受けた。

20　アメリカ国内での交通事故死数は1972年にピークに達し、5万4000人が命を失った。それ以来、主に自動車の安全機能向上のおかげで交通事故死は減り、40年間で国の人口が1億人弱増えたにもかかわらず、2010年には死亡者数が3万2708人まで減少した。

21　作家のバリー・ホルスタン・ロペスによると、悪魔と夜行性動物を同一視する考えは、人間の心の奥深くに根ざしたものだという。著書 *Of Wolves and Men* (New York: Scribner, 1978)〔『オオカミと人間』（中村妙子ほか訳　草思社)〕で、彼は次のように論じている。「オオカミ殺しは［謀

と安全・治安に関する研究へのリンクと声明書が数多く掲載されている（http://darksky.org/）。カナダ王立天文学会カルガリー支部のウェブサイトも、有用な情報源となっている（http://calgary.rasc.ca/lp/index.html）。

12　「屋外照明と犯罪」についての既存研究を再検討した、バリー・クラーク博士による貴重な論文は、http://asv.org.au/light-pollution.php に掲載されている。この問題に興味のある人なら、クラークの文献は必読である。インディペンデンス・インスティテュートの声明書について、クラークは僕にこう教えてくれた。「その偏見に満ちた声が真実の大半を奪い去ってしまい、科学的手法はほぼ常に曲解されたままになっています。著者たちはいまに、アスベストの継続使用やティーンエイジャーの喫煙促進に取りかかるでしょうね」。

13　夜の恐怖に関するイーカーチの一節は、『失われた夜の歴史』の冒頭の数ページより引用〔8章原註14を参照〕。イーカーチが、数百ページにおよぶ歴史の本をこのような文章から始めたのは、闇に対する恐怖が（それが潜在意識であってもなくても）、人間と夜との関係に確実な影響を与えているという認識からだろう。2010年にヒストリーチャンネルで放映されたAfraid of the Darkでは、イーカーチの研究が大々的に取り上げられ、人間が夜に恐怖を抱く理由（「幽霊」、「超自然」、「悪魔」、「野生動物」、「危険な地形」など）が詳しく述べられた。そうした理由を、明るく照らされた都市や郊外の、明るく照らされた家の中で、テレビの光を浴びながら聞いたとしても、笑ってしまうだけかもしれない。だが、実際に電灯のない本当に暗い夜に身を置いたならば、まったく違う感覚をおぼえることだろう。

14　A・アルバレス *Night: Night Life, Night Language, Sleep, and Dreams*（New York: Norton, 1995）のThe Dark at the Top of the Stairsという章には、闇への恐怖に対する卓見が述べられている。「暗闇への恐怖というのは、基本的に曖昧なものである。闇そのもののように、それは実体がなく、圧倒的で、脅威と死に満ちている」。そのため、「ホラー映画では、どんなに最新の特殊効果が使われていても、ついに怪物の姿が見えたときには、必ずがっかりしてしまうのだ」。

15　大学キャンパスのブルーライトシステムに関するケイティー・ロイフェのコメントは、彼女の著書 *The Morning After: Sex, Fear, and Feminism*（Boston: Back Bay, 1993）から。ここ20年弱のあいだに、青いライトを搭載した銀色のポールが、アメリカ中の大学のキャンパスに広がり続けている。非常に多くの大学が、ブルーライトシステムを購入、設置、維持するために何千ドルもの予算を費やしており、そうでない大学を探すのが難しいほどだ。

が開かれていれば、すべて同様な印象を与える」。エマソンが今日まで生きていて、ほぼ失われてしまった空を目の当たりにしたら、星々やそれらが抱かせる畏敬の念について、何を語っただろうか？

7　ガソリンスタンドのキャノピー照明に関して、「グレアや光侵入を減らしつつ、ガソリンスタンドが満足のいく明るさを提供できる方法」を提案した研究は次を参照。http://www.lrc.rpi.edu/programs/transportation/pdf/lightPollution/canopy.pdf。

8　照明が明るければ安全が確保されると考える世界で照明デザイナーとして活動することを、ナルボニは次のように考えている。「都市の安全に対するおかしな政策は、私たちの仕事のやり方を根底から変えてきた。すべてを高レベルの光で照らしたがる政治家とは徹底的に闘うべきだ。なぜなら、彼らは破壊行為から非行に至るまで、何もかもがそれで解決すると思っているからだ。ばかげた考えさ。誰も暗闇や影が必要だとは考えない……。ほとんどいつもこちらの負けだ。ひどいもんだよ」。

9　英国天文協会のダークスカイキャンペーン（ＣｆＤＳ）は、暗闇がもたらす効用や、質の悪い照明がもたらす危険について、豊富な情報を提供してくれている（http://www.britastro.org/dark-skies）。ＣｆＤＳは、「過剰で非効率で無責任な照明が、望まれていない場所、必要ではない場所を照らしているという現状に異を唱え、夜空の美しさを保ち、復活させる」ことを目的としている。

10　ダークスカイキャンペーンのウェブサイトでは、夜間の不要な照明に対して何らかの対策をとっている（明かりを消したり弱めたりなど）都市を紹介している（www.britastro.org/dark-skies/lightsoffresponse.html）。ブリストル市についての情報は、www.thisisbristol.co.uk/Burglars-afraid-dark-Crime-falls-Bristol-street/story-13952633-detail/story.html、イリノイ州ロックフォード市については、www.npr.org/2011/11/08/142145523/rockford-ill-shuts-off-streetlights-to-save-moneyを参照。また、カリフォルニア州サンタローザ市のウェブサイトは、夜間照明を削減するうえでの利点を明らかにした点で、ほかの都市ウェブサイトとは一線を画している（http://ci.santa-rosa.ca.us/doclib/Documents/Street_Light_Reduction_Program.pdf）。

11　犯罪者が照明についてどのように考えているかという研究結果のひとつを、http://www.policypointers.org/page/view/1238で見ることができる。また、シカゴ市の街路照明プロジェクトの最終報告はこちらを参照（http://www.icjia.state.il.us/public/pdf/ResearchReports/Chicago%20Alley%20Lighting%20Project.pdf）。国際ダークスカイ協会のウェブサイトには、照明い」のだ。

3　僕が郊外のゴルフコースで経験した「暗闇」は、雲が都市の明かりを10倍増幅させるという研究結果によって説明がつく。詳しくは、ドイツ連邦政府が出資するプロジェクトVelrust der Nacht（http://www.verlustdernacht.de/）の研究のひとつ、クリストファー・カイバの論文“Cloud Coverage Acts as an Amplifier for Ecological Light Pollution in Urban Ecosystems”を参照。

4　コロラド州を拠点とする保守系シンクタンク「インディペンデンス・インスティテュート」のデイヴィッド・B・コペルとマイケル・ロートマンは、2006年に発表した声明書によって、夜空の眺めを取るか（街灯が少なくなる）、身の安全を重視するか（凶悪犯に襲われない）という選択をせまった（http://scribd.com/doc/29812975/Dark-Sky-Ordinances-How-to-Separate-the-Light-from-the-Darkness）。この声明書は、嘆かわしい見解（「光害防止条例は主に都会の星好きを喜ばせるためのもの」）と、はなはだしく誇張された事実（「調査によると、照明を改善することによって犯罪が20%減少する」）を駆使して、照明の規制に抗議しようとするものである。「照明を改善すると犯罪総数が20%減少した」という主張は、デイヴィッド・ファリントンとブランドン・ウェルシュによる2002年の報告書“Improved Street Lighting and Crime Prevention”に基づいたもの。

　また、照明と安全の関係について議論するとき、言葉の曖昧さが障害となる場合がある。たとえば「よい照明」、「従来よりすぐれた照明」、「改良型の照明」などは、正確にはどんな意味で言われているのだろう？　完全遮光型など、入念に設計された照明という意味にもとれるが、残念なことに、明るい場所は安全という昔ながらの認識から、たんに明るい照明の意味に使われることが多い。

5　イギリスにおける照明効率と1人当たりの電力消費量についてのデータは、R・フォーケットとP・ピアソンの“Seven Centuries of Energy Services: The Price and Use of Light in the United Kingdom 1300-2000”（*The Energy Journal* 27, 2006: 139-77）から得た。

6　1836年に出版されたラルフ・ウォルド・エマソン『自然』から〔訳文は『エマソン論文集（上）』（酒本雅之訳　岩波書店）より引用〕。冒頭のこの言葉は、著者と夜空のつながりをとりわけよく表現している。エマソンの星への興味はそもそも象徴的であり、先の一節は次のように続く。「星はある種の畏敬の念を呼び起こす。いつも姿は見えているのに、しかも近づくことができないからだ。しかし自然の物象は、もしもその感化力に対してひとの心

間になると、後方から正面へゆっくりと波が迫ってくる。私はそれを大聖堂の光の鐘と名づけた。なぜなら、塔には本物の大きな大きな鐘があるのに、いまではもう時を告げるのをやめてしまったからだ。2分か3分か、せいぜい4分くらいのパフォーマンスと考えていたよ。ところがまた教会は、『大聖堂にダイナミックな光はいりません。ここは大聖堂で、ディスコではないんです』と首を縦に振らなかった。ディスコとは全然違って、とてもゆっくりした動きだということを説明しても、彼らはその詩的な美しさを理解しようとしてはくれない。ついに仲間もみんな、『光の波は忘れよう。鐘は忘れよう』と私に言ってきたよ」。

18　ギュスターヴ・エッフェルの有名な塔については、ジル・ジョンズの *Eiffel's Tower: The Thrilling Story Behind Paris's Beloved Monument and the Extraordinary World's Fair That Introduced It* (New York: Penguin, 2009) を参照。エッフェル塔が1889年のパリ万国博覧会のためだけに建てられ、終わり次第取り壊される予定だったことなど、驚きの事実が明かされている（結局、自分の作品への支持集めに創意工夫を凝らしたエッフェルの才覚によって、解体を免れた）。また、この塔を建設するためにエッフェルが直面した困難（4本の脚すべてが、第一プラットフォーム〔2階部分〕に正確に届くよう設計したことなど）や、現代人の耳にはばかばかしく聞こえる塔への批判（風に吹き飛ばされるとか、塔が危険な磁石になって周囲の建物から釘を引きつけるとか）も満載だ。エッフェル塔がパリのシンボルとなった現代の僕たちにとって、ジョンズが教えてくれる塔の誕生秘話やその後のごたごたの様子は、とても面白く感じられる。

■7　光は目をくらませ、恐怖は目を開かせる

1　アニー・ディラードの言葉は、1975年のピューリツァー賞一般ノンフィクション部門受賞作、*Pilgrim at Tinker Greek* (New York: Harper & Row, 1974)〔訳文は『ティンカー・クリークのほとりで』（金坂留美子ほか訳　めるくまーる）より引用〕の「見ること」という章から。

2　アメリカ社会、とくに駐車場や大学構内で過剰な照明が使用される主な理由のひとつが、この「責任恐怖症」である。誰しも、照明が足りないせいで事故や犯罪が起こったと訴えられたくないのだ。しかし現実には、そうした責任を追及する法律はないと言っていい。少なくとも、ある法律家が僕に教えてくれたように、「土地所有者に自分の土地を過度に照らすよう義務づける法律はないし、ましてや空を照らすよう義務づける法律もありはしな

ている。おそらくこの本で一番知られているのは、産業革命以前の人々が「分割睡眠」をとっていたという発見だろう。そのほかにもイーカーチは、「人々は現実的および超自然的な危険に直面しながら、日没後の生活様式を形づくってきた」として、取り返しのつかない火事の危険から、暗い寝室での人違いに至るまで、あらゆる考察を行っている。

15　1830年の七月革命では、民衆は市街戦の一環としてランタンを叩き割った。パリの中心を「巨大な暗い穴……深淵」に変えてしまったその行為は、1862年に出版されたヴィクトル・ユーゴーの小説『レ・ミゼラブル』（佐藤朔訳　新潮社）〔訳文は同書より引用〕の中でよみがえることになる。「灯火の敵の浮浪児」という短い章には、街灯を手当たり次第破壊する少年が登場する。「点灯夫が平常通りやって来て……街灯に点火して」いったあと、主人公のジャン・ヴァルジャンが、「街灯の薄明りで」その少年の顔を見つける。二人は言葉を交わすが、そうしながらも浮浪児は、「これでいいや。老いぼれめ……ナイト・キャップでもかぶれっていうんだ」と叫びながら、石ころを拾い上げて狙いを定め、街灯を破壊する。ジャン・ヴァルジャンは彼に食べ物を買う金を渡そうとするが、少年は「ブルジョワよ、俺は街灯をこわす方が好きだ」と言って受け取らない。ついに少年が「小鳥が逃げ去るように」走り行き、「穴でもあけるように闇の中に消え去」っていったとき、ジャン・ヴァルジャンは、彼は蒸発してしまったのではないかと不思議に思う。ところがその瞬間、遠くから「ガラスの割れるすさまじい音と、街灯が敷石の上に派手にがらがらとくずれ落ちる音」が聞こえてくる。

16　ハンガリー出身の写真家ブラッサイによる、1930年代の夜のパリを撮った写真は、都市の新しい電灯が古き夜の重厚さにあらがう様子を魅惑的に表現している。ブラッサイの作品を集めた1933年の最高傑作『夜のパリ』（飯島耕一訳　みすず書房）〔訳文は同書より引用〕には、ポール・モランが序文を寄せ（「夜は昼の陰画（ネガ）ではない……昼と夜とは別個の姿をしている」）、写真の数々にも彼の短い言葉が添えられている。ヨアヒム・シュレーアは、同書についてこう書いている。「重要なのは、彼がこの本の出版において時代の感情を表現しようとした点である。すなわち、この時代に何かが、つまりパリの夜の長い歴史といったものが終わりを告げたのである」。

17　聖職者たちは、ノートルダム大聖堂のバラ窓を内側から照らすという案だけではなく、照明デザイナーのロジェ・ナルボニのアイデアも拒絶した。それは、1時間に一度鐘が鳴るように、大聖堂に沿わせた光の波が明滅するというものだった。ナルボニは僕に教えてくれた。「私は最初から、光の波がほしかったんだ。コンピューターで操作して、時報のように切りのいい時

les aristocrates à la lanterne!　貴族を街灯に吊るせ！
Ah! ça ira, ça ira, ça ira　ああ！　すべてはうまくいく
les aristocrates on les pendra!　貴族を縛り首にしろ！

最も有名な例に、1789年7月22日、パリ市庁舎前のグレーヴ広場で、民衆に憎まれていた旧体制側の2人の高官、フーロンとベルチエが処刑された事件がある。ブルトンヌはこの様子を、ベルチエの血まみれの死体に至るまで詳しく説明し、「胸は切り開かれ、心臓が取り出されていた」と書き残した。街灯は撤去されて久しいが、その代わり跡地には碑が置かれている。

11　9章原註8を参照。

12　17世紀ヨーロッパの通りを照らす人工灯が、都市の生活をどれほど変容させたのか、またそれに関連する好奇心をそそる詳細――たとえば夕食の時間が数時間遅くなったことなど――については、クレイグ・コスロフスキーの *Evening Empire: A History of the Night in Early Modern Europe*（New York: Cambridge University Press, 2011）を参照。それによると、「1660年には、ヨーロッパのどこの都市にも、通りを永続的に照らす手立てはなかった。しかし1700年までには、アムステルダム、パリ、トリノ、ロンドン、コペンハーゲン、そしてハンブルクからウィーンまでの神聖ローマ帝国に、確実で安定した照明が定着するようになった」。

13　フィクションではあるが、18世紀半ばのパリを徹底的に調査して書かれた作品に、パトリック・ジュースキントの *Perfume: the Story of a Murderer*（New York: Knopf, 1986）〔訳文は『香水』（池内紀訳　文藝春秋）から引用〕がある。ジュースキントは、主人公のグルヌイユに超人的な嗅覚を与え、「パリはフランス最大の都市であったからには、悪臭もまたとび抜けて強烈だった」、「町はどこも、現代の私たちにはおよそ想像もつかないほどの悪臭に満ちていた」など、当時の街角の詳細な様子を積み重ねながら、物語を進めていく。グルヌイユは「昼間は日があるかぎり働いた。冬は8時間、夏の間は14時間、15時間、16時間」。やがて外出が許されるようになると、「サン・トゥスタッシュと市庁舎近辺は、まもなく鼻で知り尽くしたので、明り一つない真っ暗闇でも彼は道に迷わない」のだった。

14　ロジャー・イーカーチの *At Day's Close: Night Times Past*（New York: Norton, 2005）〔『失われた夜の歴史』（樋口幸子ほか訳　インターシフト）〕を読むと、産業革命以前の西ヨーロッパと北アメリカ東部における夜の歴史が楽しめる。徹底的な調査に基づき、時には困惑したような口調で、イーカーチは電灯以前の西欧諸国について、驚くべき新事実や逸話を紹介し

イタリアをテーマにした本を数冊出版しており、とくに食に関して深い造詣があることがうかがわれる。目に変性疾患をもつダウニーは、光にとても敏感なため、とりわけ日没後のパリが好きだと言う。そんな彼は、パリの将来について思い悩んでいる。「もしもこれ以上明るくなったら、『光の都』が『目くらましの都』になってしまうよ」。

9　ヨアヒム・シュレーアの *Nights in the Big City: Paris, Berlin, London, 1840-1930* (London: Reaktion Books, 1998)〔訳文は『大都会の夜』(平田達治ほか訳　鳥影社ロゴス企画部)より引用〕は、1世紀弱のあいだに人工灯がヨーロッパの都市生活をどれほど劇的に変えたかを記録した、読んで楽しい「都会の夜の歴史」である。夜の都会の危険について詳述する一方で、「闇の忘れられた美しさ」を常に身近に感じるというシュレーアは、歩くことについて次のように語っている。「こうした都市をめぐる夜の散策は想い出に訴え、昼間には決して口には出せない、すでに失われたと思われた感情を蘇らせ、美に関する新しい感覚を呼び覚ますことができる」。

10　ブルトンヌは『パリの夜』(植田裕次編訳　岩波文庫)に、パリを歩いた百夜の冒険についての、100篇の短いエピソードを書き綴った。マレ地区に住んでいた近隣の裕福な婦人に、街を散策してその報告をしましょうと、とっぴな約束をしたのがきっかけだったという。エピソードのなかでブルトンヌは、ごろつき、売春婦、パン屋など、通りで出会うさまざまな人と触れ合う。しかし彼は、現代の作家のようにただ観察するだけでなく、時には論争の仲裁をしたり、若い女性を救出したり、パーティーにこっそり忍び込んだりなど、あらゆる機会を利用してパリの市民たちと交流をもった。レベッカ・ソルニットは著書 *Wanderlust*〔7章原註17を参照〕で、ブルトンヌはパリを「のちに多くの作家がするように、一冊の本として、荒野として、エロスの漂う場所つまり寝室として」書いたと述べている。結果として、彼がじかに目撃し、恐怖に駆られて逃げてきたと主張するフランス革命時の暴力沙汰(「腹をえぐられ、首を切り落とされる」)ほど刺激に満ちた秘話は、おそらくほかにないだろう。

ギロチンが登場するまで、フランス革命では、被告人を近くの街灯柱に吊るすという処刑法が好まれた。あまりにもありふれた出来事だったので、フランス語の「lanterner」という動詞は、本来の「何もしない」とか「ぐずぐずする」といった意味よりも、「人をランタンから吊るす」という意味合いが強くなった。『サ・イラ』という革命歌にも、この語が使われている。

Ah! ça ira, ça ira, ça ira　ああ！　すべてはうまくいく

カの各都市を輝かせることになる。

4　1861年に出版されたチャールズ・ディケンズのエッセイ *Night Walks*（『夜の散策』）は、*Night Walks: A Beside Companion*（Princeton, NJ: The Ontario Review Press, 1982）〔訳文は一部を除き『無商旅人』（広島大学英国小説研究会訳　篠崎書林）より引用〕に収録されているほか、オンラインでも読むことができる。作家のジョイス・キャロル・オーツは、「そこに描かれる夜のパーソナリティー、夜の精神は、昼のそれとは異なり、孤独によってのみ得ることができる」と評している。冬の真夜中にロンドンの街を歩きたいというディケンズの情熱を見事に要約した言葉だ。

5　*Night Haunts: A Journey through the London Night*（London: Verso, 2007）〔『夜のたまり場』〕。この作品は、作家のサンドゥ、ウェブデザイナーのイアン・ブッデン、サウンドアーティストのスキャナーによるウェブベースのコラボレーションから生まれた（http://www.nighthaunts.org.uk）。「ロンドンの夜に何が起こったのか？」という一見単純な問いかけから始まるこの作品のために、サンドゥはテムズ川の艀乗りだけでなく、ロンドンに住むたくさんの夜間勤務者——ヘリコプターで巡回する警察官、下水管清掃夫、ミニキャブのドライバー、壁の落書きアーティスト、都会のキツネハンター——と時を過ごす。「ヴィクトリア時代や20世紀初めに行われていたような真夜中のロンドンの散策は、いまではおおかた眠りについてしまった。僕はそれが復活するのを強く願っている」。しかし同時に彼は、「今日的なリアリティを与えることも必要だ」と書いている。

6　ヴァージニア・ウルフの *Street Haunting: A London Adventure*（1927）〔『ストリート・ホーンティング』〕は、http://grammar.about.com/od/classicessays/a/strtwoolfessay.htm で読むことができる。

7　ロンドンの夜についてさらに知りたければ、ピーター・アクロイド *London: The Biography*（New York, Anchor, 2003）、とくに“Let There Be Light”、“Night in the City”の2章を参照のこと。アクロイドは次のように述べている。「ロンドンの夜のイメージに独特のみなぎるパワーを与えるのは、過去の、そして亡きものの存在である……都市にはこだまが響き、影が満ちる。その姿を現すのに、夜よりふさわしい時間があろうか」。

8　サンフランシスコ出身のデイヴィッド・ダウニーは、1986年以来、パリを自分の故郷と呼んでいる。*Paris, Paris: Journey into the City of Light*（New York: Broadway Books, 1990; reprint, 2011）〔『パリ、パリ』〕は、パリの「場所、人々、現象」に関する30篇のエッセイと、妻アリソン・ハリスが撮った味わい深い写真で構成されている。2人はほかにも、フランスや

シータ（電気）という名前をつけた。三女の名前はエリカで、プロペラという意味がある。

■8　二都物語

1　冒頭を飾るフランソワ・ジュスの言葉は、エレイン・シオリーノの“As The Sun Sets, A Parisian's Masterpiece Comes to Life”（*New York Times*, December 23, 2006）［http://www.nytimes.com/2006/12/23/world/europe/23jousse.html?pagewanted=all］から。ウェブサイトでは、ジュセの活動をスライドショーで見ることができる。オーストラリア放送協会は、Foreign Correspondent という番組でジュセを取り上げている（http://www.abc.net.au/foreign/content/oldcontent/s2464785.htm）。そこで見られる動画は、当時のミス・パリのインタビューから始まる。「パリの照明デザインのほとんどは、フランソワ・ジュセというデザイナーが一人で手がけていることを知っていましたか？」と言う問いに、ミス・パリは知らないと答え、動画の最後は彼女の「メルシー、フランソワ・ジュセ」で締めくくられている。これについてジュセに聞くと、彼はミス・パリに会ったこともないし、放送を見るまで彼女が出演していたことすら知らなかったと笑った。

2　1825年、ロンドンは北京を抜いて、世界で最も人口の多い都市となった。当時の人口は133万5000人で、その後約1世紀にわたって世界一の座を守り続けるが、700万人を大きく上回ったあたりで、ニューヨークに追い抜かされた。今日このタイトルを保持しているのは、東京（統計の範囲によって大きく幅があるが、1300万～3300万人）だという見解でほぼ一致している。

3　ロバート・ルイス・スティーヴンソンは、『宝島』（1883年）や『ジキル博士とハイド氏』（1886年）で有名なスコットランド生まれの作家。ここに引用した *A Plea for Gas Lamps*〔『瓦斯燈の辯』〕は、1881年に出版された *Virginibus Puerisque and Other Papers* に収蔵されている〔訳文は『若き人々のために』（寺沢義隆訳　岡倉書房）より引用〕。また、『点灯夫』という詩には、「夜、きみといっしょに行って、街灯に灯をともしてまわりたい」という子供の夢が表現されている〔訳文は『ある子どもの詩の庭で』（まさき・るりこ訳　瑞雲舎）より引用〕。彼が極度にまぶしいアーク灯の愛好家ではなかったことは、「悪魔の化身の燈火」、「こんなあかりは、ただ殺人とか公衆に対する犯罪の上か、それとも気狂病院の廊下に沿ってのみ輝くべきもので、いやが上にも恐怖を大きくするものなのだ」という描写から容易に想像がつくだろう。このような照明は、やがて西ヨーロッパや北アメリ住む場所の夜の暗さに関係なく機能するし、たとえ本物の星が見えなくても見えた気にさせるということだ。こうしたテクノロジーを使うことで、本当の夜空を知りたいと思うようになるのか、それとも、空の本来あるべき姿を知り、こうだったらなあと考えるだけで満足してしまうのか、疑問の残るところである。

22　フランスの画家カミーユ・ピサロのひ孫であるヨアキム・ピサロは、2009年にＭｏＭＡで開催された「ゴッホと夜の色彩展」でキュレーターを務めた。彼は展覧会の図録に寄せた「ゴッホ初期の文書に見られる薄暮および夜のテーマの形成」という文章の中で、ゴッホの生涯続いた夜への愛情は、絵を描き始めるずっと前から生まれていたと論じている。暗闇や夜の絵画についてさらに詳しく知りたければ、ナンシー・K・アンダーソンの*Frederic Remington: The Color of Night*（Washington, D.C.: National Gallery of Art, 2003）を参照。

23　ゴッホの夜の絵については、チャールズ・A・ホイットニーの*The Skies of Van Gogh*（Art History 9, No.5, September 1986）に、大変興味深い解説が書かれている。ホイットニーは、1888年のアルルでは夜空がどう見えたのかを明らかにしたうえで、天気の記録も調査し、ゴッホがどのような空を見ながら自身の代表作を描き上げたのかを突き止めた。その結果わかったのは、夜空を描いた最も有名な3作品、つまり『星月夜』、『夜のカフェテラス』、『ローヌ川の星月夜』のうち、最後の作品に出てくる北斗七星だけがはっきりと識別できる星座めいたもので、それすらもこのオランダ人画家によって、北の空から南西の空に移動させられていることだった。また、有名な『星月夜』については、ゴッホが病室で記憶を頼りに制作したものであり、「1カ月ほどかけて寄せ集めたイメージから、彼独自の空を組み立てた」とホイットニーは論じている。ゴッホの絵画、とくに夜の作品が好きな人なら、アルルへの旅は実り多いものになるだろう。『夜のカフェテラス』はいまでも鮮やかな黄色に塗られ、ガス灯の下にはゴッホが『ローヌ川の星月夜』を描いたとされる場所がある（皮肉なことに、いまでは白くまぶしい光が周囲を満たしている）。『星月夜』を描いたサン・レミの精神病院は昼間しか訪れることができないが、ゴッホが過ごした部屋はきれいに復元されており、彼の絵に通じている人ならすぐにそれとわかる、なだらかな丘が遠くに広がっている。

24　訳文は『ゴッホの手紙（中）』（硲伊之助訳　岩波書店）より引用。

25　電灯に魅了されたジャコモ・バッラは、光輝く『街灯』を描くだけでは飽き足らず、3人の娘のうち長女と次女に、ルーチェ（光）とエレットリすといい。こぐま座は小さなひしゃくの形をしているが、そのカップ部分の4つの星がすべて見えれば、基本的に暗い空。持ち手から遠いカップ先端の2つしか見えなければ、空の状態はよくないと言える。欧米の多くの都市では、この星座はまったく見えない。

17 「天空全体を……」という言葉は、ソローの1856年3月23日の日記から〔訳文は『ソロー日記 春』(山口晃訳 渓流社) より引用〕。

18 ボブ・バーマンがばかげた質問に答えたコラム"'F' in Science"は、アストロノミー誌2003年9月号に掲載。僕のお気に入りの質問はこれだ——火星にも地球と同じ太陽はあるの?

19 バーマンの快著*Secret of the Night Sky: The Most Amazing Things in the Universe You Can See with the Naked Eye* (New York: Harper Collins,1995)〔『夜空の秘密』〕は、春夏秋冬に対応した4部構成になっている。最新作は*The Sun's Heartbeat* (New York: Little, Brown, 2011)。ウェブサイトはwww.skymanbob.com。

20 羊の内蔵に特別な関心が寄せられていたという逸話は、ホスキン著*The History of Astronomy: A Very Short Introduction* (Oxford: Oxford University Press, 2003)〔『西洋天文学史』(中村士訳 丸善出版)〕から。この分野(もちろん羊の内臓ではなく天文学史)に興味がある人には、ホスキンの著作をお薦めしたい。

21 星座をキリスト教の世界に置き換えようとしたユリウス・シラーの試みについては、ウィンターバーンの*The Stargazer's Guide*から情報を得た〔「はじめに」原註5を参照〕。ウィンターバーンのこの本もそうだが、夜がかつてないほど明るくなった現在、ひとつだけ希望があるとすれば、それは星空観察の本が定期的に出版されているという事実だろう。たとえもはや星が見えなくても、空について学びたいという気持ちは、依然として人々に残っているようだ。僕の書棚にもそんな本がたくさんある——フレッド・シャーフの*The Starry Room: Naked Eye Astronomy in the Intimate Universe* (New York: Wiley, 1988)、ジェフリー・コーネリアスの*The Starlore Handbook: An Essential Guide to the Night Sky* (San Francisco: Chronicle, 1997)、そして言うまでもなくチェット・レイモの*An Intimate Look at the Night Sky* (New York: Walker, 2001)などだ。また、夜空についての手軽な情報ならば、スマートフォンアプリからも入手でき、iPhone向けにはPocket Universe、Star Walk、アンドロイド向けにはGoogle Sky Mapなどがある。アプリの出来ばえは感心するほどで、これから先もどんどん進化していくだろう。ただし、心にとめておくべき点もある。これらのアプリは、あなたが

Silly Science of Newt Gingrich"は、タイム誌2011年12月15日号に掲載された（http://content.time.com/time/health/article/0,8599,2102471,00.html）。

11　ジル・ジョンズの*Empires of Light: Edison, Tesla, Westinghouse, and the Race to Electrify the World*（New York: Random House, 2003）〔『光の帝国』〕は、変わりゆく世界や、「人類が古くからもっていた昼と夜の感覚が劇的に変わっていく様子」を巧みに描いた歴史の本である。

12　ピーター・C・ボールドウィンの*In the Watches of the Night: Life in the Nocturnal City, 1820-1930*（Chicago: University of Chicago Press, 2012）には電灯普及以前のアメリカが描かれていて、とても興味深い。本書は、「照明のない初期アメリカの街路に足を踏み入れることは、われわれが住む世界とは衝撃的に異なる世界へ立ち入ることである」という一節から始まり、「夜の子供たち」、「セックスと危険にまみれた大都市」といった章から構成されている。ここで語られる歴史は、それほど遠い過去ではないが、それでも現在とは「衝撃的に異なる」世界の一端を僕たちに垣間見させてくれる。ボールドウィンはこれ以前にも、「夜の空気はどのように汚名を返上したのか」という論文で、ジョン・アダムスとベンジャミン・フランクリンの面白いやりとりを紹介している。2人は旅の途中で、同じ部屋に宿泊することになった。フランクリンは窓を開けて眠りたがったが、アダムスは夜の空気が体に悪いという不安から窓を閉めたがる（「私は何の根拠もなく、夜の空気を恐れていた」）。フランクリンは何の心配もいらないことを友人に根気強く説き、やがてアダムスは眠りに落ちた（*Environmental History* 8, no.3, July 2003）。

13　「はじめに」原註8を参照。

14　John Jackle, *City Lights: Illuminating the American Night*（Baltimore: Johns Hopkins University Press, 2001）.

15　この挿絵は、*City Lights* の46ページに掲載されている。ジャクルの説得力のある主張のひとつに「夜の都市の公共空間は、自動車に合わせて再構成された」というものがある。このことは、アメリカのどの都市でも、一瞥しただけで納得できるだろう。

16　光害に関する情報は大量にあり、入手するのは簡単だ。なかでも、ボブ・ミゾン著*Light Pollution: Responses and Remedies*（London: Springer, 2002）、国際ダークスカイ協会著*Fighting Light Pollution: Smart Lighting Solution for Individuals and Communities*（Mechanicsburg, PA: Stackpole Books, 2012）、およびＩＤＡのウェブサイト（http://darksky.org/）などは、とくに有用だろう。夜空の暗さを手っ取り早く測定するには、こぐま座を探

よい照明／悪い照明の具体例

よい照明器具（完全に遮光されている）と、悪い照明器具（グレアを発生させる）の具体例（イラスト・デザイン：ボブ・クレリン ©2005/IDA）

ている。デジタル広告の推進派は、複数の広告主を同時に得られる点を売りにする。一方反対派は、これを「棒つきのテレビ」と呼んで、ドライバーの気を散らすことで安全を脅かしていると主張し、いったん取りつけたら最後、容易には撤去できないと警告している。

6　2007年に初めてオーストラリアのシドニーで開催されたアースアワーは、いまや世界中に広がっている。そもそもの目的は、世間の関心をエネルギー消費や気候変動に向けることだったが、イベントのシンボルでもある有名建造物の消灯によって、光害問題に取り組んでいる人々の行動力を強く印象づけることにもなった。www.earthhour.orgでは、アースアワーの詳細や、世界中の歴史的建造物から照明が消える瞬間の心躍る映像が見られる。

7　*The Flora and Fauna of Las Vegas*〔『ラスベガスの動植物相』〕をはじめとしたエレン・メロイの素晴らしいエッセイは、*Raven's Exile: A Season on the Green River*（New York: Henry Holt, 1994）などのアンソロジーに収録されている。*The Last Cheater's Waltz*（1999）、*The Anthropology of Turquoise*（2002）を出版し、作家として脂の乗ってきた2004年、メロイは惜しまれつつ世を去った。

8　コンコルド広場におけるアーク灯のスケッチは、ヴォルフガング・シヴェルブシュ著*Disenchanted Night*（1995）〔『闇をひらく光』（小川さくえ訳法政大学出版局）〕に掲載されている。さりげないユーモアと確かな洞察を交えながら、人工灯の発展を追ったこの素晴らしい一冊には、人工灯が灯油からガスへ、そして電気へと進化していく経緯や、その変化が街路、家の内装、劇場の舞台にもたらした影響などが書き綴られている。

9　アーク灯は、既存のガス灯柱に取りつけるには明るすぎるため、街路の頭上高くに設置される必要があった。19世紀後半になると、デンバー、ロサンゼルス、ミネアポリス、モービル、サンフランシスコ、バッファローといったアメリカのさまざまな都市に、アーク灯を装備した背の高い塔が建てられたが、その多くは市民の期待に沿わず、まもなく支持を失った。しかしテキサス州のオースティンでは、1895年に建てられた「ムーンライトタワー」が現在も使用されている。

10　夜を昼に変えるという考えは、いつの時代にも見られる。近年では、1984年にアメリカの政治家ニュート・ギングリッチが、宇宙空間に巨大な鏡を置いて、地球に太陽光を反射させるというアイデアを発表した。タイム誌のジェフリー・クルーガーの説明によれば、「ハイウェイの夜間照明の必要性を取り除き、暗い地域を明るくすることで犯罪を防ぐ」のが目的だったというが、嘲笑の的になったのは言うまでもない。クルーガーの記事“The

によると、地球上で最も明るい都市はラスベガスで、次点がニューヨークとマドリードだったという。20年近くにおよぶ高度経済成長によって、中国の多くの都市も急速に明るくなってきているが、エルヴィッジいわく「ルクソールの光線」のおかげで、ラスベガスは世界一明るいスポットという地位をいまだ守っている。

2 ボートル・スケールのクラス9「都心部の空」について、ジョン・ボートルは次のように記している。「空全体が天頂まで明々と照らされている。よく知られている星座を形づくる多くの星、また、かに座やうお座などのかすかな星座の多くは見ることができない。プレアデス星団を除くメシエ天体は肉眼では見ることができない。望遠鏡で満足のいく観測ができる天体は、月、惑星と、いくつかの明るい星団（もしも見つけられたなら）のみ。肉眼で見えるのは四等級が限界である」。このボートルの言葉は、ラスベガスやニューヨークをはじめとする世界中の大都市の空に当てはまる。クラス9の空で冬の星座であるオリオン座を見ようとすると、ベテルギウス、リゲル、ベルト部分の三ツ星のような明るい星しか識別できない。これらの星が、本来見えるはずの星々の上位2%に入る明るさであることを考えると、僕たちの空からは98%の眺めが失われていることになる。

3 「観望会」というと、オタクっぽい天文家たちが望遠鏡を囲んでああだこうだとしゃべっているイメージを思い浮かべる人も多いだろうが……、まあ、当たらずも遠からずといったところか。数人のアマチュア天文家が校舎の屋上で行うのも観望会なら、数日間にわたるイベントを催して、その地域、国内、もしくは世界各地から熱心な天文ファンを引き寄せるのも観望会である。観望会はたいていの場合、星を見てみたい一般の人々のみならず、夜空についてもっているあらゆる知識を共有したいと願うアマチュア天文家たちにも素晴らしい機会を提供してくれる。

4 北アメリカと西ヨーロッパでは、年に2度、夏と冬に、天の川が頭上にかかる位置に現れる。また北半球では、銀河の中心部を向いている夏の方が、銀河の周縁部を向いている冬よりも、天の川が美しく見える。

5 ラスベガスでは周囲の光に紛れて目立たないかもしれないが、デジタル広告板は多くの場所で、文字どおり目をくらませるような存在感を示している。わずか10年前には知られていなかったにもかかわらず、とてつもなく明るく、画面が目まぐるしく変化するこれらの広告板は、驚くべきスピードで全米に広がっている。2010年の時点では、アメリカにある45万基の広告板のうち、デジタル化されているのは2000ほどだったが、毎年数百のペースで増え続けているため、専門家は将来的に5万基を超えるだろうと予測し

ley Publications, 1992; Reprint, 2005)〔『夜の魂』〕だった。比喩をうまく使い(「太陽を、ボストンに置かれたゴルフボールに見立てるなら、地球はそこから12フィート離れたピン先である。そして、もっとも近い恒星アルファ・ケンタウリは、シンシナティにある別のゴルフボールといったところだ」)、H・D・ソロー、ジョン・バロウズ(「夜の贈物は触知しがたい」)、シルヴィア・プラス、R・M・リルケ、シオドア・レトキ(「暗い時間になると眼は見え始める」)など、多くの人の言葉を引用しながら、レイモは、暗闇の世界に目が開かれるときによく現れる、心奪われる感覚や驚嘆の念をとらえようとした。

13　訳文は『夜の魂』(山下和夫訳　工作舎)より引用〔「はじめに」原註12も同様〕。

14　僕たちは宇宙のごく一部しか見ることのできないので、宇宙全体で銀河がどれくらいあるのかについては推測するしかない。作家のフレイザー・ケインは次のように述べている。「最新の見積もりによると、宇宙には1000～2000億個の銀河があって、それぞれが数千億個の星を有している。近年ドイツで行われたスーパーコンピューターによるシミュレーションでは、銀河の数はさらに増え、5000億個と報告されている。言い換えれば、天の川にある星と同程度の数の銀河が、宇宙には存在しているかもしれないのだ」(http://www.universetoday.com/30305/how-many-galaxies-in-the-universe)。

15　天の川は、ギリシャ神話では女神ヘラの母乳、ローマ神話ではオプスの母乳から生まれたとされているが、他の文化圏でもそれぞれ独自の解釈があったようだ。たとえば、チェロキー族の民話では、お腹をすかせた犬がぶちまけたコーンミールが天の川となり、そのことから「犬の走り去った道」と呼ばれるようになったという。アフリカ南部のカラハリ砂漠に住む人々は、それを火の燃えさしだと考えていた。オーストラリアの先住民は、空の世界を流れる川、空に吹き飛ばされたシロアリ、踊り手をさらって空に舞う無数のキツネなど、さまざまな見方をしていた。だが解釈は違っても、世界中のあらゆる文化において、天の川が日常的な存在だったことに変わりはない。

■9　星月夜から街灯へ

1　「都心部でラスベガスほど明るく輝いている場所はまずありません」、クリス・エルヴィッジは、コロラド州ボルダーにあるアメリカ海洋大気庁のオフィスで、僕にそう教えてくれた。1996年エルヴィッジは、850キロ上空の軍事衛星から集めたデータを利用して、都市の光を示す地図を作った。それ

story.html#page=1)。北海道大学の研究者たちは、イカ釣り漁船の照明が「自然の状態よりも100～1000倍明るい」と説明している(http://pices.int/publications/presentations/PICES_12/pices_12_S3/Fujino_956.pdf)。この論文には、イカ釣り船団の放つ光をとらえた印象的な衛星写真が掲載されている。"Bright Lights, Big Ocean"(http://www.darksky.org/assets/documents/is193.pdf)には、海の暗さに対するクルーズ船や沖合の石油掘削装置の影響が詳述され、「海の暗さが20年前と変わらないというのは間違いだ」と論じられている(しかもこの記事が書かれたのは2003年のことである)。

8 ジェーン・ブロックスは、快著*Brilliant: The Evolution of Artificial Light*(New York Houghton Mifflin, 2010)〔『ブリリアント』〕の中で、初期の照明「技術」の歴史を紹介している。一例を挙げると、「シェットランド島の住民は、何千羽ものウミツバメを捕獲し、その死骸を保存しておく……海の鳥は海面に浮かぶため、水を弾く油をたっぷり含んでいる。明かりが必要になると、島民たちはウミツバメの死骸を粘土で作った基部にくくりつけ、芯を喉に通して火をともした」。

9 ヘンリー・ベストン著*The Outermost House: A Year of Life on the Great Beach of Cape Cod*(1928)〔訳文は『ケープコッドの海辺に暮らして』(村上清敏訳　本の友社)より引用)〕。

10 ジョン・E・ボートルは、スカイ&テレスコープ誌の2001年2月号に、ボートル・スケールを考案した経緯について語っている。「残念なことに、現代の天文愛好家のほとんどは、本当に暗い空の下で観測をした経験がなく、空の状況を正確に評価する基準をもっていない。多くの人が『とても暗い場所』で観測をしたと言うが、その観測内容を見れば、まあまあ暗い空でしかなかったことは明白だ。いまや愛好家の大多数にとって、真に暗い場所は、車で行こうと思える距離にはない……観測者がその空の本当の暗さを評価できるように、私は9段階の基準を作った」。

11 「30年前は、人口の多い都市からでも1時間もドライブをすれば、真に暗い空を見つけることができた。だがいまでは、もう不可能だ」とボートルは嘆く。

12 その冬、僕は星座の勉強に本気で取り組み始めた。それと同時に、夜や夜空や暗闇について、もっと知りたいと強く思った。アルバカーキにあった書店のボーダーズで、何日もかけて、天文学の棚の本を片っ端から手にとったこともある。なかでも僕の心をがっちりつかんだのは、チェット・レイモの*The Soul of the Night: An Astronomical Pilgrimage*(Lanham, MD: Cow-

原　註

■はじめに

1　アイザック・アシモフの短編小説*Nightfall*（1941）〔訳文は『夜来たる』（美濃透訳　早川書房）より引用〕には、6つの太陽に囲まれて、暗闇を経験したことのない惑星が描かれている。あるとき非常にまれな日食が生じて、6つの太陽すべてが姿を消し、住民はパニックに陥る。

2　ラスベガス観光局は、「ここで起きたことは、ここだけの秘密（What Happens here, stays here）」というキャッチフレーズを2005年から採用している。

3　パドヴァ大学のピエラントニオ・チンザノとファビオ・ファルチが2001年に作成した世界光害地図のこと。この色鮮やかな地図は、アメリカ海洋大気局のクリス・エルヴィッジから提供された1990年代半ばの衛星データをもとに、過去と未来を推定して作成された（http://www.lightpollution.it/worldatlas/pages/fig1.htm）。チンザノとファルチは現在、より新しいデータに基づいた地図を作成中。

4　宇宙空間から見た地球の影（本影）は円錐形をしていて、まるで地球というアイスクリームを乗せたコーンのようだ。そのコーンの頂点は、地表から138万キロも離れたところにある。

5　ミザールとアルコルに関する情報は、エミリー・ウィンターバーンの興味をそそる著書*The Stargazer's Guide: How to Read Our Night Sky*（New York: Harper Collins, 2008）から得た。彼女によると、この2つの星は実視連星〔望遠鏡で観測できる連星〕でもあり、「重力的な束縛を受けて、お互いのまわりを回る」のだという。アラビアの天文学者は古くから、ミザールとアルコルを「馬と乗り手」に見立てていた。

6　ウェンデル・ベリーの詩To Know the Dark〔『闇を知る』〕より。出典は*The Selected Poems of Wendell Berry*（San Francisco: Counterpoint, 1998）。

7　蛾が炎に集まるのと同じように、イカも明るい光に引き寄せられる。イカ釣り漁船と昼間のように明るい照明についての解説は、ラス・パーソンズによるロサンゼルス・タイムズ紙の2007年1月31日付けの記事“Lights, Nets, Action” に詳しい（http://www.latimes.com/la-fo-squid31-2007jan31-

(2) 光害啓発ムービー「Losing the Dark」

ＩＤＡとLoch Ness Productionsが共同制作し2013年２月に公開された光害啓発ムービー「Losing the Dark（ルージング・ザ・ダーク）」の日本語版を公開している。６分半の動画の中では、光害による多方面への影響、すなわちエネルギーの浪費・生態系への影響・人体への影響・星空の見え方への影響などが、美しい映像と共に解説されており、最後にこの問題の解決に向けたシンプルな方法が示され、光害削減への取り組みを呼びかけている。全天周版（プラネタリウム向け）とフラットスクリーン版があり、動画ファイルはウェブサイトから誰でも無料でダウンロード・上映が可能である。プラネタリウム番組の前後や、環境講座・天文イベントなど、様々な場面で活用されることを願っている。

(3) 八重山諸島のＩＤＡ認定に向けた取り組み

本書の３章でも述べられているが、ＩＤＡが進めている最も重要かつ評価されている取り組みとして、ダークスカイプレイス・プログラムがある。国内ではしばしば夜空保護区・星空保護区とも呼ばれている。単に星空が美しいだけではなく、地域社会（自治体・産業界・観光業界・一般市民など）が一体となって実施している、夜空の暗さを保護する優れた取り組みを称える制度であり、認定を受けるには屋外照明についての厳格な基準と、光害啓発に関する継続的な地域活動が求められる。

ダークスカイプレイスには、区域や周辺環境などにより、ダークスカイ・パーク、ダークスカイ・リザーブ、ダークスカイ・コミュニティ、ダークスカイ・サンクチュアリなどのカテゴリーがあり、2016年１月現在で合計55ヶ所が認定されている。アジアでは韓国で１ヶ所認定されているが、日本ではまだ認定地域はなく、申請も行われていない。

ＩＤＡ東京では、沖縄県・八重山諸島での日本初の認定を目指し、活動を進めている。八重山諸島には、①ＩＤＡの基準をクリアする夜空の暗さ、②充分な資源（天文台・人材・天文イベント開催）、③豊かな自然環境、④観光地としての実績（アクセス・宿泊）など、認定のための環境が整っていると考えられる。2014年以降、現地での講演会・夜空調査・照明調査などを複数回実施してきており、現地の理解も広がりつつあるところである。

ＩＤＡ東京支部代表／東洋大学経営学部准教授・越智信彰

参考：日本各地における夜空の明るさの測定値

都道府県	撮影場所	夜空の明るさ (mag/arcsec^2)
北海道	札幌市天文台	17.5
宮城県	仙台市天文台	19.4
福島県	星の村天文台	21.0
栃木県	星ふる学校「くまの木」	17.3
埼玉県	岩槻児童センター	17.3
東京都	東洋大学白山キャンパス	16.8
東京都	国立天文台	17.4
富山県	富山市天文台	18.9
静岡県	浜松市天文台	17.2
愛知県	名古屋市科学館屋上	16.7
愛知県	東栄町森林体験交流センター	21.3
広島県	広島市こども文化科学館	17.3
福岡県	星の文化館　星のふる広場	20.8
宮崎県	たちばな天文台	21.2

「全国星空継続観察の休止に伴う夜空の明るさ観察 平成27年度夏期調査報告書」（星空公団・デジカメ星空診断）http://dcdock.kodan.jp/ より抜粋

＊調査日：2015年8月5～18日

夜空の明るさの指標「ボートル・スケール」は本書で中心的な役割をしているが、より厳密に、定量的に夜空の明るさを表すためには、縦横が角度1秒（1度の3600分の1）の範囲の夜空からやってくる光の量が何等級の星の輝きに相当するか、すなわち「1平方秒角あたりの等級」（magnitude/arcsec^2）という数値を用いる。数値が小さいほど夜空が明るいことを意味し、数値1の差が約2.5倍の光量の差となる。人工光の影響がほとんどない自然の夜空（ボートル・スケールでは1か2）では、大気光・黄道光・星野光を合わせて約21.5～22の値であると推定される。本表は、デジタル一眼レフカメラを用いて全国各地で撮影された夜空（天頂付近）の画像から、この値を求めた結果である。同じ撮影地点でも、大気の状態や近隣の大型照明のオンオフなどでかなり変動があるが、大都市の中心部での測定値は概ね16～17となっており、自然の夜空の数十倍から数百倍の光量に達していることがわかる。これでは、肉眼で見える星の数は数百分の1に減ってしまう。

前段で述べたように、光害防止条例やガイドラインの策定からすでに20年以上が経過し、一部では積極的な活動が展開されているにもかかわらず、社会一般における光害問題の認知度はまだまだ低く、具体的な対策が広まっているとは言い難い。街中には、過剰な明るさの照明、不必要な時間に点灯している照明、目的外の方向への漏れ光を発している照明などがいたるところにある。照明設置者（自治体も含む）が光害対策ガイドラインの内容を把握しておらず、住民トラブルが発生しているケースも散見される。その根源はやはり、「明るい＝良いこと」という日本人共通のイメージと、「暗闇＝恐怖」という揺るぎ難い人間の本能によるものであろう。今最も重要なことは、明るいことが害に繋がることもあるという、光害問題の存在そのものを人々に知ってもらうための啓発活動であると、筆者は考えている。

本書にもたびたび登場している国際ダークスカイ協会（ＩＤＡ）は、光害問題に対する取り組みで先導的な役割を担う組織として、世界中で広く認知されている。世界中に60以上ある支部のうち、日本唯一の支部である東京支部（ＩＤＡ東京）は2013年1月に設立され、筆者が代表を務めている。「過剰照明が氾濫している国内において、光害を抑え省エネにも配慮した良好な光環境の形成を目指し、環境分野・照明分野・天文分野など様々な専門家が連携・協力して取り組みを進める」との方針の下、啓発活動に重点を置いて様々な取り組みを行っている。詳しい内容は、ウェブサイトやツイッターをご参照いただくこととし、ここでは3つの代表的な活動をご紹介したい。

(1) 夜空の明るさ世界同時観察キャンペーン「GLOBE at Night」

ＩＤＡの主催により2006年から毎年行われている市民参加型キャンペーン「GLOBE at Night（グローブ・アット・ナイト）」は、光害問題の啓発と星空保護・自然環境保護の意識向上を目的としたものであり、世界中から年間2万件を超す報告があるシチズン・サイエンス・プロジェクトである。参加者（誰でも参加可）は決められた日時に夜空を眺め、オリオン座などの星座周辺の星の見え方（どれだけ多くの星が見えるか）が、用意された8枚の星図のどれに一番近いかを、スマートフォンやパソコンで報告する。観察結果はすぐに世界地図上にプロットされ、「夜空の明るさマップ」が作られていく。2015年は、日本から過去最多となる808件の報告があり、これは世界の国々で7番目に多い数であった。環境省が実施していた全国星空継続観察が休止となった今、多くの人々に星空を眺めるきっかけを提供するイベントとして、本活動が広く普及することを期待している。

ないようにすること、保安灯など必要なものを除き夜10時以降は消灯することなどが定められた。この条例はマスコミや他の自治体からも注目を浴び、その後の美星天文台の開所も相まって、美星町はアマチュア天文家あこがれの地となった。同様の条例はその後、群馬県高山村の「高山村の美しい星空を守る光環境条例」(1998年)、東京都三鷹市の「光害防止指導指針」(2002年) など、全国に広がった。サーチライトの規制条例や環境に関する条例に光害対策を盛り込んだものを含めると、その数は全国数十ヶ所に達する。

国による取り組みとしては、1998年に環境庁（当時）が「光害対策ガイドライン」を策定、2006年には環境省がその改訂版を公表した。環境・生物・天文・照明など多分野の専門家チームによって作成されたもので、地域の照明環境を4類型（「自然公園や里地等、本質的に暗い地域」「大都市中心部や繁華街等、周囲の明るさが高い地域」など）に分類し、自治体・施設管理者・照明設計者や一般市民が照明を設置・運用する際に配慮すべき事柄が具体的に示されている。また環境省は1988年から25年間、市民参加型の「全国星空継続観察（スターウォッチング・ネットワーク）」を実施し、夜空の明るさのモニタリングを行っていたが、2012年度末をもって予算上の都合により休止となった。

個々の諸問題に対し、団体や学校レベルで取り組んでいる事例もある。本書にも述べられているウミガメへの光害に対し、大村海岸（東京都小笠原村）や大浜海岸（徳島県）等ではＮＰＯらによる保護活動が行われている。山口大学農学部の山本晴彦研究室ではイネへの人工光の影響を調査し、イネの生長に影響の少ないＬＥＤ照明が開発された。照明デザイナーの面出薫氏が主宰する「照明探偵団」、岡安泉氏らによる「エッセンシャルライト・ジャパン・プロジェクト」は、照明業界から光害問題に切り込んだ活動である。もちろん照明学会や日本照明委員会も、実態調査を行うなど長年この問題に取り組んでいる。

天文関連では、1993年発足の「星空を守る会」の活動は、ライトアップや回転サーチライトの使用に警鐘を鳴らし、光害問題の啓発にも大きな役割を果たしてきた。甲府市では1999年以降、年一回の消灯イベント「ライトダウン甲府バレー」が町ぐるみで実施されている。最近では、全国の多くの高校生が天文部や科学部の活動として夜空の明るさ調査を行い、その素晴らしい成果を毎年日本天文学会ジュニアセッションなどで発表しているほか、市民参加型の「デジカメ星空診断」（星空公団主催）や「伝統的七夕ライトダウンキャンペーン」も広がりを見せている。

は細長いカバーに収められ日本中のいたるところを照らしてきた。近年は急速にＬＥＤ光源に置き換わっているが、その多くはやはり白色光である。日本を訪れる欧米人は、照明の明るさと白さに驚くらしい。昼間の太陽光に近い白色光は、本来夜間の使用には向いていない。特にブルーライトが多く含まれている白色ＬＥＤの光は、6章で述べられていたような人体への影響や、野生生物への影響が懸念されている。

なぜ日本人は、明るく白い照明を好むのか。著書『夜は暗くてはいけないか』（朝日選書）で知られる乾正雄先生（東京工業大学名誉教授）は、次のように考察している。

> 世界中で、このとき（注：1950年代）の日本ほど蛍光灯の普及の速かった国はないといわれる。欧米では、オフィスや公共空間では蛍光灯が使われたものの、彼らの本丸である、温もりの火があるべき住宅には、蛍光灯はなかなか普及しなかった。それが日本では、ビルであろうと住宅であろうと、ところかまわず伸びた。
>
> その理由はいろいろ考えられる。黄色人種の黒い眼が蛍光灯の光の明るさやまぶしさによく適応したとか、熱帯夜の日本の夏には蛍光灯の白い光以上のものはないなどといわれた。しかし、もっと根本的な理由は、日本人の、明るければよい、見かけなどは二の次だとする考え方にあろう。裸の蛍光ランプはあまり美しいとはいえないので、欧米ではそれをなるべく隠そうとするが、日本では丸出しがふつうなのである。
>
> （乾正雄『ロウソクと蛍光灯』（祥伝社）より引用）

場の雰囲気や演出性よりも、効率と機能性を重視する日本人の特性が、現代の日本の照明環境を作り上げたようである。そしてこのことは、現在進行形であるＬＥＤ街灯への転換においてもそのまま受け継がれているように思われる。

1920年代、麻布に置かれていた東京天文台（現・国立天文台）が、郊外の三鷹に移転した。その理由の一つは、周辺の街明かりの増加による光害であったそうだ。当時よりもはるかに街が明るくなった現在、国内における光害対策はどのような状況であろうか。

自治体による先進的な取り組みとして、国内初の「光害防止条例」を制定したのは岡山県美星町（現・井原市美星町）で、1989年のことであった。光害から美しい星空を守ることを目的とし、屋外照明は水平以上に光が漏れ

付録：日本の光害

本書の内容は主に欧米の光害の実情に基づいたものであるが、日本の実情はどうであろうか。

15頁にある夜の地球の衛星写真を見ると、日本列島はその形状がくっきりと浮かび上がるほど光っている。この写真は2000年頃に撮影されたものであるが、ここ数年カメラの性能が飛躍的に向上し、より詳細な画像が撮影可能となった。2012年にＮＡＳＡ－ＮＯＡＡ（アメリカ航空宇宙局・海洋大気局）が公開した衛星画像の、日本付近を切り取ったものが下図である。三大都市圏が光の海と化しているほか、列島の大半に人工光が行き渡っている様子がわかる。国土が狭く都市部から遠く離れることが難しい状況を鑑みると、日本で人工光に汚染されていない夜空を眺めることは、欧米よりもさらに困難であるようだ（ただし離島はその限りではない）。

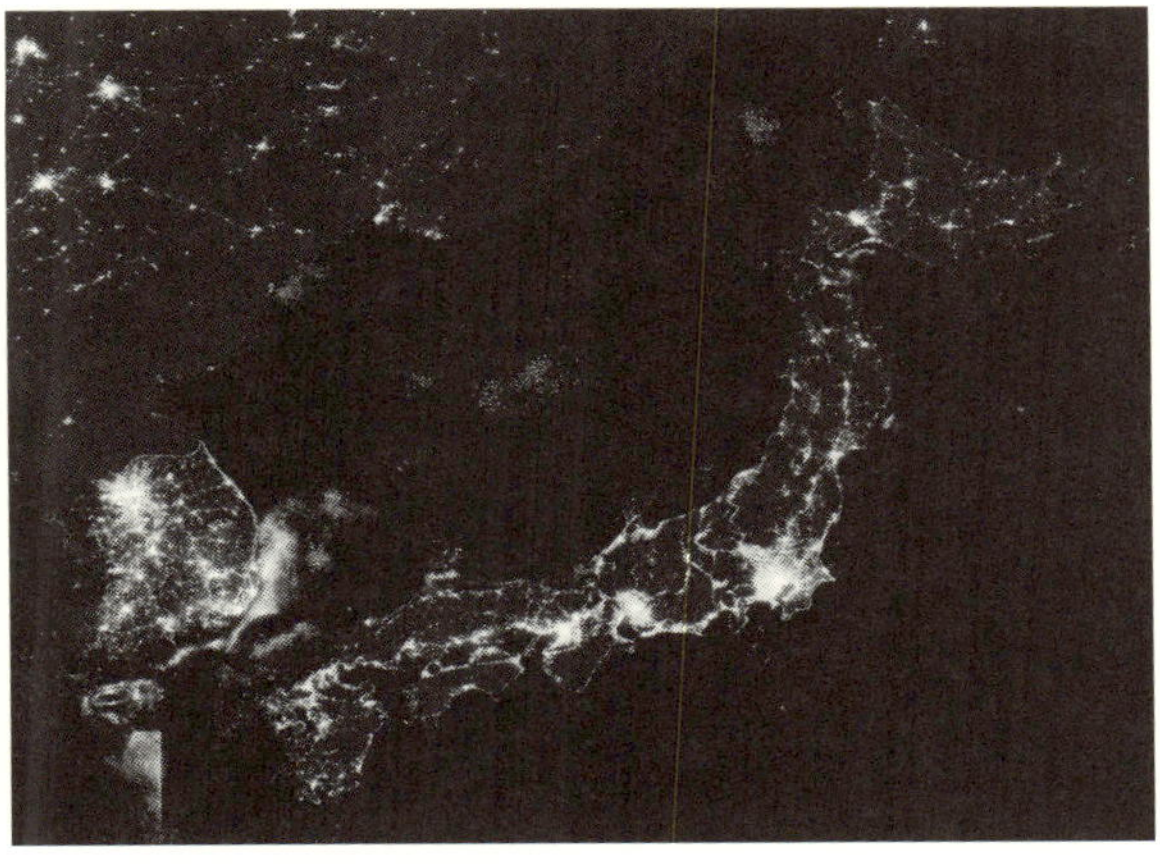

NASA Earth Observatory

欧米と比べ、日本で使用される照明は、屋外・屋内を問わず白色光が多いと言われている。その代表例は蛍光灯だ。家屋では和室・洋間を問わず天井の真ん中に取り付けられ、オフィスや通路では天井一面に配置され、路地で

ポール・ボガード（Paul Bogard）
作家。ジェームズ・マディソン大学で、クリエイティブ・ライティングと環境文学を教えている。本書 *The End of Night* は、ノーチラス・ブック・アワード銀賞を受賞。ペン／E・O・ウィルソン・リテラリー・サイエンス・ライティング・アワード、シガード・F・オルソン・ネイチャー・ライティング・アワードの最終候補となった。

上原直子（うえはら・なおこ）
翻訳家。主な訳書にウェルズ『旅する遺伝子』（英治出版）、クレイソンほか『オノ・ヨーコという生き方』（ブルースインターアクションズ）、セッチフィールド『世界一恐ろしい食べ物』（エクスナレッジ）、フィンレイソン『そして最後にヒトが残った』（白揚社）などがある。

角幡唯介（かくはた・ゆうすけ）
一九七六年北海道生まれ。ノンフィクション作家、探検家。主な著書に『空白の五マイル』、『雪男は向こうからやって来た』、『アグルーカの行方』（以上集英社）、『探検家の日々本本』（幻冬舎）などがある。

ISBN 978-4-8269-9058-5

本当《ほんとう》の夜《よる》をさがして

二〇一六年四月二三日　第一版第一刷発行

著　者　ポール・ボガード
訳　者　上原直子《うえはらなおこ》
発行者　中村　幸慈
発行所　株式会社　白揚社

〒101-0062　東京都千代田区神田駿河台1-7
電話03-5281-9772　振替00130-1-25400
装　幀　岩崎寿文
印刷・製本　中央精版印刷株式会社